KB236985

일위(一葦) 우쾌제 교수 글모음 집

단상의 메아리

우 쾌 제

새미

| 책머리에 |

'구슬이 서 말이라도 꿰어야 보배'라는 말이 있다. 그동안 여기저기에 써놓은 글들이 있어 모아보려 하고 찾았지만, 이 곳 멀리 태평양 한 가운데 필리핀의 세브랜드에서 정리하다 보니 더욱 찾을 길이 없어 노트북에 저장 된 것만을 추려서 묶어 보았다.

필리핀은 한 때 어느 나라에 부럽지 않게 잘 사는 나라였었다.
1960년대 한국이 어려웠던 시절 국가부흥을 꿈꾸고 재건에 나섰던 지도자들에게는 상당한 부러움의 대상이었고 또 많은 힘을 받을 수 있는 동반자였던 것은 사실이다. 그러나 지금은 어떤가? 한국을 꿈의 나라로 생각하는 많은 젊은이들이 있어 한국의 번영을 부러워하고 있다.
이곳 세브 국립 사범대학(Cebu Normal University)에 교환교수로 와 있을 때, 모 대학 대학원 박사과정에서 특강 요청이 있어 한 차례 특강을 한 일이 있었다. 그 때 저에게 쏟아져 나온 질문의 대부분은 어떻게 해서 어려웠던, 아니 전쟁의 잿더미 속에서 오늘과 같은 한국을 만들 수 있었는가? 하는 것이 주된 질문이었다.
분명 필리핀의 지도자들은 과거의 한국과 필리핀의 관계를 잘 알고 있다. 현재 세계에서 몇째 가지 않는 빈국으로 떨어진 자국의 암담한 사정을 한국의 경험을 통해 극복해보려는 심정임을 너무나 쉽게 알 수 있었다.

분명한 것은 1960년대는 물론 1970년대 초 까지만 해도 우리는 필리핀보다 어려웠던 국가였다. 그러나 지금 우리가 번영을 누리고 세계 10대 교역국 내지는 선진 8개국의 진입을 앞두고 있는 데는 그럴만한 이유가 있었음을 설명하지 않으면 안 되었다.

첫째는 분명 한국 지도자의 장래 예측의 혜안이라 하겠다. 즉 한국의 반만년 역사를 지속해왔던 농업국을 공업국으로 바꾸었다고 하는 점은 정말 오늘의 한국을 건설한 가장 중요한 계기를 만든 것이라 하지 않을 수 없다.

둘째는 한국인의 우수한 능력을 인정해야 할 것이다. 세계 어느 민족에게 뒤지지 않는 우수성이다. 세계적인 새로운 기술의 개발 등은 우연히 이루어 질 수 없다.

셋째로 높은 교육열을 지적해볼 수 있다. 아무리 우수한 인재라도 잘 가꾸고 길러내지 않는다면 유용하게 사용 할 수 없는 것, 한국인의 높은 교육열은 우수한 인재를 길러냈다.

넷째로는 근면성과 인내성이다. 한국인 누구나가 가지고 있는 근면성과 끈질긴 인내성이 기초가 되었음을 설명해야만 했다.

그래도 필리핀 지도자들은 잘 이해를 할 수 없는지 의아해 하고 있었다.

물론 여기에 또 다른 변수가 있다면 국제적 정치문제를 들지 않을 수 없다는 점을 말해야 했다. 필리핀은 원래 스페인의 식민통치 400여 년 간을 넘어서서 독립한 대단한 자주성이 강한 민족임을 실감하게 된다. 그러나 2차 대전이후 미국과의 거리를 멀리 하면서 친미에서 반미 쪽으로 선회 한 점이 오늘의 어려운 사정을 만든 주요 요인임을 말해야 했다.

물론 지도자의 중요성은 그들 스스로가 너무나 잘 아는 일이었지만 부정부패의 만연으로 빈부격차가 심해지고, 몇몇 대 지주들의 횡포는 전체 국민들의 생활을 윤택하게 만들지 못했다는 점을 지적하지 않을 수 없었다.

많은 자원을 보유하고 있으면서 제대로 활용하지 못하고, 민주주의 훈련은 되어 있으나 제대로 실행되지 못하고, 부정부패의 만연으로 경제가 정상적으로 운영되지 못하다 보니 필리핀의 빈부격차는 말할 수 없이 심해졌으며, 전체적인 국가경제는 추락 할 수 밖에 없어 가난한 나라가 될 수밖에 없음을 지적했다.

그리고 지방 토호들의 군웅할거도 무시할 수 없어 변두리 도서지방에서는 국가 권력을 무력화하려는 반군의 출동이 자주 나타나 정권의 안정마저 위태롭게 하여 어려운 경우가 되었음을 들어야만 했다.

모두들 시인했다.

그러나 필리핀은 한국으로서는 반면교사(反面敎師)라 해야 할 것이다. 우리의 현실은 우리의 우수한 기술력이나 창의적 노력도 중요했지만 미국이라고 하는 튼튼한 우방의 힘이 컸음을 잊어서는 안 될 것이다.

세계를 여행하다 보면 같은 물건이라도 국가에 따라 그 가치의 차이가 매우 심한 것을 보아 왔다. 내용을 알고 보면 자유민주주의적 미국식 경제하에 운영되는 국가와 그렇지 못한 국가의 경우에서 오는 차이를 쉽게 볼 수 있었다.

만약 필리핀에 미군기지가 그대로 존속되고, 미국문화를 수용하면서 민주주의와 자유경제의 영향 하에서 국가가 개발되고 운영되었다면, 1960년대의 번영이 계속되었을 것으로 생각되어 다음의 토론 과제로 넘겨 놓았다.

필리핀에는 한국의 많은 종교단체들이 선교사를 파견하고 있다. 물론 이 나라는 종교의 자유가 보장되어 있는 국가다. 선교활동도 매우 자유롭다. 국민의 90%이상이 천주교를 믿고 있으며, 기독교는 국교와 같이 되어 있다. 그래서 온 국민들의 생활 속에는 기독교가 생활화 되어 있어 종교적 속성이 매우 강하게 나타나고 있음이 보여 진다.

예배는 언제나 축제였다. 다만 신앙적인 생활을 하느냐 하는 것은 알 수 없었지만 대단히 자유로운 종교적 천국이었다. 선교사들은 믿음을 강조하기보다는 선교의 훈련 기지로서 적당한 지역으로 생각하고 단기선교 팀들이 많이 오고 있음을 보았다.

여기에 우리가 할 수 있는 일은 무엇인가?

복음을 전하는 사람은 많되 그 열매는 알 수 없는 입장에서 너나 할 것 없이 다투어서 선교의 현장으로 뛰어 들기보다는 한국적 혼이 담긴 차세대의 복음 선교를 개발하고 적용해 볼 필요가 있지 않을까 생각해 보았다.

그것은 바로 문화선교의 시도였다. 한국문화를 이곳에 접목시키지 않는다면 그 많은 선교사들의 수고가 헛되이 사라지지 않는다고 누가 장담 할 수 있겠는가?

한국문화를 함께 전도의 현장에 심어 놓음으로 새로운 세기의 한국적 위상이 드러날 것이며, 하나님의 축복 받은 민족의 발자취를 세계에 전하고, 지속적으로 함께 갈 수 있는 길이 열리리라 믿는다. 그러기 위해서 이곳에서 한국어 교육을 시작해 보았다.

아무도 이 땅 세브랜드에서 한국어 교육에 관심이 없을 때, 2005년 연구년을 맞아 이곳 국립 사범대학에 교환교수로 와서 한국어 강의를 개설하고 2개 학급 50여명을 상대로 한 학기 강의를 진행 한 것이 계기가 되어 세브 국립 사범대학(Cebu Normal University)을 비롯하여 U.C (University of Cebu)등, 각 대학에 한국어 강의가 개설되고, 직업훈련원을 비롯하여 경찰청 등에서도 매우 인기리에 강의가 진행되고 있다.

특별히 제가 개인적으로 지도 해 오던 S.D.A. Elementary School (초등학교 교사 반)을 비롯하여, Shain Church (필리핀 교회) 등 학교나 교회에서 모임을 만들어 한국어 교육을 희망해 오고 있을 뿐만 아니라 한국어 학원을 운영해 보겠다고 함께 하자는 제안이 들어오고 있어 여러 가지로 신중을 기하면서 검토를 하게 되었으니 2, 3년 사이의 변화를 실감하게 된다.

한국어에 대해 관심이 없던 도시에서 이제는 꽤 많은 분들로부터 호응을 얻게 되었고, 한국어 열풍이 서서히 불어오기 시작하고 있어 정말 대견한 생각이 들지 않을 수 없다.

여기에는 제가 세브 국립 사범대학(Cebu Normal University)에서 한국어 강의를 하면서 함께 공동 강의에 참여케 했던 분의 명강사 소문이 퍼지면서 더욱 활기를 띠고 있어 앞으로 한국어 강사의 지도자 육성 프로그램이 더욱 필요하게 되었다. 앞으로 국가적 차원에서 정책적 배려가 함께 한다면 충분한 경쟁력을 갖춘 지역으로 판단되어 기대가 된다.

이 책은 필리핀의 한국어 교육을 위해 세브랜드에 머물면서 한국의 폭염 소식이 들려올 때면 창문을 활짝 열고, 저 푸른 태평양 바닷바람을 불러들여 더위를 식혀가며 노트북을 열어 그동안 저장해 놓았던 글들을 열어놓고 읽어 나가다가 이를 모아 『단상의 메아리』로 제목을 정하고 순서를 정해 본 것을 활자화 한 것이다.

우선 『정동샘』 편집 위원장으로 있으면서 썼던 이달의 포커스가 많은 양을 차지하게 되어 예수님의 말씀에 의지해서 첫 장을 '낮은 데로 임하소서'하고 소제목을 붙여 함께 엮어 보았다.

그리고 그 다음으로는 인천대학교 국문과에서 간행하는 『인천 문학』 창간호 머리말로 썼던 '미완성의 시작 노트'를 소제목으로 하여 몇 가지 문제들을 함께 모아 보았다.

세 번째로는 아무래도 대학 강단에 있으면서 이러저런 일에 개회사나 축사는 물론 특강을 할 기회가 많이 있어 이들을 모으다 보니 자연 강단에서의 소리라 생각되어 '단상의 외침'으로 하여 묶어 보니 가장 많은 분량을 차지했고, 이를 기초로 책명을 『단상(壇上)의 메아리』로 정하게 되었다.

네 번째로는 많은 여행기가 있지만 몇 개가 노트북에 들어 있어 이를 함께 묶어 '이 산지를 나에게 주소서'하는 심정에서 '이 산지를 나에게'하는 소제목을 달아 보았다.

마지막 편으로는 그동안 살아오면서 하고 싶었던 일도 많았지만 마음대로 되지 않는 것이 세상사라서 한도 있고, 기쁨도 많았기에 이런 저런 일에서 나를 돌아보는 의미가 담겨 있고, 또 앞으로 나아가고자 하는 의지가 실려 있는 글들을 함께 모아 '회고와 전망'으로 묶어 보았다.

이 장에서는 특별히 정년을 앞두고 있었던 정년기념 논총 봉정식 답사를 비롯해서 강단을 떠나며 남기고 싶었던 마지막 인사로서의 '인천대학교와 국어국문학과의 앞날을 기대하면서' 회고와 전망을 퇴임사로 남기고 싶어 이를 맨 끝에 수록했다.

그리고 그동안 걸어온 발자취를 간단하게 정리해서 부록으로 실어 놓음으로 내 자신에 대한 지난날의 자취를 담아 놓고자 했다.

이해 8월 말을 끝으로 인천대학교 교수직을 물러나게 되고 보니 이 책의 머리말 끝에서는 현직을 떠나있는 모습으로 인천대학교 명예교수직과 사회적 활동의 한 직책을 함께 올려 쓰며, 무사히 정년을 맞는 영광의 기쁨으로 머리말을 대신한다.

이 책의 출간을 위해 더운 여름 땀 흘리며 수고 해 주신 국학자료원 직원들과 어려운 사정에도 말없이 출판해 주신 도서출판 새미의 정찬용 사장님께 감사를 드린다.

2007. 무더운 여름에
필리핀 세브랜드 세브시티에서
시원한 태평양 바람을 맞으며

인천 향토문화사학회 회장
인천대학교 명예 교수
우 쾌 제

Ⅲ 단상(壇上)의 외침

I. 낮은 데로 임하소서

1. 어머님의 기도와 역사 하는 힘

감리교회(監理敎會)의 모 교회(母敎會) – 어머니 교회, 한국 감리교회의 첫 번째 교회라는 말이다. 신앙의 불모지에 젊은 서양의 선교사 아펜젤러에 의해 세워진 최초의 감리교회라는 데서 붙여진 이름이다. 어머니 교회(母敎會)의 어머니, 이 말은 아무나 들을 수 없는 신성함 그대로다. 넓고 포근한 가슴에 따뜻한 사랑과 무한한 헌신, 그리고 그칠 줄 모르는 희망과 목마르지 않는 신앙의 젖줄이 흘러나는 영원한 바람, 그 자체인 것이다.

나에게 잊을 수 없는 간절한 어머님의 기도는 역사하는 힘이 컸던 것을 확신한다. 얼마 전(추운 겨울) 누님 한 분을 먼저 하늘나라로 보냈다. 부모님들로부터 뼈와 살을 받고 이 땅위에 태어난 혈육 중 한 분께서 하나님의 부르심을 받고 가셨다. 세상 사람들의 말대로라면 70을 넘기고(74세) 자녀들을 다 성장시켜 미련 없이 사시다 가셨으니 크게 슬퍼할 일은 아니겠지만 같은 둥치에서 난 한 가지가 꺾였다는 점에서 마음속으로 서운함과 큰 충격이었다.

우리의 둥치이신 어머니께서는 감리교 권사로 계시면서 당신의 자녀들을 하나님 앞에 나오게 하기 위해 평생 기도하셨던 기억을 잊을 수 없다. 사랑하는 아들을 위해 눈물로 드리시던 기도, 그대로 이루어져 모두가 하나님께 영광을 돌릴 수 있는 일들로 나타났다. 출가한 자식들을 위한 간절한 기도, 역시 믿음이 없었던 메마른 심령에 신앙을 갖게 하여 따님 두 분이나 권사가 되는 역사가 나타난 것만 보아도 어머님의 기도가 얼마나 크게 역사 하셨는지를 확실히 알 수 있다.

말년에는 죽음을 준비하시면서 편안히 하나님의 부르심을 기다리셨던 것 같다. 평소에 건강하게 지내시면서 매일 새벽기도와 성경 보시는 일에 전념하시더니 어느 날 온 가족이 함께 있는 토요일 오후 갑자기 심장마비로 세상을 떠나셨다. 그 때 연세가 83세, 자손들의 애통을 못 들은 채 조용히 주무시는 것 같이 하나님의 부르심을 받고 가셨다. 얼마동안 마음을 잡지 못했지만 의학적으로는 일생을 마치신 자연사(自然死)라고 하는 해석에 죽음을 위한 간절한 기도가 이루어지신 것이라 깨닫게 되어 훗날 감사를 드릴 수밖에 없었다.

당신의 자녀들을 위한 기도는 교회도 없는 조그만 시골 마을에 살고 계신 따님의 동네에 교회가 들어가서 전도하게 되는 역사까지 일어나게 된다. 바로 누님이 사시던 집 앞에 개척교회가 서게 되자 하나님을 믿게 되어 교회를 위해 헌신 봉사하시며 권사직분까지 받으시고 기도하시다가 하나님의 부르심을 받으신 내 누님이시다.

하나님의 부르심을 받은 때는 마침 한겨울 연중 최고로 춥다는 일기예보가 내려진 날이었다. 자손들과 교우들은 눈 싸인 시골길을 크게 걱정하면서 서둘러 새벽에 서울의 병원에서 운구차를 모시고 고향으로 내려갔다. 그런데 웬일인지 눈은 더 내리지 않았다. 추위도 대단하지 않았다. 겨울 날씨에도 해가 밝게 비춰 마음 푸근하게 장례준비를 하고 있었다. 새로 개척한 시골교회로서는 처음 있는 장례예배라서 부흥회 인도 차 멀리 가 계신 목사님께서도 밤길을 달려 오셔서 만반의 준비를 하고 계셨다. 운구행렬이 교회에서 예배를 마치고 산길을 올라 갈

때는 모두 땀을 흘릴 정도였다. 시신을 모시고 하관예배를 드릴 때였다. 일을 돕던 한 분이

"정말 날씨가 겨울 같지 않으니 돌아가신 분이 하나님의 축복을 받은 것입니다."

하여 모두를 숙연하게 했다.

하관예배를 마치고 산역을 거의 끝냈을 때였다. 언제 그랬느냐는 듯 갑자기 시커먼 구름이 몰려오면서 눈이 내리고 바람이 불기 시작하는데 어제 내린 기상청의 일기예보대로 금년 내 제일 추운 날씨로 변하면서 가장 많은 눈이 쌓이기 시작했다.

시골의 개척교회를 도와 새로운 성전 봉헌에 수고와 봉사를 아끼지 않았던 권사님의 소천에 교회에 시험이나 들지 않을까 염려했지만 평소의 기도는 그를 통해 하나님께 더 큰 영광을 돌리려 했던 것 같았다. 이날의 사건은 어머님의 기도가 이루어져 자녀들을 교회로 인도하여 하나님을 영접하게 했고, 직분을 맡아 충실히 수행하며 기도하는 사람으로 살다가 하나님께 영광을 돌리게 해 준 것이라 생각되었다.

진정 정동교회가 한국 감리교회의 어머니 교회(모 교회)가 되기 위해서는 정동교회를 통해 새 시대를 열어 갈 새로운 소명을 받을 수 있는 뜨거운 사랑과 성령의 역사를 위해 기도해야만 할 것이다. 어머님의 기도는 역사 하는 힘이 큰 것이다. 한 가지에 나고 자라는 나무와 같이, 같은 뿌리에서 시작된 감리교회의 신앙운동은 정동교회에서부터 일어나야만 한다.

새 시대의 새로운 비전을 정동에서 개발하고 실천하지 않고 어디서

구걸하겠는가? 국권을 잃었을 때, 국가의 장래를 위해 앞장섰던 선각자들의 애절한 기도가 들리지 않는가? 남북문제, 북핵문제, 계층적 갈등문제 등, 풀기 어려운 난제들을 외면할 수 있단 말인가? 이 나라의 복음화와 세계적 선교의 사명을 감당하기 위해 기도하지 않을 수 있단 말인가?

언젠가 가는 곳 모르게 떨어져 나가는 나뭇잎 같이 한 부모에게서 난 형제들도 서로 헤어져 하나님의 부름을 받아 세상을 떠날 때, 어머님의 기도는 분명 그들을 구원하고 계신 것을 확실히 보았던 것처럼, 정동교회(貞洞敎會)를 어머니 교회(母敎會)로 하는 모든 교회들에게 구원의 은총이 임하기를 기도해야만 할 것이다. 새로운 시대에 맞는 신앙적 비전을 제시하고, 성령이 역사하는 실천적 신앙을 보여 줄 수 있도록 기도해야만 할 것이다.

온 누리에 항상 힘과 용기를 줄 수 있는 어머니 교회(모 교회)로서의 열정 어린 기도가 있어야 할 것이다. (시골의 조그만 개척교회 교우들의 뜨거운 기도와 부흥회 인도 중에도 밤길을 달려와 장례예배를 주관하신 목사님의 열정에 하나님의 영광이 함께 하신 것 같이)

어머니 교회(母敎會)의 의미(意味)와 사명(使命)을 다시 한번 생각해 본다.

— 2003. 2. 3. —

—『정동샘』 제182호 서울 정동감리교회—

2. 나비 눈과 파리 눈

—『정동샘』 이달의 포커스에서—

싱그러운 초여름 만물이 생동하는 활기찬 계절이다. 내가 살고 있는 반포는 한강이남 동작이 나루(일명 동재기 나루)가 있던 곳으로 강가에는 잘 조성된 공원이 있어 아침저녁으로 산책하는 사람, 운동하는 사람, 구경나온 사람, 낚시하는 사람들로 항상 만원을 이룬다.

한강공원 안에 있는 인공 섬에는 유채 꽃밭이 잘 가꾸어져 있어 흔히들 제주도 여행에서나 즐길 수 있는 줄 알았던 노란 유채 꽃에 흠뻑 취해 볼 수도 있는 곳이다. 또 얕은 물가에는 오리가족들이 오순도순 모여 살며 질서정연하게 물위를 오가면서 귀여움을 독차지하기도 한다. 분명 복잡한 서울의 도심과는 거리가 멀게 느껴지는 곳이다. 그러기에 옛 문헌에는 한강변에 많은 정자들이 있어, 때론 중국 사신의 영접 장으로, 국가의 중요한 경사 시에는 연회장으로, 장원급제한 선비들에게는 휴식처로, 높은 벼슬아치들에게는 정치적 토론장으로 널리 쓰여 졌다고 적어놓고 있다. 그래서인지는 몰라도 가까이에 고속도로 진입로를 향해 꼬리를 물고 힘차게 달려가는 자동차들의 요란한 소리도 저 멀리 모른 체 하고, 도도히 흐르는 물결 위에 비쳐진 서울의 아름다운 모습들을 바라보노라면 한적한 자연만이 살아 숨쉬는 선경에 온 느낌이다.

나는 가끔씩(비교적 자주) 한강공원 산책을 즐긴다. 시원스레 흐르는 물길이 모든 상념을 씻어주기라도 하는 것 같고, 오리가족의 질서정연한 집단생활을 보노라면 잊기 쉬운 질서를 배우는 것 같기도 하고, 강가에 심겨진 버드나무 잎들이 피고 지는 것을 보면 잃어버리기 쉬운 사철의 변화를 느낄 수 있어 즐거움을 한층 더해 주고 있다.

자연이 살아 숨쉬는 한강 가 둔치의 유월, 유채 밭에는 철 잃은 몇 그루의 유채꽃이 부끄러운 듯 살포시 피어 때늦은 배추흰나비 떼들을 부르고 있었다. 어지럽게 날다가 유채꽃 송이송이 위에 놓칠세라 찾아가 앉는 배추흰나비들, 꽃이 아닌 곳엔 한 마리도 앉지를 않는다. 꽃이 나비를 부르는 것인지? 나비눈에는 꽃만 보이는 것인지? 정말 신기한 것은 그 많은 자연 속에서 어찌 아름다운 꽃만 찾아다니며 한살이(일생)를 마치는 것일까? 아마도 나비눈에는 꽃만 보이는 특별한 장치라도 있는 것 같았다.

그런데 같은 미물이면서도 꽃과는 거리가 먼 더럽고, 썩고, 냄새나는 시궁창만 찾아다니며 한살이(일생)를 마치는 파리와는 너무 대조적이다. 정말 아름다운 꽃과 같은 자연은 나비에게만 주어지고, 썩고 냄새나는 더러운 시궁창은 파리에게만 주어진 것일까? 주어진 자연현상은 똑 같은 것이지만 꽃만 찾아다니는 나비와 시궁창만 찾아다니는 파리, 분명 똑같이 주어진 눈으로 자연을 살아가면서 나비의 눈과 파리의 눈은 달라도 너무 다르다.

우리는 누구에게나 똑 같은 자연환경 같은 조건에서 살아가면서 어떤 사람은 아름답고, 향기로운 좋은 것만 찾아서 살아가고, 어떤 사람은 더럽고, 썩고, 냄새나는 나쁜 것만 찾아 헤매고 있는 것은 분명 나비나 파리의 삶과 무엇이 다르겠는가? 나비의 눈으로 사는 삶, 파리의 눈으로 사는 삶, 과연 나는 어느 쪽에 속한 삶을 살고 있을까?

평생을 아름답고 좋은 일만하며 살아간다 해도 일생동안 얼마 하지

못하는데 왜 하필이면 파리의 눈으로 썩고 더러운 것만 보면서 살아간
단 말인가? 허락하신 생의 모두를 나비의 눈으로 아름답고 향기나는
삶을 살아 갈 수는 없을지…

-2001. 6. 10-
-『정동샘』 제172호, 정동감리교회-

3. 떨기나무에 불이 붙은 거룩한 땅

―새 천년에도 우뚝 설 영원한 문화재―

대지에 부는 봄바람에 두꺼운 얼음장을 깨고 개구리도 긴 겨울잠에서 깨어나는 새 봄엔 우리들 모두는 부활의 기쁨과 함께 새로운 천년을 열어갈 새로운 계획을 세워야만 할 것이다. 특히 우리 정동교회로서는 감리교 선교 일세기를 넘긴지가 오래고 보니 세월과 함께 감리교단 안에서도 모 교회로서의 무게를 느끼지 않을 수 없게 된다. 교회를 통한 신앙운동은 신교육운동과 신문화운동은 물론 민족 독립운동으로까지 이어져 그 역사적 가치는 가히 문화재적 위치를 넘고 있다.

정동에 교회가 설 수 있었던 것은 사건중의 큰 사건이었을 것이다. 하나님의 섭리로 일 세기 전, 대한제국 말기 세계열강의 각축 속에 국가의 주권마저 풍전등화와 같이 흔들리고 있을 때, 정동의 나지막한 언덕에 한 젊은이에 의해 분명 이 곳에서 떨기나무에 불이 붙은 거룩한 땅을 보았기 때문에 정동교회의 설립은 가능했으리라고 본다.

그 때 미국 필라델피아의 한 마을에서 태어난 젊고 장래가 촉망되는 아펜젤러 목사님은 이 땅에 오셔서 이 민족의 아픔을 함께 느끼면서 복음을 통해 절망에서 새로운 희망을 불어넣었고, 어둡고 암울했던 이 사회에 새로운 문명의 불빛을 전하면서 교육을 통한 인재양성과, 독립국가 건설이라고 하는 희망을 주셨던 곳이 바로 정동교회였다. 그러므로 당시의 정동제단을 통해 국가 민족을 염려하던 선각자들이 구름 떼 같이 몰려들어 새로운 독립 국가건설의 토대를 쌓기 위해 눈물로 제단을 모았다는 기록들은 우리의 가슴을 뭉클하게 해준다.

새로운 대한민국의 국가적 토대가 논의되기 시작했고, 새로운 교육과 문화와 정치가 싹트기 시작했던 곳이 바로 정동교회였다는 점에서 더욱 거룩한 땅이었음을 알 수 있게 한다.

특히 오랜 역사적 문화 전통 속에서 우리사회를 지배해 왔던 유교나 불교와 같은 이념적 굴레를 훨훨 벗어버리게 하고, 민주와 자유를 기본으로 하는 신문명국가의 건설은 물론, 새로운 박애의 정신에 기초한 기독교적 사상을 이 땅에 뿌리 내리게 했던 한국 최초의 목사님이셨던 탁사 최병헌 목사님, 그리고 독립운동에 헌신했던 현순 목사님, 손 정도 목사님 등은 우리민족사에 길이 남을 신앙 지도자로, 민족 지도자로, 오늘에 다시 그 업적이 재평가되고, 그들에 의해서 타올랐던 이 민족을 위한 열정이 다시 한번 새로운 세기를 밝혀 낼 수 있는 힘으로 활활 타올라야 할 것이다.

떨기나무에 붙은 불이 활활 타오르기 시작 한 이 곳, 정동교회를 중심으로 배재 학당과 이화 학당 그리고 삼문 출판사 등, 이 나라 신문명의 산실들은 오늘을 사는 우리들에게는 너무나 소중했던 역사적 유산들이라 하겠다. 그러므로 현재 남아있는 유형무형의 유물 유적들을 찾아서 보존 발전시켜 빛나는 문화유산으로 다가올 새로운 새 세기 새 천년에 다시 타오르는 거룩한 땅으로 가꾸어 나가야 할 책임이 우리에게 있음을 강조해 보면서 그동안 소홀히 한 일은 없었는지 다시 한번 조용히 반성해 볼 필요가 있다.

정동교회에 남아있는 벧엘예배당은 우리의 소중한 문화재다. 현재 국가적인 차원에서 보호를 받고 있지만 교회적으로 할일이 있다면 그 원형을 원형대로 보존시키는 일이다. 아무리 훌륭하게 수리하고 꾸며 놓는다고 해도 그것은 문화재의 훼손이지 보존은 아니다. 원형을 그대로 살릴 수 있는 데까지 그대로 살려서 초대교회 신앙운동의 산실로 삼아 기도의 불길이 꺼지지 않는 특별 기도실로 만들어 보존하는 것은 어떨가 생각된다.

그리고 좀더 눈을 돌려서 생각한다면 정동교회를 감리교회의 모교회로 모두들 기대만 가지고 있으면서 개 교회주의에 입각해, 정동교회의 그 어떤 것만을 바라고 있는 것이 사실이다. 그러나 적어도 모 교회를 모 교회답게 하기 위해서는 정동교회가 벌렸던 교육사업이나, 전도 사업이나, 문화 사업들의 공동 연대 사업이 다시 시작되지 않는다면, 새로운 세기의 모교회로서의 중차대한 일들을 혼자서 감당 해 내기가 쉽지 않을 것으로 생각되어 염려된다.

예를 든다면 정동을 중심으로 하는 서울시의 문화거리 조성사업과 때를 맞추어 정동에 기독교적 문화유산을 중심으로 하는 종교거리를 조성케 하고 기독교 박물관과 같은 것을 설립하여 신앙적 성지로 삼는 것은 현대적 선교사업으로 적절한 일이 아닐까 생각되지만, 정동교회 개 교회만의 일로 하는 것보다는 교단적 힘을 모은 연합사업으로 이루어 낼 때, 큰 성과를 기대 할 수 있지 않을까 생각된다.

새로운 새 시대에 맞는 선교전략으로서 우리의 거룩한 땅에 새 시대의 주인공들인 젊은이들의 새로운 불길을 다시 지피기 위해서라도, 아니 새로운 새 시대의 많은 내방자들을 위해서라도 초대교회의 옛 모습들과 최초의 신교육 발상지다운 볼거리와 이야기 거리를 만들어 제공하면서 새 시대에 맞는 새로운 불길을 지펴 나가야 할 것이라 생각된다.

정동교회는 분명 이 땅위에 새로운 신앙적 불을 지폈고, 새로운 교육적 불을 지폈고, 새로운 문화적 불을 지폈고, 새로운 정치적 불을 지폈다. 이제 다가오는 새로운 천년을 향해 새로운 불길이 정동에서부터 다시 일어나야 할 것이다. 뜨겁게 달아오르는 정동제단의 기도소리가 이 민족을 구원하는 구원의 중보 기도가 되어야 할 것이며, 이 나라의 장래를 짊어지고 나갈 미래의 지도자들을 길러 낼 선각자들의 기도가 되어야 할 것이며, 새로운 미래를 향해 세계로 뻗어 나가야 할 이 나라의 운명을 개척 할 광야의 외치는 목소리가 되어야 할 것이며, 통일의 불꽃을 당기고 활활 타오르게 할 민족 구원의 기도가 되어야 할 것이며, 새로운 문화의 역군들을 길러내야 할 지혜의 기도가 되어야 할 것이며, 굶주리고 고생하며 억울하고 소외된 자들에겐 구원의 방주에서 들려오는 사랑의 속삭임이 되어야 할 것이며, 말없이 꿋꿋하게 살아가는 모든 사람들의 자연스러운 쉼터엔 은은하게 들려오는 찬송소리가 되어야 할 것이며, 믿는 자들의 영원한 안식처에 울려 퍼지는 평화의 메시지로 온 누리를 가득 채울 수 있는 거룩한 땅이 되어야 할 것이다.

새로운 천년에 다시 한번 열려질 새 땅으로서의 정동, 더욱 세차게 타오르는 불길을 지필 거룩한 새 땅으로 다시 태어나 세기전의 불행했던 역사를 깨끗이 씻어버리고 무한한 이 민족의 정기를 되살려 남북으로 갈린 이 땅에 통일의 불꽃으로, 그리고 세계로 뻗어 나가는 민족의 장래에 희망의 불꽃으로, 성령의 역사가 강하게 일어나는 성령의 불꽃으로, 떨기나무에 붙었던 불꽃 같이 활활 이 곳 거룩한 정동제단에서 타오르게 해야 할 것이다.

모세에게 거룩한 곳이니 신을 벗어라 했던 그 곳 시내산과 같이, 젊은 선교사 아펜젤러를 통해 이 곳 정동동산은 거룩한 곳이니 신을 벗게 하시고, 모세가 바라보았던 떨기나무에 붙었던 불꽃을 이 곳 정동제단에서 보게 했던 것과 같이, 하나님의 능력을 필요로 할 때 정동제단에 붙은 불꽃을 바라보며 민족의 구원은 물론 통일과 번영을 영원히 누릴 수 있도록 다 함께 기도할 수 있기를 바라는 마음 간절하다.

- 1999. 3. 4. -
-『정동샘』제158호, 서울 정동감리교회-

4. 100년 후의 모습을 그려 보며

―정동 교회의 미래와 우리의 자화상―

새 천년을 맞아 우리교회는 그 동안 4주간의 임원 교육이 있었다. 들어보기 어려웠던 신선한 말씀들이었다. 담임 목사님께서 사명을 갖고 교회내의 어려웠던 일들을 솔직하게 말씀하심으로 많은 임원들의 마음에 감동을 줄 수 있었다고 생각된다.

교회는 하나님께서 역사 하시는 곳이다. 정동언덕에 교회가 선지 한 세기가 지났다. 그동안 신앙으로 민족을 구원하기 위해 많은 지도자들이 눈물로서 기도했던 것과 같이 오늘의 난국에도 정동을 통해 역사 하시는 하나님의 뜻은 바로 우리들에 의해 실현되기를 바라고 계신 것을 보게 된다.

새 천년의 첫해 새봄에 정동 언덕에 처음으로 교회를 세우시던 그때를 회상 해 보며 앞으로 100년 후 1000년 후를 생각해 보는 것은 매우 의미 있는 일이라 생각된다. 서양의 한 젊은이(아펜젤러 목사)가 낯선 땅에 발을 딛고, 하나님의 복음을 전하기 위해 성전을 세우고, 교육과 의료 봉사를 통해 그 사명을 다했던 정동은 지금과는 너무나 달랐을 것이다.

그 후 정동의 변화는 상상할 수 없을 만큼 달라져 갔다. 한때 서울의 외교적 중심가에서 이제는 한적한 뒷골목으로 바뀌어 갔고, 근년에도 역사를 지켜주던 많은 유물들도 서서히 역사 속으로 사라져 가고 있으니 앞으로의 변화는 예측하기 어렵다. 일제에 의해 만들어진 역사적 질곡 속에 수많은 애국지사들을 잡아다 옥고를 치르게 했던 서슬이 시퍼렇던 대법원 청사는 허물어져 시립 미술관으로 꾸며지고 있으며, 신앙과 교육을 통해 동량을 길러, 나라와 민족을 구하고자 설립되었던 한국 최초의 신 교육기관 배재 학당은 역사적인 현장에서 멀리 떠나갔고, 그 자리엔 러시아 대사관의 모습이 우뚝 솟을 날이 멀지 않았다.

서울시 문화재인 베델 예배당이 금년에 대대적인 보수를 하게 된다니 다행한 일이다. 한국 감리교회의 최초 예배당이었다는 점에서 그 가치는 매우 크다. 또한 정동교회를 중심으로 한국 신교육의 발상지였던 배재나 이화학당은 많은 젊은이들이 꿈을 키워왔던 곳이었다. 그런데 현재 남아 있는 유일한 배재의 경세관은 베델 예배당에 버금가는 중요한 문화의 유적임에는 틀림없다. 문화재로 지정되어 보존되기를 희망해 본다. 3.1독립운동의 진원지였던 정동교회, 대한민국의 건국을 위해 선각자들이 모여서 고뇌하던 현장, 교회를 중심으로 주변에서 일어났던 세계열강들의 외교적 각축장, 이제 그 흔적들도 찾아보기 어렵게 되어 가고 있으니, 후세들에게 무엇으로 설명할 수 있을 가 심히 두려울 뿐이다.

교회의 역할은 하나님을 알고 하나님을 두려워하며, 그의 뜻을 실현하는 것이 근본이라 할 때, 먼저 신앙적으로 영적인 부흥운동이 일어나야 할 것이며, 선배들의 믿음을 본 받아 병들어 괴로워하는 사람들에게는 치료의 손길을, 우매한 백성들에게는 가르침을, 그리고 나라 잃고 고통 받는 민중들에게는 독립의 길을 열어 주었던 것을 잊어서는 안 될 것이다.

새천년 새로운 교회, 영력 있는 일꾼들, 조직된 힘으로 1000년을 열어갈 비젼 있는 정동이 되어 세계를 향한 선교의 전초기지 역할을 다 감당 할 수 있어야 할 것으로 생각된다.

　정동교회는 한국감리교의 모 교회뿐만 아닌 세계를 향한 복음전파의 진원지가 되어, 100년 아니 1000년 후의 모습을 그려 볼 수 있는 교회로 후세들에게 남길 부끄러움 없는 새로운 꿈을 다 함께 가져보시기 바랄 뿐이다. 우리가 갖는 꿈은 곧 하나님께서 우리를 통해 이루시려는 하나님의 계획이 될 수 있도록 기도를 부탁드리면서…,

－2000. 3. 4.－

－『정동샘』 164호, 서울 정동감리교회－

5. 참 포도나무

-『정동샘』 이달의 포커스에서-

　우리는 언제부터인지 아파트생활에 익숙해졌다. 시멘트벽으로 둘러싸인 주위환경도 창가에 화분을 기르고 꽃을 가꾸며 조화롭게 잘 극복해 나가고 있는 것 같다. 그래서 나는 생각하기를 창가에 기르는 화분보다 창 밑에 넝쿨을 길게 뻗는 포도나무를 심기로 했다. 그것은 적중되었다. 새봄만 되면 우리 집 창가엔 포도넝쿨이 탐스럽게 피어나 여간 보기에 아름답지 않다. 한여름엔 파란 줄기가 기어 올라와 포도송이가 주렁주렁 매달려 익어 가는 것은 오묘한 하나님의 솜씨를 그대로 보는 것 같다. 봄부터 가을까지 포도나무를 돌보고 가꾸는 일은 즐겁기만 하다.

　그런데 한 번이라도 거름을 주고 북돋우는 일을 게을리 하게 되면 다음해에는 어김없이 포도송이가 드문드문 맺히고 줄기나 잎도 기대하기 어렵게 된다. 뿌리가 성해야만 새순이 날 때부터 다르다. 싹이 부둑스럽고 싱싱하게 피어나야 포도송이가 충실하게 맺히는 것을 매년 보아오게 되었다.

　신록의 계절 오월은 피어나는 새싹들과 함께 어린이날과 어버이날이 있던 달이다. 나라의 새싹이요 희망인 어린이도 싹틀 때부터 잘 가꾸지 않으면 좋은 포도를 기대할 수 없는 것과 무엇이 다르겠는 가? 탐스러운 새싹은 좋은 뿌리에서부터 나온다. 어버이들은 새싹을 틔울 근본인 뿌리다. 낳고 기르는 어버이의 수고가 없었다면 새싹도 줄기도 열매도 기대할 수 있겠는가? 은혜를 잊지 말자는 뜻으로 어버이날이 21이어지고 있는 것, 분명 우리만이 가지고 있는 아름답고 자랑스런 전통이라 하겠다.

그러므로 우리는 예수를 믿는 믿음 안에서 부모님의 기도는 가정의 튼튼한 뿌리가 된다. 어버이의 기도, 그보다 더 거룩한 것이 어디에 있단 말인가? 그것은 이세상의 모든 사람들을 혼자 있게 하지 않는 가장 중요한 무기가 될 수 있고, 근본을 지켜주는 가장 중요한 사건이 될 것이다. 부모님의 뜨거운 사랑, 이것을 바로 깨닫게 될 때, 그 누군들 잠시나마 탈선 할 수가 있겠는가?

어버이의 간절한 기도, 이것은 오늘을 살아가는 모든 사람들에게 꼭 필요한 것이며 앞날을 책임질 젊은이들에게 더욱 절실한 마음의 고향을 만들어주는 중요한 속삭임이 될 것이다. 남에게 질세라 '기죽일라! 기죽일라!' 하면서 길러낸 인물들이 자기만 아는 극단적 이기주의자로 변해간다고 하는 무서운 사회현실에서 더욱 간절히 요구되는 것이 아닐까 생각된다. 허영과 사치보다는 진실로 눈물어린 부모님들의 기도가 그 자녀들을 올바로 기르는 최선의 방법이 될 것이란 점을 한 번쯤 집고 넘어가야 할 필요가 있겠다.

신앙은 곧 올바른 생활에서 자라게 되고 은혜가 될 수 있는 것이다. 가정에서는 부모님의 간절한 기도, 교회에서는 목사님들의 헌신적인 기도, 맡은 직분에 따라 하나님의 뜻을 이 땅위에 이룰 수 있도록 최선을 다하는 것 이것이 우리의 사명이 아닐까 생각된다.

우리가 참 포도나무일 때, 우리를 기르고 가꾸시는 농부는 주님이신 것이다. 우리가 하나님의 은혜 안에 있지 못한 것은 가지가 포도나무에 붙어있지 아니하여 과실을 맺지 못하는 것과 같은 것이다. 그러므로 우리는 항상 주안에서 하나 되어 주님의 뜻을 좇아 주님의 사업을 이루는 것만이 참 포도나무가 되는 길이 아닌가 생각된다.

"나는 포도나무요 너희는 가지니 저가 내 안에 내가 저 안에 있으면 이 사람은 과실을 많이 맺나니 나를 떠나서는 너희가 아무 것도 할 수 없음이라 사람이 내 안에 거하지 아니하면 가지처럼 밖에 버리어 말라 지나니 사람들이 이것을 모아다가 불에 던져 사르느니라(요한 15:4-6)"고 했다.

이같이 훌륭한 농부의 포도원에서 탐스런 열매를 맺는 가지와 같이 주님의 은혜 안에서 떠나지 말고 맡은 바 역할을 다하게 될 때, 튼튼한 신앙의 뿌리로부터 영양을 공급받아 이 땅위에 하나님의 큰 뜻이 이루어지는 놀라운 역사가 일어나게 될 것을 확실히 믿는다.

부모의 기도로 튼튼한 신앙의 뿌리가 내린 가정에는 예수님의 향기가 날 것이며, 믿음의 뿌리가 튼튼한 신앙공동체는 훌륭한 열매를 맺게 될 것을 믿으며, 참 포도나무의 비유와 같이 참 신앙의 공동체적 결실을 기대해 본다.

1998. 6. 10.

『정동샘』제 153호, 서울 정동감리교회

6. 5월, 가정의 달을 보내며

새봄이 되면 우리 집 창가에 있는 포도나무에는 탐스러운 새순이 부 둑스럽게 피어나 보기에 여간 아름답지 않다. 아파트는 주위환경이 시 멘트벽으로 둘러싸여 있어 자칫 삭막하기까지 한 것이 보통이다. 그래 서 사람들은 다투어 베란다에 화분을 기르고 꽃 가꾸는 일이 보통의 일과가 되어 있다.

그런데 나는 베란다에 화분을 기르는 것보다 몇 년 전부터 넝쿨을 길게 뻗는 포도나무를 창 밑에 심어 탐스럽게 피어나는 새순에서부터 한여름 파란 줄기가 기어 올라와 포도송이가 주렁주렁 매달려 익어 가 는 하나님의 오묘한 솜씨에 매료되어 봄부터 가을까지 포도나무를 돌 보고 가꾸는 일이 즐겁기만 하다.

어쩌다 한 번이라도 거름을 주고 북돋우는 일을 게을리 하게 되면 다음해에는 어김없이 포도송이가 드문드문 맺히고 줄기나 잎도 기대하 기 어렵게 된다. 무엇보다 뿌리가 성해서 그 근본이 확실해야 새순이 날 때부터 부둑스럽고 싱싱하게 피어나 줄기에서부터 잎이나 열매가 모두 충실하게 맺히는 것을 보게 된다.

오월이 되면 우리는 먼저 어린이날을 맞게 된다. 이 나라의 새싹이 요 새 희망이 되는 어린이를 어린이답게 잘 길러 보자는 다짐에서 만들어진 날이 바로 어린이날이 아니겠는가? 그러므로 왕자님 같이, 공주님 같이, 오직 그들이 원하는 것은 무엇이든 다 해주겠노라고 다짐하며 손에 손을 잡고 대공원으로, 에버랜드로, 롯데월드로 어린이들이 즐길 만한 곳은 어디라도 다 만원을 이루게 마련이다. 서울뿐만 아닌 전국의 모든 어린이들이 다 모여들어 법석을 떨고 있는 모습은 한두 해의 일만이 아니다. 그리고 또 며칠이 지나지 않아 어버이날을 맞게 된다. 이 날이 되면 고향에 계신 노부모님들을 찾아뵙고 정성을 다해 효도를 해야 옳겠지만…, 글쎄 과연 그렇게 잘 하고 있는지…?

분명 우리에게 있는 가장 아름다운 전통은 부자유친(父子有親)의 덕목이 아직은 살아 있다고 보아야 할 것이다. 그러므로 어린이를 위하는 날이 있고 부모를 위하는 날이 이어서 있게 되어 부모와 자식간의 정을 다시 한 번 되새겨 볼 수 있게 해주고 있으니 말이다. 부모는 어린 자식들을 위해 평생을 헌신하고 자식들은 늙으신 부모님을 위해 항상 공경하여 모시는 아름다운 전통은 우리의 지극한 자랑이며 영원히 존속되어야 할 커다란 덕목이 아닐 수 없다. 이 세상에 부모와 자식간에 간직한 친애의 정보다 더한 것이 어디 있겠는가? 이것은 인류의 영원한 존속을 바라는 종족 번영과 무관하지 않기 때문이리라.

그러므로 나는 내가 하나님을 알고 예수를 믿고 나서 제일 먼저 생각 한일이 나를 위해 가장 많이 기도해 주실 분을 찾게 되었던 것입니다. 젊은 청년기의 많은 세상 유혹에도 불구하고 나를 위해 가장 염려해 주실 분은 과연 누구였겠습니까? 나를 낳고 길러 주신 어머님이 아니고 또 누가 나를 더 생각하고 기도해 주실 분이 계신다고 생각 되십니까? 어머님을 교회로 모시고 나가는 것, 어머님에게 구원의 확신을 드리는 것, 어머님의 기도를 듣는 것, 그것은 나를 이 세상에서 혼자 있게 하지 않은 가장 중요한 계기가 되었던 것입니다. 다음에는 아버님을 모시고 나가는 것은 더욱 중요한 의미를 갖지 않을 수 없는 일이었습니다. 우리 집안의 가통이 바뀔 수 있다는 점에서 더욱 그럴 수밖에 없었던 것입니다.

과연 나를 위해서 불철주야 기도해 주신 어머님의 뜨거운 사랑, 오늘의 내가 있게 해 주신 가장 큰 원동력이 되었다고 자신 있게 말할 수 있을 것 같습니다. 한 번은 제가 군에 입대했을 때였다고 합니다. 하루도 거르시지 않으시고 새벽기도를 나가셨는데 당시만 해도 12시 통행금지가 있던 시대였습니다. 열심히 새벽기도를 나가시는데 파출소 앞을 지날 때 순경들이 잡더라는 것입니다. 깜짝 놀라서서 왜 잡느냐고 강하게 항의를 했더니 지금이 몇 시인 줄 알고 돌아다니시는 거냐는 것입니다. 새벽 사이렌(오전 4:00 통금 해제)소리를 듣고 새벽 기도회에 가시는 중이라고 했더니 그때가 12:00시 통행금지 시간을 알리는 사이렌이었다는 것입니다. 이렇게 열심히 아들을 위해서 평생을 기도하시다 돌아 가셨으니 제가 한 번이라도 곁길로 눈을 돌릴 수가 있었겠습니까?

어머님의 간절하신 기도, 이것이 오늘날 모든 가정에 필요한 것이지, 어린 자식들에게 '기죽일라! 기죽일라!' 하면서 남들에게 뒤질세라 고급품은 모두 다 사줘야 하는 것으로 알고, 최고의 공주님 왕자님으로 만들겠다는 젊은 엄마들의 허영 된 생각이 바로 그 자녀들로 하여금 올바르게 자라지 못하게 하고 훌륭한 인물로 키우지 못한다는 것을 깨우쳐 줄 필요가 있지 않나 생각됩니다. 허영과 사치보다는 진실로 눈물어린 어머니의 기도가 그 자녀들을 올바로 기르는 최선의 방법이라는 것을 알아야 할 것 같습니다.

신앙은 곧 올바른 생활에서 자라게 되고 은혜가 될 수 있는 것입니다. 요즘 항간에 문제가 되고 있는 '왕 같은 제사장에 종 같은 평신도' 문제도 가정에서의 부모님이 그 자녀를 위해 기도하는 심정으로 교회에서는 신앙의 지도자이신 목사님들의 헌신적인 기도에 순종하는 평신도들의 조화라면 어디에서 문제가 생기겠습니까? 오직 자녀들을 위한 부모님들의 간절한 기도가 필요하듯이 평신도들을 위한 목회자들의 간절한 기도가 필요한 것이 아닐까 생각됩니다. 목사님들은 신자들을 기르는 목자로서 자기의 양 무리를 올바른 길로 인도하기 위해 눈물어린 기도가 있을 때 평신도들은 목자님을 믿고 따르며 순종하게 될 것이 아닐까 생각됩니다. 각각 맡은 직분이 다르기 때문에 평신도들이 목자가 될 수 없으며, 목자님들이 평신도들처럼 생각하고 행동해도 곤란하지 않을까요?

하나님은 포도나무의 줄기요, 그 뿌리라고 한다면 우리 평신도들은 그 가지이며, 잎이며, 열매일 수 있습니다. 포도나무가 그 줄기에서 떨어져 나가게 되면 생명력을 잃게 될 수밖에 없습니다. 오직 성성한 열매를 맺기 위해서는 뿌리가 튼튼해야 하고 줄기가 튼튼해야 하며 잎이 무성해야 됩니다. 그래야만 좋은 열매를 많이 맺을 수 있는 것입니다.

신앙의 열매도 마찬가지가 아닐까요? 거름을 주고 북돋우는 훌륭한 농부의 포도원에 탐스런 열매를 맺는 것 같이 열심히 기도하는 목사님들이 계실 때 훌륭한 평신도들이 있게 마련이 아니겠습니까? 눈물을 흘리며 열심히 기도하는 부모님 밑에서 자라난 아이들이 훌륭한 일꾼이 되듯이…,

오월 가정의 달을 보내며 부모 된 도리를 다하는 것은 오직 자녀들을 위한 진정한 기도가 있어야 하겠습니다. 가정으로부터 잘 길러진 어린이들만이 사회적으로 훌륭한 인물이 된다는 것은 만고의 진리가 아닐까요? 기도하는 부모님, 기도하는 어머님, 기도하는 아버지가 됩시다. 자녀들을 위한 마음속으로부터 울어나는 간절한 기도가 억만금보다 소중하다는 것을 한시도 잊지 마시기를 바랍니다.

어머니의 기도는 정말 값진 보배입니다. 가장 소중한 하나님 보시기에 가장 아름다운 언어인 것입니다. 자녀를 위한 간절한 기도, 이것만이 우리의 최선을 다하는 길이 아닐까 생각되어 함께 생각 해 보고자 한 것입니다. 가정을 위해 본인 스스로를 위해 간절한 마음으로 쉬지 않고 기도하십시다. 나가서는 내 이웃을 위하고, 내 교회를 위하고, 내 친척들을 위하고, 내 국가를 위하고, 전 세계를 향해 항상 기도합시다. 하나님은 확실하게 듣고 응답해 주실 것입니다.

기도의 용사들로 우뚝 서시기를 바랍니다. 모두 건강하십시오.

-1998. 5. 16 (토)-
-서울 상도동 상도장로교회 청노대학 특강에서-

7. 평화! 그것은 인류의 대망이다.

-『정동샘』 특집기사에서-

(1) 전쟁 시나리오의 충격

"북한의 전격 기습으로 한반도에 전쟁이… 서울이 함락되고 미군에 북한은 전술 핵무기를 발사… 이어 미·중국은 핵 공격을 교환…"

아침 신문을 펼쳐 들었을 때, 이런 기사가 터져 나왔다고 해 보자. 정말 생각만 해도 끔직한 일이 아닐 수 없다. 그런데 이것은 실지로 신문에 기사화(조선일보 96년 11월 12일자)된 사실이었다. '북, 남침 전 생화학 무기로 남교란'이란 커다란 제목에 '혼란 틈타 탱크 부대 대거 공격, 미 반격하자 북 핵미사일 발사'라는 부제가 붙어 있는 내용으로 미국 전 국방 장관 와인버거와 영국 옥스퍼드대를 졸업하고 미국 스탠포드 대학 후버연구소 객원 연구원으로 있는 시바이처가 작성한 한국에서의 가상 전쟁 시나리오 <다음에 올 전쟁(The Next War)>에서였다.

그 내용인 즉, 98년 4월 7일 평양, 북쪽 자모산의 별장에서 김정일은 중국의 후시장군과 비밀 회담을 갖는다. 후시는 등소평 사후 군부의 최고 실세─김은 '남조선을 해방시킬 준비가 다 돼 있다'면서 세부 계획을 설명, 반정부 학생 시위대로 혼란한 서울을 향해 북한 특수부대가 동두천으로 침투 미군 부대 주변에 생화학 무기를 살포하여 전열을 교란시키고 서울 근교까지 진격, 한국군은 결국 서울을 내주게 되고, 북한군은 서울을 지나 대구까지 거침없이 진격한다. 미군은 미사일로 북한을 공격하고 김정일은 이에 격노하여 핵탄두를 장착한 미사일로 대구의 미군을 공격하자 미국은 마침내 핵 보복을 결심 북한의 핵 발사 기지가 있는 평산을 공격하고 영변 등 핵관련 지역을 공격한다는 것이다.

이것이 가상 시나리오였기에 망정이지 실제적인 상황이었다면 우리는 어찌되었을까? 다시 한번 6.25와 같은-, 아니 그보다 훨씬 더한 처참한 파괴와 살상의 불행을 겪지 않을 것이라 누가 장담할 수 있겠는가?

(2) 평화 공원의 교훈

일본 여행을 하게 되면 꼭 들려 볼만한 곳이 있다. 그곳은 일본의 최남단에 위치한 평화 공원을 조성하고 핵전쟁이 얼마나 무서운 것인가를 무언으로 증명해 주는 나가사끼현이다. 일본이 한국을 강제 합방하고 중국을 침략하여 만주국을 세워 가진 약탈을 일삼으면서 드디어는 하와이 진주만을 폭격하는 등 제2차 세계대전이 한참 진행되고 있을 때, 미 연합국에서는 그 이상 두고 볼 수 없어 이곳에 세계 최초의 핵폭탄이 투하된다. 아무리 승승장구하는 줄 알았지만 원폭의 위력에는 더 이상 견뎌 낼 수 없었던 일본으로서는 결국 항복 문서에 조인할 수밖에 없었다. 바로 그와 같은 일본의 패망을 가져다 준 원폭의 역사적 현장이 바로 이곳 나가사끼현의 평화 공원이다. 그 후 그들은 이 지역을 보존하여 후세에 원폭의 피해가 어느 정도인지를 알려 그때의 처참했던 참상을 잊지 말자는 의미로 평화 공원을 조성해 놓고 만신창이된 상처 입은 동상을 공원 한 가운데에 세워 놓고 있는 것을 볼 수 있다. 정말 핵전쟁이 얼마나 무섭다고 하는 것을 무언으로 증명해 주고 있는 것 같았다.

특히 우리는 동족상쟁의 피비린내 나는 6.25전쟁을 겪어 남다른 전쟁에 대한 뼈아픈 경험을 한 민족으로 나가사끼의 평화 공원은 예사로 보이지 않았다. 아직도 통일되지 못한 이 땅위에 다시 무력 충돌이 생긴다면 아마도 이 이상의 큰 상처를 입게 되지는 않을지 - ,

봄에는 아름다운 꽃들이 만발하고 가을에는 맑고 높은 하늘에 고추잠자리 날고 들녘에는 오곡백과가 가득하며, 온 산천을 붉게 물든 가을 단풍은 세계에 둘도 없는 아름다운 이 강산의 자랑이었건만 어느 날 한순간 전 국토가 불바다가 되어 모든 것들이 잿더미로 변해 버렸고, 거리마다 죽은 시체와 방황하는 피난민들이 줄을 섰고, 사랑하는 부모 형제들마저 싸늘한 시체로 버려졌던 처참했던 기억들, 아직도 잊을 수가 없는 한국전쟁의 순간들을 생각할 때, 전쟁의 시나리오는 우리에게 예사로 들리지 않는 정말 소름 끼치는 이야기가 아닐 수 없다.

전 세계에서 유례를 찾을 수 없는 한반도의 문제에서 이와 같은 세계 전략가들의 예측 불허의 상황이 가상이기는 하지만 공공연하게 나올 수 있다는 것은 우리로서는 정말 심각하게 검토하고 대처해야 할 일이 아닌가 생각된다.

수년전 독일의 베를린 장벽이 무너지면서 동서독의 통일이 이루어졌고, 폴란드의 자유의 물결이 성공을 거두었으며, 구소련이 해체되면서 민주주의를 받아들였고, 중국도 자유 경제 체제를 받아들여 온 지구상에는 공산 대 민주라는 사상적 이념 대결이 끝나 가고 있는 것은 분명한 사실이다. 그런데 유독 우리만은 왜 아직까지 남북문제를 풀지 못하고 더욱 더 험악하게 전쟁 직전의 상황으로 몰아가는지 알 수가 없다. 가장 평화로워야 할 같은 민족끼리 평화를 위한 노력은 뒤로한 채 무장 공비를 침투시켜 사회를 혼란의 도가니로 몰고 가지를 않나, 선전포고에 가까운 남한을 불바다로 만들겠다고 위협을 하지 않나, 정말 이해할 수 없는 일들이 벌어지고 있으니 평화는 점점 멀어져만 가는가 생각되기도 한다. 전쟁의 위협으로부터 언제나 벗어나게 될지 정말 한심스럽다. 사랑하는 가족들이 남북으로 갈리어 생사조차 확인할 수 없는 슬픔에 잠겨 있어 평화 통일을 바라는 국민들의 소망은 한결 높아만 가고 있지만 해결의 실마리는 아직도 풀리지 않고 있어 더욱 걱정이다. 핵폭탄의 위력이 어떻다는 것은 이미 인류가 한번의 실험으로 족하다. 다시 이 땅위에 핵위협이 있어서는 안 되겠다. 전쟁 기념관을 세워 전쟁을 기념할 것이 아니라 평화 공원의 교훈을 살려 아름다운 조국 강산이 영원한 평화의 동산이 되도록 우리 다함께 힘써 기도해야만 하겠다.

(3) 평화! 그것은 인류의 대망이다.

금세기가 다 가기 전 우리는 이 땅위에서 우리 민족들끼리 부둥켜안고 평화를 누리며 살아갈 통일을 이루어 내야만 한다. 우리는 조상 대대로 아름다운 인정으로 찬란한 문화를 꽃피우며 살아온 단일민족이다. 어느 나라 어느 누구 보다 훌륭한 자존심이 있는 민족이다. 반만년의 역사 위에 찬란한 문화를 꽃피우며 살아온 세계 어느 민족에게도 뒤지지 않는 민족이다. 6.25동란과 같은 처참한 상황 속에서도 온 세계가 부러워할 정도로 그 어려움을 딛고 일어선 민족이다. 이제 앞으로 우리에게는 분단과 같은 슬픔과 고통은 있어서는 안 된다.

앞으로 다가올 21세기를 향한 오늘을 사는 우리들은 가장 평화로운 시대를 지속시켜 나가야 할 책임이 있다. 세계 대전이 끝나고 동·서간의 이념적 대립이 사라지면서 전 세계적인 안목에서 보면 잠시나마 총소리가 멈춘(국부적인 내란은 있지만) 시대라 할 수 있을 것이다. 정말 다행한 일이 아닐 수 없다. 그러나 아직도 풀지 못하고 있는 한반도에서의 남·북 대치, 이것은 세계적인 과제로 전쟁의 불안을 떨치지 못하는 현실은 정말 불행한 일이다.

"이 민족의 소망인 통일을 허락해 주시고 영원한 평화를 누리게 하여 주시옵소서!"

이것이 새해의 소망이며 우리들의 간절한 기도가 되어야겠다.

새해에는 세계적으로 큰 전쟁이 없는 것은 물론 한반도의 새로운 평화가 오기를 바라는 것은 모든 이들의 공통된 심정이다. 지난번과 같은 무장 공비의 출현도 있어서는 안 될 것이며, 전쟁 위협과 같은 가상 시나리오가 나올 수 있는 분위기가 되어서도 안 될 것이다.

평화! 그것은 우리들의 노력만으로 되어지는 것은 결코 아닌 것 같다. 다만 최선을 다할 뿐, 하나님의 크신 섭리가 있어야만 가능할 것이라 생각되어 우리 모두의 간절한 기도가 어느 때보다 더욱 요청되는 시기라 생각된다.

(4) 새 시대의 새로운 평화!

이것은 총칼을 맞댄 전쟁에서 벗어나는 것만은 아니다. 다원화되어지는 세계사의 흐름 속에서 새롭게 일어나는 여러 현상들이 개인적으로 사회적으로 평화를 깨치는 일들이 얼마든지 일어나게 되기 때문에 이에서 벗어나는 것이 새로운 평화를 누릴 수 있는 길이라 생각된다. 경제 제일주의를 지향하는 시대나 사회에서는 경제 문제가 평화를 깨치는 새로운 전쟁으로 나타나 경제 전쟁 시대가 올 것이며, 종교 문제가 중심이 되어 평화를 깨치는 종교 전쟁의 시대가 나타나지 않는다고 할 수도 없을 것이며, 문화적인 침략이 문제되어 문화 전쟁 시대가 될 수 있지 않는다고도 할 수 없을 것이니 말이다. 앞으로의 새로운 평화는 이와 같은 각종 전쟁에서 승세를 잡지 못하면 누리지 못할 것이다. 국제적으로 벌어지고 있는 무역 마찰, 인종 차별 문제, 문화 침략, 이런 것들이야말로 총소리 없는 전쟁이 아니고 무엇이겠는가? 바로 새로운 세계의 전쟁은 정치적인 통치권보다 더 무서운 세계 전쟁이 아닐 수 없을 것이다. 그러므로 경제적인 안정과 사회적인 안정 및 정치적인 안정으로 문화적인 발전을 가져오게 될 때만이 총소리 없는 새로운 전쟁에서 승리하고 새 시대의 평화를 누릴 수 있다고 생각된다. 이것이 평화를 쟁취하는 길이며, 평화를 유지해 나갈 수 있는 힘의 원천이라 생각된다. 이 민족의 영원한 발전과 남·북 평화 통일의 지름길도 바로 여기에 있다고 생각된다.

평화! 그것은 인류의 영원한 소망이다. 예수님께서 십자가에 못 박혀 돌아가신 것도 인류의 죄를 대속하시기 위해서 우리를 대신하여 피 흘리신 것으로 인류의 영원한 평화를 위한 속죄적 희생이었다. 우리는 인류의 영원한 평화를 위해 무엇을 할 수 있을까 다시 한번 생각해 보며 새해에는 진정 이 땅위에 하나님께서 바라시던 영원한 평화가 깃들기를 조용히 기도해 본다.

1996. 11. 23.

8. 합심(合心)하여 선(善)을 이루자

-송구영신에 즈음하여-

대망의 새 천년을 맞이하기 위해 송구영신(送舊迎新) 예배를 드리고 온 교인들이 한마음으로 버스에 몸을 싣고 정동 수양관으로 옮겨 떠오르는 새해를 보며 소망에 부풀었던 것도 벌써 네 번째 해를 넘기게 된다. 그 동안 세계는 어떻게 변했고 우리는 무엇을 했는가?

해가 가고 또 한 해를 맞게 될 때마다 되풀이되는 다짐 속엔 '주의 뜻을 이루는 선한 청지기'로서의 사명감을 제일로 생각하지 않은 때가 있었던가? 특히 정동교인이라면 정동교인답게 119년 전 벽안(碧眼)의 젊은 선교사 아펜젤라의 한국선교 역사를 모를 리 없기 때문이다.

역사는 되풀이되고 있어 빠른 시대적 변화 속에서도 아펜젤라 선교사의 정동선교 교훈(敎訓)은 새로운 선교 방향에 지침이 되지 않을 수 없다. 그가 복음을 들고 한국 땅을 처음 밟았을 때 우리의 현실은 암담하고 혼돈에 빠져 있던 시기였지만 서양의 새로운 문명(文明)과 신교육(新敎育), 서양의학(西洋醫學) 등은 한국인들의 마음을 사로잡을 수 있었고, 이를 통한 복음전파는 놀라울 만큼 힘 있게 번져 나갔다. 신문화(新文化) 운동을 통한 힘 있는 파워선교를 펼친 것이다.

이제 빚을 갚을 때가 되었다고 말하고 있다. 저 멀리 아프리카의 세네갈이나 러시아의 알마띄에 교회를 개척하고 선교사를 파송하고 젊은

이들을 보내어 주일학교를 돕는 일 등은 우리교회로서는 당연한 일을 하는 것이다. 그러나 이제 한 걸을 더 나아가 다른 교회나 타 교파에서 하기 어려운 일을 감당 해 낼 수만 있다면 이것이 정동교회 다운 선교가 아닐까 생각해 본다.

전 세계의 관심은 동서냉전(東西冷戰)에서 풀리면서 서양문명만이 아닌 동양문화(東洋文化)에 관심이 집중되기 시작했다. 소위 천하의 중심 국가로 통칭되는 중국(中國)이 떠오르기 시작했다. 13억 인구에 세계의 절반을 점하고 있는 한자문화권(漢字文化圈)의 종주국으로 과학문명은 물론 빠른 경제 성장은 누구도 무시할 수 없는 실체로 인정된다. 지리적(地理的)으로는 우리와 가장 가까운 인접국(隣接國)으로 무역은 물론 인적 물적 교류가 급속하게 이루어지고 있는 점에서 교회로서도 외면할 수 없는 필연적(必然的) 선교지라 하지 않을 수 없다.

지난해 우리교회 남 선교회 연합회에서는 중국선교를 목표로 새로운 선교전략을 세우기로 하고 특별집회를 개최하기로 결의한 일이 있었다. 현재 중국에는 각 교파를 막나하여 많은 교회들이 선교지역으로 선정하고 선교사를 파송하여 어려운 교포들을 구제하고, 탈북 주민들을 돕고, 각종 사회사업에 투자하는 등 많은 선교사업을 펼치고 있다. 그러나 한결같이 중국에 들어간 선교사들은 목사님이나 선교사라는 호칭(呼稱)을 쓸 수가 없고 자유롭게 전도를 할 수가 없다. 중국의 현행 법제도하에서는 신앙의 자유는 인정하되 자전(自傳)의 원칙에 의해 스스로 교회를 찾아 나오는 것은 인정하되 남을 전도하는 일은 위법이 되기 때문이다.

이제는 119년 전 아펜젤러 목사님의 힘 있는 선교전략으로 중국의 심장부 북경에 그 빚을 갚으러 가야할 때가 되었다. 언제까지 중국 선교를 숨어서만 할 수 있겠는가? 위장된 목사님, 위장된 선교사님으로 하나님께 영광을 돌릴 수 있겠는가? 우선 중국의 심장부 북경(北京)의 한 복판에 한국문화(韓國文化)의 전당을 만들어 중국보다 우위에 있는 한국의 문화와 함께 복음을 들고 들어가 중국 정부의 최고위층 실력자들을 변화시켜 사회주의 질서 속에 있는 법 제도를 개정 할 수 있도록 해야만 할 것이다. 자유롭게 전도할 수 있는 국가적 보증을 얻어내야만 할 것이다.

하나님의 말씀은 날 센 검과 같아서 잘못된 것들은 모두 베어 낼 수 있을 것으로 믿고 힘 있는 중국선교에 나서야 할 것이다. 신앙의 자유는 인정하되 자전만을 내세워 전도할 수 없게 만들어진 중국의 사회주의 법체계를 뜯어 고쳐 놓지 않는다면 중국선교는 한낱 구호에 그치거나 뿌리 없는 나무와 같이 될지도 모른다. 이제는 값싼 동정이나 구제와 같은 시혜(施惠)적 선교의 시대는 지났다. 힘 있는 파워선교가 필요한 때다. 특히 사회주의 국가에 하나님의 복음의 씨를 뿌리고 자라게 하기 위해서는 더욱 힘 있는 선교, 파워선교가 필요하다. 이를 위해서는 중국 심장부의 북경에 선교센터를 설립하고 고위 정책담당자들을 향해 선교의 전략을 펼쳐야만 할 것이다. 하나님의 역사가 틀림없이 일어날 것이라는 굳은 믿음을 갖고 힘 있는 전도자들의 희생적 노력이 있어야 될 것이라 생각된다.

우리 교회의 훌륭하신 장로님들과 모든 책임 맡은 임원들 그리고 교인들이 합심하고 기도한다면 산을 옮겨 바다를 메울 능력의 역사가 일어날 것이며, 우리와 가장 가까운 곳에 있는 이웃나라 중국에 13억의 넓은 선교의 장은 열리게 될 것이라 확신한다. 합심하여 선을 이루는 그 날을 기대해 본다.

— 2003. 12.   . —

—『정동샘』제186호, 서울 정동감리교회—

9. 사랑의 주님

찬란한 태양이
어둠을 뚫고
이 땅을 비쳐 올 때도

차가운 가슴에 수고로운 날들은
멀고 험한 길이었다.

가슴으로 안아드린 불덩이 같은 믿음은
꺼지지 않는 사랑의 용광로가 되고

숫구쳐 용솟음치는 샘물 같은 믿음은
마르지 않는 구원의 생명줄 이어라.

높은 산 깊은 골짜기라도
단숨에 넘고 건너게 됨은
주의 능력이 나와 함께 하심이라.

찌르는 가시 쏘는 살일지라도
나를 해치 못함은

주께서 나를 지키심이라.

단 꿀 흐르는 아름다운 꽃동산 위에
영원한 평화를 주심은
주께서 나를 사랑하심이라.

내 사랑 나의 주
넘치는 은혜에

향내 나는 하루하루를—

감사하며 살리라.
기뻐하며 살리라.

기도하며 살리라.
찬송하며 살리라.

1992. 3. 15.

10. 삼남(충청도, 전라도, 경상도)선교의 중심지 공주

—『정동샘』 선교지 탐방 중에서—

　　정동교회에서는 삼백만 총력 전도를 위해 지방 개척전도에도 힘을 기울이고 있는 바, 공주지역에 견동 교회 건축을 도왔고, 매년 여름에는 미자립 교회의 여름성경학교를 돕고 있어 공주지방의 선교 역사를 알아보기 위해 지난 4월 29일 제 삼남선교회 회원들을 중심으로 공주와 부여를 탐방하면서 선교 역사를 정리해보고자 했다.　　<편집실>

(1) 서울에서 공주(公州)로 간 선교사들

공주에 선교가 처음 시작된 것은 1885년 아펜젤러 선교사 일행과 함께 한국에 왔던 스크랜턴(W. B. Scranton)부인으로부터였다. 그는 남편과 함께 한국에 와서 여성교육과 의료사업에 관심을 갖고 당시 삼남지역의 중심지였던 공주(公州)를 방문하게 된다. 그리고 그의 뒤를 이어 스웨어러(W. C. Swearer)여사에 의한 개척 선교가 시작되었고, 1900년에는 의사 맥길(W. B. Mcgill)이 남자선교사로서는 처음으로 공주에 내려와 의료와 선교사업에 임하면서 주일학교를 열어 성경공부를 시작으로 교육의 기초를 닦아나간다.

그 후 터틀(D. M. Tuttle), 구타벨(M. I. Guthapel), 에드문드(M. Edmund)

와 같은 선교사들이 내려와 활동했고, 본격적으로는 캐나다 몬트리올 출생으로 1903년 한국에 와서 무어(D. H. Moore) 감독의 주례로 목사안수를 받고 1905년 공주지방 선교부 책임자로 임명된 샤프(R. A. Sharp)목사의 선교사업과 그의 부인: 한국명 사애리시 여사의 본격적인 교육사업은 명신 여학당을 설립하기에 이른다. 당시 공주에는 의사 맥길 선교사가 활동하고 있는 하리동 주택 옆에 샤프선교사는 아름다운 서양식 저택을 짓고 신혼생활을 시작하게 되니 이것이 공주에서 최초의 서양식 건물이 된다. 그 후 몇 동의 건물이 지어졌지만 현재 남아있는 것은 공주사범 기숙사(금혜사)로 활용되던 건물만이 남아 있어 선교유적으로 보존 가치가 높아 지방 문화재로 지정해야 될 것으로 보인다.

(2) 샤프(R. A. Sharp) 선교사의 비운(悲運)

샤프 선교사와 함께 공주에 내려온 사애리시 부인은 명신 여학당을 설립, 교육에 열중하고 있을 때, 샤프 선교사는 논산 강경지방을 순행하면서 지방교회 개척에 총력을 경주 한다. 그러던 어느 날 들판에서 갑자기 내리는 진눈깨비를 만나게 되자 동구 밖에 있는 조그만 초가집을 찾아 들어간다. 그런데 그 집은 발진티푸스를 앓다 죽은 사람을 장사 지내고 막 갖다 놓은 상여기물을 보관하고 있는 상여 집 이었다. 그 집에 들어가 기물을 만진 것이 계기가 되어 발진티푸스에 감염되어 1906년 3월 16일 하나님의 부름을 받고 돌아가시게 되자 명신 여학당(현 영명고등학교) 뒷산 학교림에 고이 묻히게 된다. 이를 안 많은 교인들은 그의 죽음을 애도하며 논산 교회를 샤프목사의 추모교회로 정하게 된다. 비통해 하던 사애리시 부인이 고국으로 돌아가 명신여학교는 문을 닫게 되고 선교의 길에는 어려움이 닥친다.

(3) 윌리암(F. C. Williams) 선교사의 선교와 교육사업

정동을 중심으로 하는 서울의 선교부에서는 샤프선교사의 후임으로 미국 콜로라도주 푸칼린스 출신 윌리암(F. C. Williams 한국명 : 禹利岩)선교사를 선임하여 파송하게 된다. 그는 1906년 24세의 젊은 나이로 서울에서 개최된 제3회 한국선교회에서 목사안수를 받고 부인 베이턴(Alice Bayton)여사와 함께 공주로 내려가 명신 여학당을 영명(永明) 남학당으로 고쳐 교장에 취임하여 1940년 일본 경찰에 의해 추방 될 때까지 많은 애국지사와 종교지도자를 양성했고, 음악을 전공했던 부인 베이턴은 성가대를 조직 교회음악 보급에 공을 세운다.

선교와 교육사업에 전념하면서 선교회의 재정이 삭감되면 본국의 친지들에게 기부금을 요청하여 살림을 꾸려 갔으며 학생들에게는 자활할 수 있는 능력을 가르쳐 자신의 힘으로 학업을 계속해 가도록 하는 한편 의료사업에도 적극적으로 힘을 기울여 1927년에는 공주 기독의료원을 개설, 가난한 사람들에게 무료진료를 실시했으며, 유모학습반을 만들어 출산 전후 교육을 실시했고, 임산부에게는 무료검진과 출산 후 10일간의 산모와 아기를 돌보는 일까지 맡아 했다. 또한 1929년에는 농부모임을 만들어 과학적 영농을 선도, Y.M.C.A. 요원들을 초빙, 양돈, 양계, 양봉, 임업, 잠업 등의 시범 농장을 설립 경영함으로 농촌계몽운동에도 앞장섰다. 뿐만 아니라 한민족의 독립과 사회개혁에 대한 투철한 교육이념은 많은 민족지도자들을 배출시켰다. 대표적인 인물로 대통령 후보였던 조병옥 박사를 비롯하여 황인식(초대 충남 도지사), 윤창석(동경 2.8독립선언 주도), 변홍규(감리교 총리원 감독), 정한범(주일 대사), 이요한(홍콩 총영사), 민태식(충남대 초대총장), 강신명(장로교 총회장, 숭실대 총장), 표용은(기독교방송국 이사장) 김기웅(충북 초대감독)

등은 물론 여성지도자들로는 유관순 열사 및 임영신(중앙대 총장) 노마리아(최초 여자경찰서장), 전 미라(최초 여자목사) 등을 길러낸다(영명 90년사 참조)

몇 년 후 100주년을 맞는 이 학교가 삼남선교의 선교기지 역할을 다할 수 있도록 하기 위해서는 감리교의 교단적 차원에서 보다 많은 관심과 기도와 도움이 있어야 할 것으로 생각되며 새로운 세기의 새로운 선교기지로 다시 세워지기를 바랄 뿐이다.

(4) 협산자(俠傘者) 예배당과 개척교회들

선교와 교육사업이 활기를 띠던 당시에 교인 수는 늘었지만 예배처소는 맥길 선교사가 마련한 하리동(下利洞) 초가 두 채와 샤프 선교사의 살림집만으로는 부족하여 넓은 예배당을 필요로 했다. 경제적으로 어려웠던 교인들은 대책이 없어 오직 하나님께 호소할 수밖에 없었다. 그 때 선교사께서 본국으로 돌아가 사정을 호소했지만 선교부의 도움만으로는 힘에 벅찬 일이었다. 그러던 어느 날 우산을 낀 한 신사가 지나다 그 사정을 듣고 "내 재산을 하늘나라에 쌓아 두고 싶으니 선교를 위해 써 주시오" 하면서 많은 돈을 헌금 해 주었는데 신분을 밝히지 않아 누구인지 알 수가 없었다고 한다. 이렇게 드려진 재원으로 공주에 최초의 예배당을 짓게 되어 예배당 이름을 '우산을 끼고 가던 사람의 헌금으로 지었다' 하여 <협산자(俠傘者) 예배당>이라 했다고 한다. 이 때는 남녀 반을 달리 해야 하기 때문에 기역자(ㄱ)형으로 지어 남반과 여반으로 앉아 예배를 드렸다고 한다(공주는 전통적 양반도시로 그 성격을 알 수 있다). 현재 그 자리에는 연립주택이 들어 서 있고 자리를 옮겨 새로 지어진 교회가 공주 제일 감리교회다. 공주를 중심으로 시작된 선교활동은 교육사업과 의료사업 및 농촌계몽운동을 병행하여 각 지방의 목사와 전도사를 도와 교회를 개척하여 경천, 부여, 논산 및 홍성, 서산 등 충남의 각 지역으로 선교 영역을 넓혀갔다.

감리교단의 삼남연회 부흥의 불길은 역시 최초로 길을 열었던 공주로부터 다시 시작해야 전라남북도, 경상남북도 제주도까지라도 감리교의 약체지역이 없어지는 역사가 나타나리라 믿고 삼남지역에 선교를 시작했던 초기 선교사들의 업적과 함께 새로운 세대의 새로운 선교 전략이 수립되기를 바라면서 제1차 선교지 탐방을 마치고자 한다.

－2004. 6. 21.－

－『정동샘』 제190호, 서울 정동감리교회－

Ⅱ. 미완성(未完成)의 시작(詩作) 노트

1. 미완성(未完成)의 시작(詩作) 노트

―『인천문학』 창간호 머리말―

태초에 말씀이 계셨으니 그로 말미암아 만물이 창조되었고, 그 안에 생명이 있어 이 생명은 사람들에게 빛으로 나타나면서 시작된 인류의 창조적 역사는 이제 새로운 한 세기를 맞아 새 천년 새 시대의 새로운 문명의 창조를 우리에게 요구하고 있다.

이에 우리 인천대학교 국문과에서는 고고한 울음소리를 내며 『인천문학』이라는 이름의 새로운 순수문예지를 창간하여 처음으로 세상에 내놓게 되었으니 산고의 아픔도 잊은 채 기쁜 마음 금할 길이 없다.

많은 사람들은 인문학의 위기론을 펼치고 있다. 인문학의 위기는 곧 국문학의 위기로 장래의 희망마저 위태롭게 하고 있어 마치 현대사회는 과학만능, 경제만능의 시대로 오판하게 하고 있다. 현대 과학문명을 통한 통신과 교통의 발달은 동서양을 하나로 묶어 세계를 하나의 생활권으로 만들어 가고 있으며 컴퓨터의 발달은 우주정복의 꿈을 앞당기게 했고, 게놈지도의 완성은 인체의 신비를 풀어 새로운 생명체 탄생을 시간문제라고 하며 흥분해하고 있는 것이 오늘의 실정이다.

이런 때에 국문학의 잠재적 우월성을 논한다고 한다면 모두들 비실용적 학문으로 치부해 가며 폄하하려 하는 것은 그들만의 오류라고 할 수는 없을 것이다. 당장 돈이 생기는가? 밥이 생기는가? 현상학적으로 나타내 보여지는 것이 없다고 말할지 모른다. 그러나 이런 위기를 위기로 보지 않고 새로운 희망으로 생각하는 사람만이 성공할 수 있는 희망이 있다는 것을 아는 사람은 알고 있다.

빠른 속도로 번져 가는 통신망과 초음속비행으로 좁아진 세계에서 문학의 의미는 무엇이라 말할 수 있을까? 문학은 인간학으로 인간 그 자체를 연구하고 창조하는 학문이다. 문명의 이기에 앞설 수 있는 정신적 중심체이기 때문에 그 중요성은 재론의 여지가 없다. 아무리 교통과 통신이 빨라진들 그 속에 실린 내용 그 자체가 무엇보다 중요한 것으로 그 수단이 목적이 될 수는 없는 것이다. 인간중심의 학문, 바로 그 인문학의 발전 없이 과학문명의 발달은 한낱 공허하고 위험한 괴물덩어리가 되고 말 수밖에 없는 것이다.

우리 국문과에서 그 동안 배출해 낸 많은 인재들을 중심으로 학문적인 깊이를 더하기 위해서는 학술 논문집 『인천어문학』을 명실 공히 전국적인 학회지로 그 위상을 높였고, 창작 인들을 위해서는 『인천문학』을 창간하여 새로운 인천문단의 형성을 꾀하게 되어 새로운 창조의 역사가 시작되었으니 그 또한 기쁨이 아닐 수 없는 일이다.

내 개인적으로는 두 번의 학과장을 겪으면서 1985년에는 대학원 석사과정을 설치했고, 이번에는 박사과정을 신설할 수 있게 되어 명실공히 학문적 토대를 닦는 일에 기본 틀을 갖추게 되었으니 어찌 기쁨이 아니겠는가? 특별히 박사과정의 개설에 맞추어 국내는 물론 중국이나 일본 등에서 학생들이 몰려와 열린 도시로서의 인천대학 위상을 여실히 보여 줄 뿐만 아니라 앞으로 한·중·일 삼국의 문화적 교류를 통한 새로운 베세토(베이징, 서울, 도쿄의 합성어)문화의 산실이 되어질 것에 기대를 갖게 해주었으니 또한 기쁜 일이 아닐 수 없다.

　여기 내 소중하게 간직하고 있던 낡은 노트 한 권을 뒤져 『인천문학』 창간호의 권두사에 한 페이지를 장식해 보는 것은 후학들에게 의욕을 북돋우어 주고 새로운 시대의 창조적 정신세계의 주역이 되기를 바라는 마음에서 미완성의 작품들을 함께 올려 보고자 했다.

　인생은 어차피 그 삶 자체가 미완성으로 끝나는 것일 게다. 어린 시절 간직했던 꿈을 다 이루었다고 할 수 있는 사람이 얼마나 될까? 하나님의 아들이신 예수님 같으신 분이나 십자가 위에서 '다 이루었다' 고 하시면서 인류의 죄를 대신지시고 못 박히신 것을 볼 수 있을지 몰라도 보통 사람들은 그 뜻을 다 이루었다고 할 수는 없을 것이다. 그러므로 해 묵은 공책 한 권을 뒤져 <미완성(未完成)의 시작(詩作)노트>라는 제목을 부쳐 본 것도 이런 의미에서 어울릴 것 같았기 때문이다.

　이에 내 어린 시절부터 틈틈이 써 모았던 부끄러운 습작(習作) 시작품들을 몇 편 올려 보면 우선 중학교 일 학년 때 썼던 것 중 시골길을 걸으며 들녘에 있는 곡식들이 바람에 날리고 비가 온 뒤에 쑥쑥 자라 있는 모습과 가을 햇볕에 누렇게 익어 가는 모습들이 그대로 마음에 와 닿으면서 당시로서 쉬운 언어들로 표현 해 볼 수 있었던 것이 생생하게 기억나는 것이 있어 유치했던 어린 시절의 생각을 담은 그대로의 원형으로 올려 본다.

　오곡

　바람
　바람
　바람은 나의 동작

바람은 어느새
나도 모르게
너울너울 춤을 추게 한다.

비
비
비는 나의 생명

비가 오면
나는 나도 모르게
무럭무럭 자라를 나고

해
해
해는 나의 광채

해가 뜨면
나는 나도 모르게
은빛 금빛으로 여물어 간다.

이 작품은 필자가 고향에서 중학교(충남 청양군 정산면 소재 정산
중학교) 1학년(1955) 때 시골길을 걸으며 논과 밭에서 자라나는 곡식들
을 보면서 써 놓았던 내가 가지고 있는 최초의 작품이다. 그 외에도
추석날 밤의 시골마을에서 있었던 일들을 적어 본 <밤>이라는 작품과
내 누님께서 시집가시던 날 울적했던 심정을 적어 본 작품 <저녁노
을> 등이 있어 어린 시절 내 스스로의 심정을 잊지 않고 오늘도 다시

한번 생각할 수 있는 기회가 되기도 한다.

저녁노을

햇빛 찬란한 / 저녁노을 / 언제나 함께 보던 내 누님 / 어디로 갔나.
저녁 때 / 쓸쓸히 상주되어 / 시집갔다네. / 가마도 없이.
저녁노을 찬란한 햇빛 / 우리 동네 황홀히 비춰 주고 /누님동네 누님
댁도 비춰 주겠지
앞산에 선 나무들 / 변함없건만 / 오늘따라 웬일인지 / 그 모양 우습고
이상해
가마도 없이 / 시집간 누님 생각에 / 황홀한 저녁노을 마음 설렌다.

이 작품은 옛날 전통적인 혼례 풍속에 따라 약혼만 하고 결혼 전이
라 해도 시부모님께서 돌아가시게 되면 상주노릇을 해야 된다고 하는
구시대적 혼속에 따라 내 막내 누님께서 약혼만 해 놓고 결혼 날을 잡
기 전에 시어머니가 갑자기 세상을 떠나자 저녁노을 짙은 시간에 걸어
서 흰옷을 입고 시집가는 것을 보고 황혼녘 누님의 모습이 너무나 안
쓰러워 적어 본 것이다. 또한 들길과 계곡 길을 걸어 중학교를 다니던
어느 날 소나기 물이 불어 시냇물에서 떠내려가다 살아난 아픈 기억도
글로 써놓은 것이 있어 기억을 새롭게 하고 있는 <소나기 폭포>라는
작품도 있어 여기에 올려 보았다.

소낙비 폭포

달리는 구름 / 소나기 실은 구름
한줄금 퍼부으면 / 냇물이 벅차 흐른다 / 장수인들 건널소냐?

힘센 소나기 폭포 / 한 걸음 들어설 때 / 정신없이 떠내려간다.
폭포 밑 깊은 물 / 흘러가는 검은 구름
폭포 밑 깊은 곳 비켜서 / 우뚝 서고 보니 / 황천길 찾다가 뚝 막혀 돌
아왔다.
잊지 못할 / 아슬아슬한 순간

이 작품은 중학교 2학년(1956년 7월 19일)때, 갑자기 쏟아진 폭우로
학교에서 단축 수업을 하고 돌아오다가 시냇물(정산면 와촌리 천장천)
에서 떠내려갔던 일을 글로 써 놓은 것으로 당시의 기억이 너무나 생
생하게 나는 작품이다.

다음으로는 고등학교에 진학한 후 틈틈이 써 놓았던 작품들을 보면,
먼저 노랫말을 지어 음악선생님께서 작곡하시고 급우들이 함께 불렀던
것이 퍽 인상적이었다. 처음으로 공주사범학교에 진학(1958)하여 일 학
년 때 A반 급가를 만들어 학급에서 불려졌던 가사를 비롯하여 다음해
엔 2학년 B반 급명 <혜성>을 따서 <혜성가>를 지어 급우들과 함께
2년간을 불렀던 기억이 새롭다.

혜성가

1. 금강수 비단물결 아롱진 곳에 / 더배우고 더알기를 게을리 않고
힘과 정성 모두어 한데 뭉치인 / 이 나라의 역군될 굳건한 건아
성좌의 으뜸은 우리의 상징 / 빛나거라 그 이름 혜성 혜성 혜성.

2. 성실의 교훈 살려 서로 도우며 / 열심히 닦아 가는 사도의 길에
열과 성을 모두어 한데 뭉치인 / 내일을 개척할 굳건한 건아
성좌의 으뜸은 우리의 상징 / 빛나거라 그 이름 혜성 혜성 혜성

이 작품은 1959년 3월 사범학교 2학년 B반으로 편성되어 학급 일을 직접 맡게 되자 직접 노랫말을 지어 음악선생님께서 작곡, 담임선생님의 노래로 녹음하여 수시로 교내 방송에 송출했던 기억이 새로운 작품이다.

그 외 노랫말을 지었던 것으로는 <새나라 새일 꾼> <배구부 응원가> <개교 육십 주년 찬가> 등 수편에 달하고 있다.

고등학교 졸업을 앞두고(1960. 11. 15) 떠나는 마음이 서운해서 지어 본 기억에 남는 작품으로는 세월의 무정함을 노래해 본 <내 가야만 한다>를 올려 보고 싶다.

내 가야만 한다(無情)

내 가야만 한다.
세월 따라 가야만 한다.
갈, 봄, 여름 없이

앞개울 시냇물 소리
푸른 잎망울이 터지고

간 자취 모르며
내 가야만 한다.

거센 파도 모질게 부서져도
행복의 피안을 향해

내 가야만 한다.

세월 따라 가야만 한다.

물결 따라 가야만 한다.
바람 따라 가야만 한다.

그리고 다음으로는 사회인이 되어 세상 사람들의 살아가는 모습을 보고 정말 그렇게 힘들여 꼭 올라만 가야 되는가 하는 생각에서 계단을 오르는 것과 비유하여 적어 놓았던 작품이 있어 이를 올려 보고 싶다.

계단

웃줄대는 군상들 / 오르내리는 길
하나 / 둘 / 셋 / 계단을 밟는다.
짓는 까치는 / 높은 나무에서 짓고
화려한 영화는 / 높은 곳에서만 본다.

우쭐대는 군상들 / 오르내리는 길
하나 / 둘 / 셋 / 계단을 밟는다.
꿈에 본 / 야곱의 하늘 길도
계단을 오르내리는 천사들.

이 작품은 1971년 3월 27일에 기록한 것으로 되어있다. 그 전후에도 많은 작품을 미완성인 채 적어 놓고 있다. 언젠가는 다시 손질도 하고 시심을 바로잡아 새로운 작품들을 더 많이 써 보고 싶다.
완성 그것은 인생의 종말에나 올 수 있는 것. 무한한 가능성을 향해 매사에 돌진할 때 그 삶은 아름다운 것이다. 역동(易東) 우탁(禹倬)선생께서 당시로서는 새로운 문학 장르였던 정형 시조를 창안하시어 한 시대를 관통하며 많은 사람들에게 사랑을 받았던 것 같이 새로운 새 시대의 새로운 문학을 창작해내는 인천대학 국문과가 되어지기를 바라는 간절한 마음에서 부끄러운 습작품들을 올려 권두사에 대신하고자 한다.

－2001. 2.　　．－
－『인천문학』 창간호 머리말－

2. 문학비 건립 발의문 및 비문

―쌍명재(雙明齋) 이인로 (李仁老) 선생―

이인로(李仁老) 선생은 고려 의종 6년(1152)부터 고종 7년(1220)까지 사신 분으로 시와 문장이 뛰어난 문신이시다. 자는 미수(眉叟), 호는 쌍명재(雙明齋)로 누대에 걸친 왕가의 외척으로 부동의 문벌을 형성했던 경원(현재 인천)이씨의 시조 이허겸(李許謙)의 7세 손이며 이언림(李彦林)의 손자이시다.

선생은 어려서부터 총명하여 시문과 글씨에 뛰어 났으나, 나이 19세 때 무신란을 피해 불문(佛門)에 귀의했다가 후에 환속하여 25세 때에는 태학에 들어가 육경(六經)을 두루 학습하였으며, 29세 때(명종 10년: 1180) 진사과에 장원 급제함으로써 명성을 사림에 떨쳤다. 벼슬은 예부원외랑(禮部員外郎), 비서감(祕書監), 우간의대부(右諫議大夫) 등을 역임하였으며, 최후의 관직은 좌간의대부(左諫議大夫)였음을 알 수 있다.

선생은 시문에 뛰어나 시사(詩詞)를 짓되 막힘이 없었으므로, '복고(腹藁)'라 일컬어 졌으며 임춘(林椿)·오세재(吳世才) 등과 시와 술을 즐기며 세칭 '죽림고회(竹林高會)'를 이루어 활동하였다. 그는 자신의 문학 역량에 대한 자부심이 컸으나 크게 쓰이지 못하였으며, 끝내 문학적 이상과 현실 사이의 큰 거리를 좁히지 못한 채 향년 69세를 일기로 세상을 떠나셨다.

선생의 저술로는 『은대집(銀臺集)』・『쌍명재집(雙明齋集)』・『파한집(破閑集)』 등이 있었다고 하나, 현재는 우리나라 최초의 시화집(詩話集)이라 일컬어지는 『파한집』만이 전해오고 있다.

이제 늦게나마 선생의 문학적 공적을 기리고, 후학들의 좋은 거울로 삼고자 그의 선조 이허겸(李許謙)의 묘원 원인재(源仁齋) 부근에 선생의 문학 비를 건립하고자 하오니 뜻을 함께 하시는 분들께서는 건립 성금으로 2만 원 이상씩을 아래의 구좌로 보내주시면 감사하겠습니다. 성금을 내신 회원들의 이름은 선생의 높은 문학적 이상과 함께 문학 비에 새겨져 오래도록 기념될 것이오니, 널리 알리어 많은 동참을 부탁 드립니다.

2000. 3. 3

쌍명재이인로선생문학비(비문)

山 居　산에 살면서

春去花猶在　봄은 갔건만 꽃은 그대로 있고
天晴谷自陰　하늘은 맑건만 골짝은 그늘졌네.
杜鵑啼白晝　한낮인데도 두견이 슬피 우니
始覺卜居深　비로소 사는 곳이 깊음을 알겠네.

이인로李仁老선생은인천인仁川人으로자는미수眉叟요호는쌍명재雙明齋이니누대에걸친왕가의외척外戚으로부동의문벌을형성했던경원慶源(현인천)이씨의시조인이허겸李許謙의7세로평장사平章事를지낸오頔의증손이요언림彦林의손자이시다고려高麗의종6년(1152)에아버지백선伯仙에게서나

시어고종7년(1220)까지사신시詩와문장文章이뛰어난문신文臣이시었다어
려서부터총명하시어시재詩才에뛰어나셨으나무신란때불문佛門에귀의했다
가환속하여25세때태학太學에들어가육경을두루학습하여29세때진사과에장
원급제하시고31세때에는최영유崔永濡의서장관이되어금金나라에다녀오신
후계양현桂陽縣(현부천)관기官記를거쳐한림원翰林院에보임되어조칙詔
勅을짓는일을맡아하시면서여가마다시사詩詞를짓되막힘이없으셨으므로복
고腹藁의칭송을들으셨으며당대의명문장가였던임춘林椿오세재吳世才등
과죽림고회竹林高會를이루시어새로운문풍을일으키셨다벼슬은예부원외랑
禮部員外郎비서감秘書監과우간의대부右諫議大夫및좌간의대부左諫議
大夫를역임하시고향년69세를일기로세상을떠나셨다선생의저술로는은대집
銀臺集과쌍명재집雙明齋集과파한집破閑集이있었으나현재는우리나라최
초의시화집詩話集인파한집만이전해오며그외의시문들은각종문헌에편편이
전해지고있어이를통한선생의훌륭한문학적세계를살펴볼수있다고려때의무
신정권武臣政權하에서문학적전통을살려낸선생의공로는후학들에게큰귀감
이될수있어전국의선비들이정성을모아선생의선조허겸의묘원인원인재源仁
齋옆에문학비를세워선생의선비정신과문학적공적을높이기리고자한다.

2001년 4월   일

인천대학교 교수 문학박사 우쾌제 삼가 짓고
서예가 정충락 삼가 쓰다

2001년 4월 5일 원인재 앞에 문학비 건립

3. 인천역사문화의 재조명

―우리나라 시화(詩話)의 비조: 이인로―

(1) 죽림칠현에 비유한 고려의 시인모임 : 죽림고회

중국 진대(晋代) 청담(淸談)사상이 풍미되어 완적(阮籍), 유영(劉伶. 자 佰倫) 등을 비롯한 일곱 사람이 속진(俗塵)을 피하여 죽림(竹林)에 우유(優遊)하며 세상일을 잊고 교유했는데 고려시대에도 무인의 집정 이후, 이인로(李仁老), 임춘(林椿), 오세재(吳世才), 조통(趙通), 황보항(皇甫抗), 이담지(李湛之), 함순(咸淳) 등 일곱 사람이 망년(望年)의 벗이 되어 시와 술, 차(茶)로 즐겨 세상에서는 이들을 죽림칠현(江左七賢)에 비유하여 '죽림고회'라 하였다.

술과 차시(茶詩)로 널리 알려진 고려의 대문호 이규보를, 회원 사망으로 입회시키자는 논의를 부결할 정도로 고고한 태도를 견지했으며 이규보와 같이 차(茶)와 술을 주제로 한 많은 글과 시를 남겼다.

인천 연수구 원인재와 부평에 인연이 있는 이인로(1152 − 1220)와 인천 가현산 밑에 묘소가 있는 임춘은 지역적으로 가까웠던 점이 두 사람이 친근했던 까닭의 하나라고 생각된다.

역사적 격변기에 희생물이 되어 비극적인 종말을 고했던 임춘은 참담하게 살다가 요절하였고 다만 지기지우였던 이인로가 그의 시문을 수습하여 문집 『서하선생집』을 엮어 펴냄으로써 그의 뛰어난 문학적 풍모가 살아남게 되었다. 임춘이 생전에 '미수집' '수양버들' 등 10여 편에 걸쳐 미수 이인로에 대한 글을 남긴 것만 보아도 두 사람간의 친교를 알 수 있다.

임춘은 그를 참으로 알아준 친구, 이인로에 대해서 남달리 깊은 존경을 보내고 항상 동반하지 못함을 안타까워했다. 이인로는 무신 집권기에 나와 장원급제하고 벼슬길에 올랐으나 무신란 때에는 절(寺刹)로 숨어 목숨을 부지한 귀족의 후예였고 임 춘, 조 통, 오 세재와 등과 더불어 시와 차, 술로 서로 교유하면서 죽림고회라 했다.

(2) 이오의 증손이며 이언림(李彦林)의 손자인 이인로.

『고려사』에서 발췌. 정리한 '쌍명재전'에 '이인로의 처음 이름은 득옥(得玉), 자는 미수, 호는 쌍명재(雙明齋) 또는 청련(靑蓮)이다. 좌찬성 백선(伯仙)의 아들이요 상서(尙書) 언림(彦林; 홍양 이씨의 시조)의 손자이며 평장사 오의 증손이다. 어릴적부터 총명, 영리하여 글짓기를 잘하고 초서와 예서에도 능했다.…명종 10년(1180) 장원급제하여 문 극겸(文克謙)이 공을 옥당(玉堂)에 들어가 임금을 모시도록 추천하였다. 일찍이 보좌 앞에서 시를 짓기를 '바람이 잔잔하여 불똥이 떨어지지 않게 하고/ 밤이 깊어 가매 점점 옥충(玉蟲; 촛불 심지의 타고남은 것)이 생김을 보리로다./ 부디 알아주소서 일편단심이 있음을 중동(重瞳; 명종 지칭)의 일월 같은 밝음을 도우리로다.' 하니 왕이 크게 칭찬과 상을 내리고 쌍명(雙明)이라는 호를 하사하였다.…시로써 세상에 이름을 떨쳤으나 성질이 조급하여 크게 쓰이지는 못하였고 저술한 『은대집(銀臺集)』, 『쌍명재집』, 『파한집(破閑集)』, '홍도정부'(紅桃井賦)가 세상에 전한다,'고 하였다.

- 2004. 1. 15. -

-『중부일보』 제 3944호 -

4. 오고 가는 정을 싣고

—『한국문학에 끼친 중국문학의 영향』 원고를 받고서—

위욱승(韋旭昇) 교수님께!

안녕하십니까?

계유년(鷄酉年) 새해를 맞아 교수임의 건강하심과 가정의 행운을 빕니다.

지난 연말 연하장과 함께 서신 올린 다음 북경(北京)에서 귀국한 조영화(여)학생을 통하여 교수님의 저서 「한국문학에 끼친 중국문학의 영향」 번역 원고(延邊大 李海山), 서신과 함께 잘 받았습니다. 바로 편지를 드렸어야 했는데 우선 원고를 검토하다 보니 시간이 지연 되었고, 또 항공으로 보내는 우편보다 조영화 양을 통해 인편으로 보내드리는 것이 빠를 것 같아서 이제서야 서신을 올립니다.

그동안에도 숭실 대학(崇實大學) 김문경 교수님께서 북경에 다녀오셨다고 하시면서 교수님의 안부를 전해 주셔서 들을 수 있었고, 충남 대학(忠南大學) 사재동 교수에게서도 인편에 교수님의 서신을 받았다고 안부를 전 해 주셔서 들을 수 있었습니다.

원래는 금년 이월 교수님께서 주관하시기로 한 <삼국지연의(三國志演義)> 유적지 답사 여행에 참석하기 위해 북경에 가서 뵈옵고, 구체적인 말씀을 드리려고 했었는데, 여행이 취소되고 보니 편지로 말씀을 드리게 되었습니다.

이 책을 출판하기 위해서는 출판사의 선정이 필요한데 이 문제는 이미 교수님과 아세아 문화사 이창세(李昌世) 사장님과의 선약이 있었던 것으로 알 수밖에 없습니다. 지난번 편지에 말씀드린 대로 교수님의 서신을 아세아 이 사장님께 전 해 올렸더니 한국에서의 출판 관행대로 출판 부수에 따른 인세를 지불하고 출판을 해 드릴 수 있다고 말씀 하셨습니다.(번역료는 별도로 지불할 수 없고, 번역자와 필자 간에 해결하는 것으로 하고) 다만 책을 출판하는 데는 저에게 모든 책임(원고의 교정에서부터 인쇄 교정 및 판매까지도)을 질수 있겠느냐는 것이었습니다. 물론 교수님의 책이 한국에서 출판되게 하기 위해서는 책임을 질 수밖에 없겠습니다만은 다음과 같은 문제들이 해결 되어야 할 것 같아 몇 가지 적어 봅니다.

먼저 이 책을 아세아에서 출판 부수에 따른 인세만으로(번역료 제외) 출판하시겠다고 하는 교수님의 허락이 있어야 하겠습니다. 출판 부수는 저에게 어떤 방법으로든지 책임을 지고 결정 해 주었으면 좋겠다는 것이었습니다.

다음으로 원고 교정에 대한 문제를 이해산(李海山) 교수와 어떤 방법으로 협의를 해야 될 것인지? 하는 문제를 결정 해 주셔야 하겠습니다. (제가 책임 교정하는 것으로 하고 그 사실을 밝혀야 될 것인지? 공동 번역자가 되어 책임을 지고 참여해야 할 것인지? 서문에서만 밝혀 주시는 것으로 하고 책임만을 져야 할 것인지? 등…)

번역 원고의 문제점들은 대략 아래와 같습니다.

첫째, 연변(延邊) 언어와 현재 한국에서 쓰고 있는 언어와 심한 차이가 보입니다 (예, - 지어/심지어, 육속/속속, 남새/채소, 요해/이해, 딱 친구/단짝 친구, 등…)

둘째, 음절의 교차현상이 보이는 언어가 많이 나타나고 있습니다. (例, 산생/생산, 기시/시기, 편단적/단편적 등…)

셋째, 두음법칙의 혼란이 나타나고 있습니다. (예, 련관/연관, 념두/염두, 리상/이상, 리탈/이탈, 등…)

넷째, 습관적 차이에서 오는 것들이 많이 나타나고 있습니다. (예, 역할을 놀 수가/ 역할을 할 수가, 남조선 학자/ 한국의 학자, 중시를 일으켜야 할 / 주목을 받을 만 한, 등…)

다섯째, 전체적으로 고쳐져야 할 말들이 많이 있습니다. (예, 조. 중/한.중, 이조시기/조선시대 - '이조'란 말은 일본인의 식민사관에서 온 치욕적인 단어임)

여섯째, 책의 체제상 한시 원문들을 본문에서 제하여 각주로 처리하는 것이 좋을 것 같았습니다.(상당히 많은 분량이라서 복잡한 작업을 요하는 일입니다.)

일곱째, 기타 자세한 문장 교정(오자, 탈자, 어색한 곳, 바르게 잡아야 될 곳, 등)은 인쇄 교정 시 일일이 교정을 해야 될 것 같았습니다.

이상의 문제들에 대한 회신과 함께 교수님께서 추진해 주고 계신 북경대학 교환교수(招聘教授, 研究教授) 초청장도 함께 기다립니다. 빠르면 구월 경에 북경에 갈 수 있게 될런지요? 북경대학에 가게 되면 교수님 지도 하에 한국문학과 중국문학에 대하여 공부하고 싶습니다. 초청을 받고 출국할 때 교수님과 공동연구 승낙서가 필요하게 되면 다시 부탁 올리겠습니다.

너무 길어졌습니다.
교수님의 빠른 회신 있으시기를 바라오며
내내 하나님의 크신 축복과 특별하신 가호가 있으시기를 빕니다.

안녕히 계십시오.

—1992년 1월 23일—

5. 인공지능 로봇의 성공 비밀

―『인천 대학 신문』〈이바구〉에서―

새 년을 맞으면서 우리에게 다가온 가장 위협적인 문명적이기는 컴퓨터라 할 수 있다.

보도에 의하면 우리의 이웃 일본의 한 회사에서는 사람과 똑같이 걷고, 장애물을 만나면 피해가고, 계단을 오르내리며, 양팔을 자유롭게 움직이는 인공지능 컴퓨터 개발에 성공하여 곧 실용단계에 들어설 것이라 한다. 이것은 인체조직의 신비한 비밀로 서서 걸을 수 있는 하나님께서 만드신 오묘한 원리를 풀어낸 것이라 하겠다.

인문학을 공부하는 사람으로 자연과학에서도 가장 최첨단의 컴퓨터 개발의 비밀을 들고 나온 것은 어떤 관계가 있다는 것인가? 한 번쯤 의문을 던져 보는 사람들이 많을 줄 안다. 인문학은 인류공통의 보편적 가치를 추구하는 인간학으로 금번 인공지능 컴퓨터 개발에 성공한 비결을 인문학적 입장에서 재해석 해 볼 필요가 있었기 때문이었다.

인공지능 로봇의 개발 팀들은 컴퓨터를 이용하여 두발로 걷는 사람을 만드는데 까지는 쉽게 성공을 했지만 장애물을 만났을 때 그것을 극복하고 다시 걸어갈 수 있는 인간로봇을 만드는 데는 수많은 실패가 뒤따랐다고 했다. 성공을 위한 비밀의 열쇠는 과연 무엇이었을까? 비틀거리며 살다 쓰러져 가는 우리 사회의 수많은 군상들을 똑바로 서서 걷게 할 수 있는 비밀은 어디에서 찾을 수 있을지(?) 옛 성현의 말씀을 통해 알아보고자 한다.

"천시(天時)는 불여(不如)지리(地利)하고, 지리(地利)는 불여(不如)인화(人和)니라"

라고 한 것은 맹자의 말씀이다. 즉, 하늘이 내려준 기화라 해도 좋은 환경적 조건만 갖지 못하고 아무리 좋은 조건을 갖추었다 해도 사람과 사람 사이에서 맺어질 수 있는 인간관계에서의 인화(人和)만 갖지 못하다 했다.

그런데 오늘을 사는 사람들은 이런 옛 성현의 말씀에는 귀를 기울이려 하지 않는다. 오직 생각하는 것은 어떻게 하면 잘 살 수 있는가 하는 것에 모든 관심을 쏟다 보니 경제적 논리가 아니면 물질 문명적 논리만이 활기를 띠게 되어 인문학의 위기론과 함께 인문학은 점점 관심의 밖으로 밀려나가고 있는 현상이다. 그러나 경제 논리와 물질문명만으로 현대의 사회문제들을 풀어나갈 수는 없다. 사람은 생각하는 동물이기 때문에 먼저 인간적인 바른 생각이 우선되어야 한다. 근본을 바로 세우고 큰일을 할 수 있는 법, 근본을 바로 세우기 위해서는 인간학인 인문학이 바로 서지 않고서는 근본이 바로 설 수 없는 것은 너무나 잘 아는 일이다. 사람이 되고 나서 큰일을 맡을 수 있는 것이지 기교를 부려서 큰일을 맡고 보면 그 일을 그르치게 되어 오히려 그 자리에 서지 않는 것만 갖지 못하다는 것을 모르는 사람은 없다.

인화는 사람됨의 가장 근본으로 그 무엇보다 중요한 보편적 가치라 생각된다. 세상 사람들은 모두들 경제! 경제! 하면서 경제적 논리가 아니면 물질 문명적 논리에 인간성을 잃어가고 있다. 그러나 원리와 원칙이 존중되며 사람이 사람다운 보편적 가치가 살아있는 사회를 만들기 위해서는 옳고 그른 것을 분명히 가릴 수 있는 인문학적 가치는 영원할 것이다.

오로지 인공지능 로봇을 성공시킨 비밀로 비틀거리는 사람들을 똑바로 세울 수 있는 지혜가 여기에 있다고 생각된다.

- 2000. 12. 11. -
-『인천 대학 신문』 제358호-

6. 고전 문학의 현대적 이해
—『인천 대학 신문』〈지상 강좌〉에서—

고전문학을 공부하는 것은 우리 문학의 전통을 이해하여 현대문학을 꽃피우고 장차 다가올 미래 사회에 새롭게 전개 될 문학 세계를 예견하는데 그 의의가 큰 것이라 하겠다.

그런데 요즘 젊은이들은 흔히 '고전문학은 어렵다. 어려워서 하기 싫다.'하는 등의 잘못된 인식 속에 살고 있는 것 같다. 그러므로 한국에서 태어나 한국에서 사는 한국인으로서도 우리의 전통적인 우리의 고전문학을 멀리하고 또 특별한 것으로만 생각하여 특별한 사람들만이 하는 것으로 잘못 이해하고 있는 것은 아닌지 심히 염려된다.

만약 지금까지 이렇게 생각해 온 일이 있다면 이것은 그 동안 대학 입시에서 만들어진 잘못이 아닐까 생각된다. 고전문학을 가장 변별력 있는 과목으로 어렵게 만들어 고득점 전략 과목으로 교육해 왔기 때문에 '고전(古典)은 어렵다. 그래서 고전(苦戰)하는 과목이다'라는 말이 나온 것은 아닌가 생각된다.

그런데 얼마 전 우리 학교 법학과 학생들이 대표적 고전 작품인 고소설 『장화홍련전』을 중심으로 모의재판을 실시한 일이 있었다. 그 동안은 시국 사건이었던 직무상 횡령, 강간, 살인 등과 같은 그 시대적인 중요 사건들을 다루어 왔지만 금년에는 허구적 세계인 작품에 나타나는 장화·홍련의 살해범을 찾아내어 현행 형법에 의해 처벌하는 모의 재판이었다. 특별히 이것을 준비한 법과 학생회에서는 이 작품을 현대적으로 재구성, 주인공 장화를 패물을 훔쳐 간 도둑으로 몰고, 행실까지 바르지 못하여 사생아를 갖게 된 패륜아로 만들었다. 그러므로 가문의 명예를 훼손, 부친 배좌수의 선거에 악영향을 끼치게 되어 정치적 생명까지 위협을 받게 되므로 그를 죽여 없애야 된다는 것으로 현대적 각색을 한 것이었다. 또한 원작에 없는 중인들을 설정하여 검사와 변호사의 치열한 공방전에 적당히 출석시킨 것은 흥미를 더할 뿐만 아니라 현행 재판에 필요한 요식행위를 모두 갖추게 하여 공판을 진행한 것이라 하겠다. 결국 판결은 배좌수와 허계모 배장쇠는 각각 범죄 계획에서 실행의 착수까지 행위 부담이 인정되어 처벌을 받는 것으로 진행된다.

문학은 그 시대와 사회의 반영이다. 특히 우리 고소설들은 일정한 작자가 없이 오랜 세월을 지나면서 첨삭되고 개작되면서 민중들의 정서를 그대로 반영하고 있는 것들이 많이 있어 우리 선조들로부터 오랜 세월 동안 전해진 우리들의 이야기로 기성세대들에게는 너무나 익숙했던 정신적 지주와도 같은 것들이 많다. 이와 같은 작품들을 현대적 감각으로 재해석하고 그 정신을 계승시키는 것이야말로 현대인들의 몫이라 생각된다.

『장화홍련전』을 통한 부자(모녀)간의 윤리 의식의 제고는 물론, 『심청전』에 나타나는 효행 사상이나 『춘향전』에 나타나는 정절 사상 및 『홍길동전』의 사회 개혁 의지, 『흥부전』을 통한 형제간의 우애 문제 등도 현대에 되살려 볼 충분한 가치가 있는 것들이라 생각된다.

한국은 이제 세계를 향해 뻗어 가는 21세기의 중심적인 국가로 부상되고 있다. 세계 속의 한국을 만들기 위해서는 우리가 우리의 것으로 세계를 향해 진출하지 않으면 우리 자신을 잃어버리게 될 것이다. 우리

의 고유한 전통을 현대에 되살려 세계적인 것으로 발전시키는 길만이
한국 문학을 세계 문학으로 우뚝 서게 하는 가장 확실한 길이라 생각
된다. 우리의 고소설에 나타난 우리 민족의 삶의 애환이 현대적으로 재
해석되어 계승 발전될 때, 세계적인 권위의 상징인 노벨 문학상도 가장
빨리 우리 앞에 다가오리라 믿는다.

　새로운 세기에 세계 속의 한국이 되기 위해서는 가장 우리 적인 것
으로 세계에 도전하지 않으면 안 될 것이다. 특히 문학작품에 있어서
그 민족 고유의 전통이 가장 잘 살려진 것이 가장 세계적인 문학이 될
것은 너무나 분명한 사실이다. 그렇기 때문에 우리의 고전문학을 현대
적으로 재해석하고 발전시켜 나간다면 우리 문학은 머지않아 훌륭한
세계 문학의 반열에서 크게 빛을 발할 것을 확신한다.

―『인천 대학신문』 지상강좌에서―

Ⅲ. 단상의 외침

1. 새로운 문화의 꽃으로 피어나기를

—인천·경기 코리아엔젤스 민속무용 예술단 창단식 축사—

　새로운 세계를 향해 웅비하는 인천·경기 지역에 코리아엔젤스 민속무용 예술단의 창단을 온 시민과 함께 기뻐하며 진심으로 축하를 드립니다.

　인천은 서울과 인접해 있으며 신 공항의 개항과 함께 세계 속에 우뚝 선 새 시대의 생동감 넘치는 한국의 대표적 도시입니다. 역사적으로는 비류백제의 고도로 서해안을 중심으로 많은 선사 유적지가 남아 있고, 현대엔 신문화의 발상지로 잘 알려진 지역이기에 미래를 향한 새로운 민속무용 예술단의 창단에 거는 기대는 더욱 크지 않을 수 없습니다.

　문화 예술은 무형의 자산입니다. 미래 사회는 질 높은 고급문화를 필요로 하는 문화산업 시대가 될 것입니다. 몇 만대의 자동차나 컴퓨터, 첨단 기술에 못지않게 빛나는 우리의 전통 문화를 통한 문화산업을 창출, 고부가가치의 문화 상품을 수출할 수 있다면 우리의 미래는 더욱 밝아질 것입니다.

　오천년 역사의 빛나는 전통 위에 자연 자원보다 인적 자원이 풍부한 우리로서는 양질의 고급 문화상품을 수출할 수 있는 새로운 문화산업을 일으켜, 문화 영토의 확장을 통해 어려운 우리의 현실을 이겨내고 세계로 뻗어 나갈 수 있는 지름길로 삼아야 할 것입니다. 어느 국가나 민족이든 자기 나름대로의 고유문화를 창출해 내지 못한다면 그 민족이나 국가는 존재 할 수 없게 됩니다. 지역사회도 마찬가지입니다. 그 지역만의 독특한 문화를 창출 해 내지 못한다면 그 지역은 퇴보되고 도태될 수밖에 없습니다.

문화산업을 통한 문화 영토의 확대는 주권적 국가 국토의 확대 이상으로 미래의 운명을 좌우하게 됩니다. 올림픽 문화는 올림픽 산업을, 한국의 태권도 문화는 세계적 태권도 산업을, 영국이나 일본의 경마 문화는 경마 산업을, 이태리의 패션 문화는 세계적 패션 산업을 창출 해 내고 있습니다. 우리의 다가올 미래 사회, 역시 어떤 문화가 어떻게 자리 매김 하느냐에 따라 산업 발전과도 밀접한 관련을 갖게 될 것은 분명한 사실입니다.

인천·경기 지역은 우리의 수도 서울에 비해 서해안의 아름다움과 교통의 편리함, 적절한 인구, 여유 있는 주거 공간 등, 많은 장점이 있어 최고의 문화도시로 성장 발전되어 양질의 고급문화를 창출 해 낼 수 있는 천혜의 자연적 조건을 갖추고 있는 축복 받은 지역입니다.

지방화 시대를 맞아 인천의 새로운 문화적 전통으로 우뚝 서게 될 코리아엔젤스 민속무용 예술단의 앞길에 축복을 보내며, 우리 모두가 온 힘을 다해 가꾸고 북돋우어 인천을 찾는 모든 사람들에겐 인천의 자랑거리로(빈의 소년 합창단과 같이), 세계무대에선 당당히 인천을 알릴 수 있는 천사의 사절단으로, 세계적인 예술단으로 발전될 수 있도록 다 함께 힘을 실어 줍시다.

코리아엔젤스 민속무용 예술단은 인천·경기를 대표하는 예술단으로 발전되어 새로운 문화도시, 활기찬 인천 건설에 앞장 서 줄 것을 믿으며, 창단의 기쁜 소식에 온 시민과 함께 진심으로 축하를 드립니다.

－ 1998. 1. 7 －

－코리아엔젤스 민속무용 예술단 고문－

2. 인천의 올바른 지명사용을 기대하며

－인천 땅이름학회 창립기념 학술대회 개회사－

새로운 21세기에 황해권 문화의 중심으로 떠오르기 시작한 우리 삶의 터전 인천, 인천을 사랑하는 시민 여러분들과 함께 존경하는 시장님, 그리고 내외귀빈을 한자리에 모시고 우리들의 문제를 우리들 스스로가 풀어 보겠다는 각오로 출발한 인천광역시 땅이름 연구회의 창립기념 학술대회를 갖게 된 것은 매우 뜻 깊은 일이라 생각됩니다.

특히 금년은 조국 광복 50주년을 맞는 해로, 일제에 의해 더럽혀졌던 우리의 고유한 지명을 되찾아 민족정기를 바로 잡아 보고자 하는 움직임이 나라를 사랑하고, 민족의 영원한 앞날을 내다보는 뜻있는 분들에 의해 소리없이 일기 시작하여, 이제는 국가적 과업의 하나로 전국 각지에 퍼져 나가고 있는 실정입니다. 이것은 소중한 우리 강산 곳곳에 스며있는 아름다운 우리의 고유지명들을 찾아, 바로 잡음으로 잃었던 우리의 정신을 되살려 세계속의 한국으로 우뚝 서게 해 보고자 하는 우리의 주체적 문화운동이며 애국운동이라고 할 수 있을 것입니다.

이 자리를 더욱 빛내주시기 위해 그동안 대학 강단에서 국어학을 강의하시면서 남달리 지명어(地名語)에 깊은 관심을 가지시고 연구 해오신 인천 대학교 김병욱 교수님께서 "지명어 연구"를 발표해 주심에 대해 깊이 감사를 드립니다. 그리고 한국 땅이름 학회 회장님으로 계신 배우리 선생님께서 바쁘신 중에서도 인천을 아끼고 사랑하시는 마음으로 본 학회의 요청을 흔쾌히 받아 주시어 그동안 전국을 누비며 조사하신 일제에 의해 우리 땅 이름의 훼손에 대한 사례를 중심으로 "일제 때 우리 땅이름의 훼손"이란 귀한 논문을 발표해 주심에 감사를 드립니다. 또한 인천을 누구보다 더 사랑하시는 본회 공동 대표이신 가천 문화재단 이형석 선생님께서 그동안 조사하시고 연구하신 인천광역시의 일본식 땅이름 조사 결과를 발표해 주시게 되니, 더욱 뜻 깊은 자리가 될 것으로 생각되어 감사를 드립니다.

인천을 사랑하시는 시민 여러분!

지역사회에 조금이라도 관심을 가져 보신 분이라면, 우리고장 인천의 지명들이 바르게만 되어 있지 않다는 것을 쉽게 발견하실 수 있으셨으리라 생각됩니다. 인천의 서쪽에 동인천역이, 동쪽에 서인천이 있다는 것을 어떻게 설명해야 하겠습니까? 뿐만 아니라 주안산 밑에 주안동이 있는 것이 아니고, 제물포자리에 제물포역이 있는 것이 아닙니다. 차제에 혼돈되어진 인천의 지명들을 모두 찾아내어 바로 잡을 수 있다면 현재는 물론 후세를 위해 더욱 떳떳한 일이 될 것이라 생각됩니다.

특히, 인천에는 새로 건설되는 신 공항이 있습니다. 그동안 여러 차례에 걸쳐 공항명칭에 대한 논란이 있었던 것으로 기억됩니다. 아직까지도 확정되지 않은 채 우리 인천 사람들의 의사와 관계없는 이름으로 잠정적인 결정을 내려놓고 있는 실정입니다. 신공항의 명칭은 인천의 영원한 발전과도 깊은 관계가 있어 매우 중요한 사안이라 생각 됩니다. 만약 인천에 새로 건설되는 공항의 명칭이 인천공항으로 되지 못한다면 인천의 위상은 달라지게 될 것입니다. 그러기에 우리는 인천을 사랑하고 아끼는 마음으로 대대로 물려 줄 우리의 자존심을 걸고 인천공항의 명칭을 얻어 내야 할 것으로 생각합니다.

인천공항의 명명은 너무나 당연한 것이며, 인천이 세계속의 국제적인 도시로 부상할 수 있는 최소한의 기본적 조건이라 생각됩니다. 서울은 한국의 수도로서 정치 문화의 중심적 도시(미국의 워싱턴과 같은)라고 한다면, 인천은 서울과 최 근접 도시로 해양과 공항을 통한 국제적 도시(미국의 뉴욕과 같은)로 발전 가능한 지역이라고 할 수 있을 것입니다. 특히, 인천광역시의 지정학적 조건은 지중해를 방불케 하는 황해의 새로운 문화권에서 경제, 무역, 산업의 국제적 중심 도시로서의 면모를 갖출 수 있는 가장 좋은 여건을 구비하고 있어, 도시의 얼굴이 될 수 있는 공항의 명칭은 반드시 인천공항이 되어야 할 것이며 인천공항은 인천의 발전과 함께 그 이름, 더욱 빛나게 될 것이 틀림없는 일입니다.

우리 땅이름 연구회는 앞으로 더욱 많은 인천시민들의 참여와 사랑으로, 우리의 당면한 문제들을 연구하고 이의 올바른 사용을 널리 알리는 일에 앞장 설 것을 약속드리면서 개회사에 가름하는 바 입니다.

－ 1995. 5. 25.－
－ 인천광역시 땅이름연구회 공동대표－
＊『인천 땅이름연구』 창간호(1996. 9) 간행사로 수록

3. 세계로 비상하는 인천의 꿈을 그려보며

—인천 땅이름학회 제2차 학술대회 개회사—

오늘 이 자리에 함께해 주신 인천을 사랑하시는 시민 여러분!

다가오는 21세기와 함께 인천의 가장 큰 변화를 든다면 인천 국제공항의 개항이라 할 것입니다. 현재는 국제 통화 기금(IMF)의 지배를 받아야 하는 어려운 시기지만 우리 민족의 슬기와 단합된 힘은 분명 이를 극복, 인천 국제공항을 통해 세계로 비상하는 우리의 꿈을 실현시켜 새로운 문화로 자랑스런 새 시대를 열어 나갈 것은 너무나 분명한 사실이기 때문입니다.

물론 문화란 갑작스럽게 이루어지는 것은 아닙니다. 인류의 지속적인 삶을 통하여 꾸준히 갈고, 닦고, 다듬고, 쌓아 나가는 중에 이루어 낸 귀중한 업적으로 조상 대대로 전승되어질 때, 우리의 혼이 담긴 삶의 총체로 남은 그 흔적이라 할 것입니다. 이렇게 볼 때, 인천 국제공항의 개항은 한국의 새로운 관문으로 동북아는 물론 세계의 중심 공항으로 떠오를 것, 또한 너무나 자명한 일입니다.

인천은 지리적으로는 한반도의 가장 중심적인 위치에 있는 심장부이면서 역사적으로도 매우 중요한 위치를 점하고 있는 지역입니다. 그러므로 인천이란 이름은 역사 속에서 깊은 뿌리를 찾을 수 있습니다. 인천을 중심으로 한 서해안 일대에는 선사 시대부터 사람들이 살기 시작

했다는 신석기 유물을 비롯하여 청동기 시대의 대표적 무덤인 고인돌을 쉽게 찾아 볼 수 있습니다. 또한 강화에는 단군이 하늘에 제사를 지냈다고 전해지는 참성단과 같은 유적지가 그대로 남아 있으며, 문학 산정에는 비류 시대에 쌓았다고 전해지는 산성의 흔적이 남아 있어 비류백제의 수도 미추홀임을 알 수 있게 해주고 있습니다. 또한 백제 우물터를 비롯하여 삼국 시대부터 중국과의 교역에 배가 드나들던 큰 항구였던 '능허대 터'가 보존되어 있어 인천의 역사가 얼마나 깊은 것인가 하는 것을 잘 보여주고 있습니다.

그러므로 현대에 들어 1882년 5월 22일 한·미 수호 통상조약과 같은 해 6월에 한·영, 한·독 통상 수호조약의 체결과 동시 개항 되었다하여 신문명의 수용 및 발상지로 말하고 있지만 삼국 시대부터 중국을 오가던 한 나루(大津)터가 인천시 기념물 제8호로 지정된 연수구 옥련동에 있는 '능허대터'로 기록되어 있는 것을 볼 때, 이미 개항은 1500년을 앞당겨 논하는 것이 옳지 않을까 생각됩니다.

당시 백제의 근초고왕 27년(372년)부터 개로왕 2년(475년)까지 위로는 고구려와 대치하고 있으면서 중국과의 교역을 이곳 한 나루를 이용했던 것을 추정할 수 있어, 이때부터 인천은 외국과의 교류가 활발하게 이루어졌던 항구도시였음을 알 수 있습니다.

인천은 원래 새로운 문화를 향해 열린 도시였음을 알 수 있습니다. 삼국 시대부터 중국과의 해로를 통한 교역의 중심지로 중국을 통한 새로운 문화를 최초로 수용하는 도시였고, 19세기말에는 서구 문명을 최초로 수용 발전시키는 열린 도시였으며, 한 때는 선각자들이 인천을 통해 세계로 진출하는 선진 도시였음도 알 수 있습니다.

인천 국제공항은 이와 같은 인천의 역사 지리적인 중요성 위에서 인천이라고 하는 지역적 개념뿐만 아닌 그 이상의 의의가 있어 주목을 받지 않을 수 없습니다. 그러므로 그 결정 과정에서부터 많은 논란이 있어 왔던 것도 사실이지만, 인천에 건설된 공항의 명칭을 인천의 지명을 따서 인천 국제공항이라 한 것은 속지 주의적 입장에서 너무나 자연스러운 일이며, 순리에 따른 가장 올바른 결정이라 할 수 있을 것입니다.

그러므로 인천 시민들에게는 더 없는 애정이 담긴 자랑스런 공항으로 생각되지 않을 수 없을 것입니다. 국제공항이 있는 도시의 국제 시민답게 보다 훌륭한 시민 정신으로 인천을 가꾸어 나가는 것은 인천 시민들의 몫이 될 것입니다. 이제 이와 같은 시민 정신이 나타나기 시작하고 있는 것을 볼 수 있습니다. 지난번에 세계 제2위의 정직한 시민으로 조사된 것은 우연이아니라는 점을 강조하고 싶습니다. 앞으로는 세계에서 제일 1등 시민으로 생각하고 행동하는 것 또한 우리의 책임이며 의무라 생각됩니다.

지명은 그 지역의 얼굴이며, 그 지역을 대표할 수 있는 상징입니다. 인천 국제공항은 작게는 인천을, 크게는 이 나라를 전 세계에 알릴 수 있는 소중한 이름이요 표상이 됩니다. 한국을 찾는 모든 세계 사람들은 제일 먼저 인천이란 말을 접하게 될 것이며 또 제일 먼저 발을 내디딜 땅도 인천이란 점에서 명칭만큼이나 인천은 한국을 대표 할 수 있는 한국 제일의 도시로 성장 발전시켜 나가야 할 것입니다.

그러기 위해서는 인천을 찾는 세계 사람들에게 인천을 알려주고, 인천을 보여주고, 인천을 느끼게 해줄 수 있는 인천만의 고유한 전통 문화를 계승 발전시켜 문화 인천으로 위상을 높여 나가야 할 것입니다. 국제공항을 갖고 있는 도시답게 인천을 찾는 손님들은 인천 그 자체에서 한국을 느끼고, 배우게 해주어야 할 것입니다. 이것이 인천 국제공항의 명칭이 갖는 의의가 아닐까 생각됩니다.

명칭 그 자체가 그 도시를 상징하듯, 그 중요성은 무엇보다 큰 것입니다. 이것은 바로 그 민족이면 민족, 부족이면 부족, 도시면 도시의 특징을 상징해 주는 척도가 되는 것으로 그 소속 집단만의 긍지와 자부심으로 단결과 유대감을 갖게 되는 동시에 도시 발전의 원동력으로 작용하게 될 것입니다.

인천의 자랑스런 역사 위에 인천의 도시 명을 살려 이 지역에 건설되는 공항의 명칭을 인천 국제공항으로 결정한 것은 재론의 여지가 없는 일입니다. 정말 잘 한 일이라 생각됩니다. 이제부터 인천은 세계에 알려질 대표적 한국의 상징적 도시로 공항 명칭, 그 이상의 인천 인의 긍지가 실린 인천의 자부심으로 시민 모두가 가꾸어 나갈 이름으로 우리 스스로가 발전시키고 빛내야 할 것입니다. 얼마 전 세계에서 두 번째 정직한 시민이라는 평가를 받은 것도 인천 시민들의 자부심으로 인천 국제공항의 명칭에 걸맞은 정직한 국제도시의 국제 시민다운 행동의 일환이라 할 것입니다. 이제 그 첫걸음을 옮긴 것이란 점에서 그 의의 더욱 크게 느껴질 뿐입니다.

한국의 관문 국제공항이 있는 국제도시의 인천 시민 여러분!

인천 국제공항의 명칭 이상으로 훌륭한 시민으로 한국의 앞날에 크게 기여하는 시민이 될 것을 다함께 기약하면서 개회사에 대신합니다.

- 1998. 2. 16. -
- 인천 땅이름 학회 제2차 학술회의 (인천 로얄호텔)-

4. 인천 국제공항 명칭의 의의

―『인천 땅이름 연구』 제2집 권두언―

새로운 21세기와 함께 인천의 가장 큰 변화를 든다면 인천 국제공항의 개항이라 할 것이다. 현재와 같이 국제 통화 기금(IMF)의 지배를 받아야 하는 것은 한때의 과오로 빚어진 잠시 어려움에 불과한 것일 뿐, 세계로 비상하는 우리의 꿈은 인천 국제공항을 통해 새로운 문화로 형성 발전되면서 자랑스런 새 시대를 열어 나갈 것은 너무나 분명한 사실이다.

물론 문화란 갑작스럽게 이루어지는 것은 아니다. 인류의 지속적인 삶을 통하여 갈고, 닦고, 다듬고, 쌓아 온 귀중한 업적으로 조상 대대로 전승되어진 혼이 담긴 삶의 총체이며, 그 흔적인 것이라 할 때, 인천 국제공항이 한국의 관문이며 동북아의 중심 공항으로 떠오를 것은 너무나 자명한 일이 된다.

인천은 지리적으로는 한반도의 가장 중심적인 위치에 있는 심장부이면서 역사적으로도 매우 중요한 위치를 점하고 있는 지역이다. 그러므로 인천이란 이름 그 자체의 소중함은 역사 속에서도 얼마든지 찾을 수 있는 뿌리 깊은 고장이다. 인천을 중심으로 한 서해안 일대에는 선사 시대부터 사람들이 살기 시작했다는 신석기 유물을 비롯하여 청동기 시대의 대표적 무덤인 고인돌을 쉽게 찾아 볼 수 있으며, 강화에는 단군이 하늘에 제사를 지냈던 참성단과 같은 유적지가 그대로 전승되

고 있으며, 문학 산정에는 비류 시대에 쌓았다고 전해지는 산성의 흔적
이 남아 있고, 백제 우물이라 전해지는 우물에서는 지금도 양질의 우물
물이 흘러나오고 있으며, 삼국 시대부터 중국과의 교역에 배가 드나들
던 큰 항구였던 능허대 터가 보존되어 있어 인천의 역사가 얼마나 깊
은 것인가 하는 것을 잘 보여주고 있다.

원래 인천은 원삼국 시대부터 비류에 의해 개국된 비류 백제의 옛 서
울이었던 미추홀로 전해지고 있는 유적지만 보아도 시 지정 기념물 제1
호인 문학 산성을 비롯하여 강화도의 참성단 및 고려궁터 등은 위난 기
에 나라를 구하려던 호국의 현장으로 우리 문화의 실증적 자료로 살아
있는 역사적 증거물로 남아 있어 그 뿌리를 확인시켜 주고 있다. 또한
근현대사에서는 개항과 함께 신문명이 첫발을 내딛게 된 신문명의 수용
및 발상지라 해도 과언이 아닐 만큼 신문화의 초석이 인천에서부터 놓
이기 시작했다고 하는 것은 누구도 부인할 수 없는 사실일 것이다.

인천이 세계적으로 알려지기 시작한 것은 19세기말 서구 열강들에
의한 강제 개항으로부터라 할 수 있을 것이다. 즉, 1882년 5월 22일
한·미 수호 통상조약이 체결되고 같은 해 6월에는 한·영, 한·독
통상 수호조약이 체결되면서 개항과 함께 굳게 닫혔던 쇄국의 문이 열
려 서구의 신문명이 인천을 통해 홍수와 같이 밀려 들어와 신문화의
물결이 일기 시작한 것에서부터라 할 것이다.

이때부터 인천은 개항을 계기로 외국과의 교류가 활발하게 이루어졌
던 항구도시였다. 역사적으로는 삼국 시대부터 중국을 오가던 한 나루
(大津)터가 현재 인천시 기념물 제8호로 지정된 연수구 옥련동에 있는
'능허대터'로 예로부터 우리 조상들의 해로를 여는 나루였음을 볼 때,
이미 개항은 1500년을 앞당겨 논하는 것이 옳을 것 같다. 백제가 위로
는 고구려와 대치하고 있으면서 중국과의 교역을 이곳 한 나루를 이용

하여 당시 동진과 교역의 통로로 사용했던 것을 찾아 볼 수 있으니 그
것은 적어도 백제 근초고 왕 27년(372년)부터 개로 왕 2년(475년)까지
였을 것으로 추정되기 때문이다. 이곳 한 나루를 통해서 동진과 활발한
교역이 이루어지고 있었던 것을 알 수 있는 것으로는 지금도 전해 오
는 삼호재 고개 전설 등을 통해 가히 짐작할 수 있다.

인천은 원래 역사적으로 삼국 시대 이전부터 인류가 거주해 오면서
백제 시대에는 비류가 도읍을 정하고 미추홀(인천의 옛 이름)이라 했다
는 기록이 있어 백제 고도로서의 인천의 위상을 분명히 할 필요가 있
다. 인천의 수천 년 역사를 모두 삭제한 채, 서구 문명의 수용지로서의
개화 100년을 인천의 역사로 자랑한다면 우리 스스로 역사를 파괴하고
포기 해 버리는 우를 범할 수밖에 없는 것으로 우리 스스로가 미개한
민족임을 자처하는 모순에 빠지고 말게 될 것이다. 그러므로 인천에 인
류가 살았던 장구한 삶의 발자취를 따라 인천 문화를 체계 있게 정리,
발전시키는 것, 또한 우리의 할 일이라 생각된다.

인천은 원래 새로운 문화를 향해 열린 도시였음을 알 수 있다. 삼
국 시대부터 중국과의 해로를 통한 교역으로 중국을 통한 새로운 문
화를 최초로 수용하는 도시였고 19세기말에는 서구 문명을 최초로 수
용 발전시키는 열린 도시였으며, 한 때는 선각자들이 인천을 통해 세
계로 진출하는 선진 도시였음도 알 수 있다. 즉, 세계를 향해 인천항
에서 많은 선각자들이 배를 타고 떠나간 곳이기도 하다. 또한 서해 연
안의 고깃배들이 인천을 중심으로 활동하고 있으며, 조선 시대까지만
해도 서해 도서(島嶼)지역에는 거국적인 말(馬)목장이 있었고, 국가의
위난 시에는 피난지로서 서해안의 많은 섬들이 이용되기도 했던 것을
알 수 있다.

인천 국제공항은 이와 같은 인천의 역사 지리적인 중요성 위에서 인천이라고 하는 지역적 개념뿐만 아닌 그 이상의 의의가 있어 주목을 받지 않을 수 없다. 그러므로 그 결정 과정에서부터 많은 논란이 있어 왔던 것도 사실이다. 그러나 인천에 건설된 공항의 명칭을 인천의 명칭을 따서 인천 국제공항이라 한 것은 속지 주의적 입장에서 너무나 자연스러운 일이며, 순리에 따른 가장 올바른 결정이라 할 수 있다.

그러므로 인천 사람들에게는 더 없는 애정이 담긴 자랑스런 공항으로 생각되지 않을 수 없는 일이라 생각된다. 국제공항이 있는 도시의 국제 시민답게 보다 훌륭한 시민 정신으로 인천을 가꾸어 나가는 것은 인천 사람들의 몫이 된다. 지난번 조사된 세계 제2위의 정직한 시민으로 조사된 것과 같이 세계에서 제일 1등 시민으로 생각하고 행동하는 것 또한 우리의 책임이며 의무라 생각된다.

지명은 그 지역의 얼굴이며, 그 지역을 대표할 수 있는 상징이다. 인천 국제공항의 명칭은 작게는 인천을, 크게는 이 나라를 전 세계에 알릴 수 있는 소중한 이름이요 표상이 된다. 한국을 찾는 모든 세계 사람들은 제일 먼저 인천이란 말을 접하게 될 것이며 또 제일 먼저 발을 내디딜 땅도 인천이란 점에서 명칭만큼이나 인천은 한국을 대표 할 수 있는 한국 제일의 도시로 성장 발전해 간다고 하는 것을 간과해서는 안 될 것이다. 그러므로 각 민족마다에서 찾아 볼 수 있는 그 민족 나름대로의 고유한 전통 문화가 있듯이 각 도시는 그 도시 나름대로의 전통 문화가 있어 이를 자랑으로 삼고 있는 것과 같이, 인천에는 인천을 찾는 세계 사람들에게 인천을 알려주고 인천을 보여주고 인천을 느끼게 해 줄 인천 문화의 개발이 있어야 할 것이다. 인천 국제공항을 찾는 손님들은 인천 그 자체가 한국이기 때문에 명칭에서 뿐만 아니라 인천의 모든 문화에서 한국을 인식하게 될 것이므로 공항의 명칭이 주는 중요성만큼이나 인천의 위상에 신경을 써야만 할 것이다.

그러므로 명칭 그 자체가 그 도시를 상징하듯, 그 중요성은 무엇보다 큰 것이다. 이것은 바로 그 민족이면 민족, 부족이면 부족, 도시면 도시의 특징을 상징해 주는 척도가 되는 것으로 그 소속 집단만의 긍지와 자부심으로 작용할 수 있는 것이며 단결과 유대감을 갖게 되는 강한 요소가 되는 것으로 인천만이 누릴 수 있는 자랑이라 할 것이다.

앞으로 우리 고장 인천에 인천 국제공항이 들어서게 되면 동북아는 물론 전 세계인들이 인천 공항을 통한 활발한 왕래가 이루어지게 될 것이다. 인천 공항을 중심으로 서해안 일대에는 전 세계인들을 맞이할 새로운 시설들이 들어서게 될 것이다. 호텔이 들어서고, 물류센터가 들어서고, 오락이나 휴식을 위한 시설들이 생겨나고, 최첨단의 과학도시가 생겨나고…, 이 모든 것들이 새로운 세대에 이루어질 인천의 청사진이 아닐 수 없다.

이때 인천을 찾아오는 많은 사람들에게 인천의 무엇을 자랑거리로 내어 놓을 수 있을까? 심각하게 고민해 본 일이 있는가? 인천의 문화적 전통이 무엇이라고 자신있게 말할 수 있겠는가?

우리는 백제의 고도(古都) 부여(扶餘)나 신라의 고도 경주(慶州)는 쉽게 찾아 갈 수 있었지만 고구려의 고도 평양성이나 고려의 고도 개성은 가까우면서도 오랫동안 갈 수없는 곳이 되어 있었다. 그러나 위난 극복을 위한 피난 정부였지만 고려의 고도 강화에 대해서는 마음만 먹는다면 쉽게 찾아갈 수도 있고, 또 그 곳에서는 막강했던 몽고군과 대항하여 싸웠던 조상들의 웅혼한 용맹을 느낄 수도 있는 호국의 현장이기도 하다. 이와 같은 강화도가 우리 고장 인천인데도 여기에 대한 국민적 관심이나 또는 행정적인 관심을 얼마나 기울였는지 한 번 반성

해 볼 필요가 있다.

몽고와 항쟁하기 위해 수도를 강화로 옮긴 고려의 호국 정신과 끝까지 몽고에 항복하지 않았던 삼별초 군의 역사 또한 우리 고장 인천에서부터 시작된 것은 호국 인천으로서 새롭게 조명해야 될 중요한 문화라고 생각된다. 조선 시대에 들어 임란시 인천을 지킨 인천 부사 김민선을 기리는 안광당제가 근래에 들어 시민들의 새로운 조명을 받기 시작한 일 주목하지 않을 수 없다. 이로 미루어 볼 때, 앞으로 치열했던 민족상잔의 현장으로 6.25전쟁 당시 승리의 영웅 맥아더 장군의 인천 상륙 작전의 승전지로서의 월미도 또한 이와 유사한 입장에서 정리되어져야 하리라고 생각된다.

이와 같이 인천은 역사적으로 유명한 곳이 얼마든지 있어 이를 발굴하고 본존 하여 인천의 자랑으로 삼아 문화적 전통을 세워 나가야 할 것으로 생각된다. 특히 현재 남아 전승되고 있는 민속이나 문화유산들을 발굴, 계승, 발전시킨다면 인천이 세계적인 도시로 부각 될 수 있는 것은 시간문제라고 생각된다. 우리의 특징이 가장 잘 들어 날 수 있는 우리 고장의 유형무형의 문화재들을 찾아 계승 발전시키는 일은 바로 우리 고장을 사랑하고 인천을 세계적인 도시로 가꾸어 나갈 수 있는 첫 걸음이라 생각된다.

그러므로 인천의 자랑스런 역사 위에 인천의 도시 명을 살려 이 지역에 건설되는 공항의 명칭을 인천 국제공항으로 한 것은 정말 잘 한 일이라 생각된다. 이제부터 인천은 세계에 알려질 대표적 한국의 상징적 도시로 공항 명칭 그 이상의 인천인의 긍지가 되살아나고 인천인의 자부심이 지켜질 이름으로 우리 스스로가 가꾸고 발전시켜 나가야 할 것이다. 얼마 전 세계에서 두 번째 정직한 시민이라는 평가를 받은 것도 인천 시민들의 자부심으로 인천 국제공항의 명칭 못지않은 그 이상

으로 정직한 도시의 국제 시민답게 행동으로 옮겨 나가는 첫걸음이라
생각되어 그 의의 더욱 크게 느껴진다.

- 1999. 2. -
-『인천 땅이름연구』제2집 간행사-

5. 21세기를 향한 인천의 발전 전망

―지역사회 연구소 학술대회 개회사―

존경하는 내외귀빈 여러분!

저희 지역사회 연구소가 한국정치학회와 공동으로 15대 총선 이후 시민여론조사를 통하여 인천지역의 정치, 사회, 교육, 문화, 행정 등 각 분야의 현안에 대해 새로운 21세기를 향한 발전 전망을 주제로 개최하는 학술대회에 참석해 주심을 진심으로 감사드립니다.

인천은 서울의 관문만이 아닌 동북아의 중심 도시로서 황해권 문화는 물론 세계 문화의 중심축으로 발전 가능한 꿈이 있는 곳으로 한국 제일의 도시적 여건을 갖추고 있어 우리는 더욱 이 지역의 발전을 위해 연구 노력해야 할 사명이 크다고 생각됩니다.

금번 학술대회는 인천지역의 시민 여론을 조사 분석하여 이 지역 발전과제와 가능성을 전망해 보기 위한 것으로 인천 21세기 연구센터 원장님이신 김학준 박사님을 연사로 모셔 <21세기 인천발전을 위한 과제와 전망>에 대한 기조강연을 부탁드렸습니다. 그리고 제1주제로 4.11총선 결과에 나타난 인천의 민의에 대해 그동안 시민 여론을 직접 조사하셨던 인하대 정외과 정영태 교수님의 <인천사회의 정치구조와 투표행태>, 인천 YMCA 이창훈 회장님의 <시민운동과 제15대 총선>에 대한 발제에 이어 서울대 김만흠 교수님과 국회의 서한샘 의원님과 조철구 의원님, 본 대학 정광하 학장님의 토론을 통해 인천 시민의 민의의 방향을 정확하게 짚어 볼 수 있는 기회를 갖기로 했습니다.

그리고 제2주제로는 <여론조사를 통해 본 지역사회 발전 전망>에 대해 역시 직접 현장 여론조사에 임하셨던 본 대학 조기숙 교수님의 발제에 이어 카톨릭 대학 조돈문 교수님을 비롯하여 인천교구 오경환 총대리 신부님과 이철규 인천시 부시장님, 그리고 시의회에서 정진관, 홍미영 의원님, 가천문화재단 이형석 문화부장님, 본 대학 김판석 교수님을 모시고 발제에 따른 제 문제를 중심으로 인천 발전 전망을 원탁회의 형식으로 풀어 볼 계획입니다. 특히 이 자리에서는 청중들께도 적극적으로 참여 하실 수 있는 기회를 드리고자 합니다. 좋은 의견을 서로 교환하시어 우리 모두 함께 이 지역 발전에 동참 하실 수 있는 계기가 되어지시기를 바랍니다.

끝으로 이번 대회를 열수 있도록 협조해 주신 대학 당국에 감사를 드립니다. 또한 바쁘신 중에서도 기조강연 및 주제발표를 맡아주신 여러분들과 토론에 참여해 주신 모든 분들과 이 자리를 함께해 주신 모든 분들께 거듭 감사를 드립니다.

앞으로도 우리 연구소에서는 인천 지역사회의 모든 문제들을 더욱 깊이 있게 연구하여 새로운 인천문화 발전의 계기가 될 수 있도록 힘껏 노력할 것을 약속드리면서 개회사에 가름하는 바입니다.

- 1996. 5. 31. -
- 인천대학 지역사회 연구소 소장-

6. 정론직필(正論直筆)로 학교 발전에 앞장서자.

대지를 뚫고 솟아난 새싹들은 이글거리는 여름태양을 온몸으로 부둥켜안고 모진 비바람도 싫다하지 않으며 푸른 잎과 아름다운 꽃을 피워 탐스런 열매를 맺어가듯 우리가 겪고 있는 국제통화기금(IMF)의 관리는 대지보다 두껍고 작열하는 태양보다 뜨거우며 폭풍우보다 험한 세계사적 흐름이지만 온몸으로 참고 견뎌야 되는 것은 우리의 피할 수 없는 어려움인지도 모른다.

한나라가 잘되는 것은 한 집으로부터 출발하고(一家 仁이면一國 興仁) 한나라가 어려워지는 것도 한사람으로부터 시작 되는 것(一人 貪戾하면 一國 作亂)이라 했으니 나 하나를 소중히 생각하고 우리학교 하나를 소중히 생각하는 정신적 중심이 필요하지 않을 수 없다.

결코 우리는 중단할 수 없는 일이다. 경제적 어려움은 잠깐, 머지않아 보다 더 찬란한 빛을 바라며 확실한 믿음을 갖고 있기에 앞날을 기대해야 할 것이라 생각된다. 젊은이들에게 할 일이 없게 될 때 그것은 오히려 비참한 것이 아닐까 생각되어 지령 300호를 맞는 인천대학신문의 사명은 더욱 크다고 하지 않을 수 없다.

우리학교는 역사가 깊지 않은 젊은 학교다. 이것은 무한한 가능성이 있다는 말이다. 인천의 지리적 역사적 배경과 문화적 전통을 살려 앞으로 전개될 인천공항의 개항과 함께 다가올 국제화시대의 인천대학의 위상도 학교신문이 선도하지 않는다면 누가 앞장설 수 있겠는가?

어려웠던 과거를 생각 할 때 학교신문의 사명은 크다. 정론직필(正論直筆)만이 우리학교를 바르게 갈 수 있게 할 수 있으며 바르게 발전시킬 수 있다는 점에서 더욱 사명은 크다고 하지 않을 수 없다. 이것만이 어려운 현세를 이겨낼 수 있는 사명 있는 동량을 길러내고 이 사회에 필요한 인물을 기르는 요람으로 가꾸어나갈 수 있는 참된 신문의 사명을 다하는 길이라 생각되어 지령 300호를 축하하는 말로 대신하고자 한다.

－ 1998. 5. 21 －
－『인천 대학신문』 300호 기념 특집에서－

7. 학과신설에 따른 몇 가지 문제

　우리학교는 오래간만에 학과증설이라고 하는 기쁨을 안게 되었다. 그동안 학교의 어려웠던 여러 가지 사정으로 매년 신청하는 학과의 증설이나 학생수의 증가를 얻어내지 못한지가 십 수 년이 되다보니 학교의 규모는 옛날 그대로 발전되지 못하고 이었다. 그러던 중 지난해에 멋처럼 학교분위기가 새롭게 잡혀가면서 대내외적으로 안정을 되찾게 됨을 인정받아 당국으로부터 3개과 120명의 증설을 허가 받게 되었다. 대단히 기뻐하지 않을 수 없는 일이었다.

　그런데 여기서 우리는 몇 가지 생각해보고 넘어가지 않으면 안 될 문제들이 있다고 본다.

　첫째는 금번에 인가를 받은 신설학과가 모두 야간이라는 점이다. 수도권 인구집중을 이유로 들고 있지만 야간학과는 그 특징이 낮에는 생활현장에서 열심히 일하고 밤 시간을 이용해서 공부하던 주경야독(晝耕夜讀)의 미담(美談)에서 그 가치를 높이 평가 할 수 있을지 몰라도 주간에 할 수 있는 것을 우선 얻어놓고 보자는 식에서 야간의 개설은 한 번 고려해봐야 하지 않을까 생각된다.

　둘째는 학과의 신설은 그에 걸맞은 준비가 필요한 것이다. 신설된 학과가 한결 같이 야간부라는 점에서 이에 걸맞은 준비가 더욱 필요하지 않을 수 없다. 그간에도 야간부가 각과에 설치되어 있어 그 중의 하나가 더 늘었거니 생각할 수도 있다. 그러나 시립대학이 된 이후에 의욕적으로 새로운 학과를 설치할 때는 거기에 따른 충분한 준비과정이 선행되어야 하지 않을까 생각된다. 즉, 예를 들면 야간부 교학과의 신설같은 것을 생 각 할 수 있겠다. 대학은 건물만 가지고 이야기 할 수 없는 것이다. 그것을 운용할 수 있는 사람이 있어야 한다. 그저 주간부서가 야간까지 연장 운영하면 되지 않겠느냐 하는 생각도 해 볼 수 있겠지만, 야간 부서를 전담 할 수 있는 직원이 있는 것과 겸임하는 것과는 매우 큰 차이가 있을 것으로 생각되어 이의 재고를 권해본다.

셋째로 신설된 학과(신문방송학과)의 학생들에게 보다 빠른 안정을 줄 수는 없겠는가 하는 문제다. 기존의 학과들에 비하여 신설된 학과는 학교 내에서 그 누구도 그 과에 대한 전문적인 지식이나 과 운영에 필요한 조건을 제시하고 도와 줄 수 있는 자원이 없다. 흔히 지난 과거와 마찬가지로 신설학과에 경험 없는 신임교수님 한 분만을 덜렁 모셔다 놓고 그분에게 모든 책임을 지워드린다면 이것 또한 모순이 아닐 수 없다고 본다. 적어도 신설되는 신설 과에는 그 분야에서 많은 경험을 쌓은 노련한 교수님들이 필요하기 때문에 이문제도 한 번 더 생각해 봐야 할 것이다.

넷째로 학생들의 복지문제나 학생활동에 관한 문제에서도 기존의 대학들과 차별되는 일이 없어야 할 것이다. 신설된 학과에는 그만한 새로운 공간을 확보 해 주어야 할 것이며 활동 할 수 있는 제반 조건을 구비해 주는 것이 필요할 것이다. 학생들의 요구가 있기 전 새로운 학과를 신설하고 새로운 식구를 마지하기 위해서는 그만한 노력은 이미 있었어야 했으리라 생각된다.

신설된 학과에 입학한 신입생들은 우리대학의 새로운 미래를 열어갈

이상이기도 하다. 학교당국은 당국대로 그들을 위해 최선의 봉사행정을
펴야 될 것이며, 학생들은 학생들 나름대로 학교의 여러 어려운 형편을
고려하여 가장 적절한 대화를 통해 필요한 것을 슬기롭게 해결 해나가
는 지혜를 모을 수 있다면 우리학교의 장래는 밝기만 할 것이다.

―『인천 대학신문』―

8. 차기 총장에 거는 기대

-『인천 대학 신문』〈도화칼럼〉에서-

학장이 보낸 알림 글에 총장 추천 위원 선정에 대한 문구가 나와 있는 것으로 보아 인천대학교에 새 총장을 모셔야 되는 총장 선거철이 되고 있는 것을 실감하게 된다. 인천 대학교가 사립일 때는 생각도 못했던 일이었지만 시립으로 바뀐 뒤부터 교수들의 직접선거에 의해 총장을 복수로 추천하면 인천시장이 결정하여 임명해 오고 있다.

그동안 시립대학 이후 세 분의 총장을 모셨다. 첫 번째는 시에서 일방적으로 임명을 했지만 두 번째와 세 번째는 교수들의 직접선거로 총장을 모셨기 때문에 각각 그 특징이 있었다. 교수출신의 정치인이요 언론인이셨던 2대 총장님은 그 이름만으로도 인천대학교의 위상을 새롭게 바꾸어 놓는 일에 크게 공헌한 바 있어 고질적인 학내 분규가 사라졌고 인천대학교 역사상 최초로 4년의 임기를 채우신 총장님이란 기록을 남기고 떠나셨다. 다음으로 모신 총장님(현재)은 정부부처에서 익힌 행정 경험을 토대로 대학이전 문제를 해결하는 결정적인 역할을 하게 되어 송도 신 캠퍼스의 시대를 열어갈 수 있는 계기를 마련했다고 하겠다.

이제 다음에 모시게 될 차기 총장님에 대한 기대는 그 어느 때 보다도 크다.

첫째로는 캠퍼스 이전이라고 하는 중차대한 일을 차질 없이 마무리

하고 새로운 대학의 초석을 놓을 수 있어야 하기 때문이다. 대학의 이전은 건물만의 이전이 아닌 세계를 향한 열린 도시 인천의 특성을 잘 살려 나갈 수 있는 미래 지향적 세계대학으로 탈바꿈해야만 하기 때문이다.

둘째로는 학교의 운영 주체를 시립에서 국립으로 바꾸는 일을 무리 없이 성사시킬 수 있어야 하기 때문이다. 한국의 제3대도시인 인천에는 국립대학이 없어 국가적 차원에서의 인재육성에 차질이 빚어지고 있을 뿐만 아니라 시민이 부담하는 재정적 부담에 비해 국가로부터 받을 수 있는 혜택은 전무한 실정이기 때문이다.

셋째로는 학교운영의 기틀을 새롭게 잡을 수 있어야 하기 때문이다. 시립화 십 주년을 맞았지만 아직도 사립대학의 티를 벗지 못하고 있다. 대학 교육의 주체가 누구인지를 망각한 채 대학인으로서의 근본을 저버리고 아첨으로 우쭐대는 모습에 눈살을 찌푸리게 한 일이 한두 번이 아니었다. 교수회의 의결기구화로 교수들의 의견이 학교운영에 반영되도록 하는 것은 이미 선진대학들이 채택한 피할 수 없는 제도임에도 머뭇거리고 있어 한심스럽다. 정의와 진리가 살아있고 평화와 사랑이 차고 넘치며 지성과 낭만이 가득한 대학을 만들기 위해서는 대학운영의 새로운 기틀이 필요하기 때문이다.

대학 총장의 권위는 대단하다. 대학을 대표하며 학내의 인사, 재정 등 운영의 전권을 갖고 있으면서 임기 중 시행한 행위에 대해 현행범이 아니면 그 책임을 물을 수 있는 규정이 없다. 합리적이고 투명한 경영으로 대학발전에 크게 공헌 할 수도 있지만 잘못된 정책은 대학구성원 전체에게 지울 수 없는 오점으로 남게 되어 대학 행정에서 시행착오는 용납될 수 없는 것이 된다. 그러므로 필자는 정책실명제나 중간평가제를 도입하자고 제안한 바 있었다. 차제에 이를 수용한다면 총장으로서의 책무를 더욱 무겁게 할 뿐만 아니라 허언과 실언은 물론 빌 공(空)자와 같은 공약으로 그 자리를 탐하려는 자는 생각도 할 수 없게 될 것이다. 자천 타천에 의해 대학의 최고 자리(총장)를 바라고 있는 사람들이 많다고 하는 소문을 듣고 있다. 자기 자신의 능력을 먼저 생각해주기 바란다. 차기 총장으로는 교육을 바로 알고(대학에서 정식 교수 10년 이상 경력자) 행정을 아는 자(장관급 이상 경력자)나 경영을 아는 자(10대기업 이상의 사장 역임자)로 인천대학교를 사랑하고 장래를 책임질 수 있는 인물을 모셨으면 하는 마음 간절하다.

− 2004. 4. 12. −

−『인천 대학신문』 제412호 −

9. 세계로 비상하는 우리의 꿈

새로운 21세기와 함께 우리 고장 인천에는 <인천 국제공항>의 개항과 같은 커다란 변화가 기다리고 있습니다. 현재와 같은 국제 통화기금(IMF)의 지배를 받아야 하는 아픈 상처는 우리 모두의 단결된 힘으로 극복해 낼 수 있을 것입니다. 그러므로 한때 나라를 잘 못 경영한 과오에 대한 값비싼 대가를 깨닫게 될 때, 이 어려움을 이겨낸 새 시대의 새로운 역사는 세계로 비상하는 우리의 꿈과 함께 자랑스런 문화로 꽃피게 될 것은 분명한 일입니다.

물론 문화란 갑작스럽게 이루어지는 것은 아닙니다. 인류의 지속적인 삶을 통하여 갈고, 닦고, 다듬고, 쌓아 온 귀중한 업적으로, 조상 대대로 전승되어진 혼이 담긴 삶의 총체로 현재에 잔존하는 것들이라 말할 수 있을 것입니다.

'인천에는 문화가 없다'는 자조적인 말들을 자주 들어왔습니다.

과연 인천에는 문화가 없는 불모지라는 말일까요? 그렇지는 않을 것입니다. 다만 서울이 가깝기 때문에 서울에 종속된 느낌으로 하는 말들이 아니었나 생각됩니다. 그러나 우리는 이 말들을 그대로 대수롭게 듣고 넘어갈 일은 아니라고 생각됩니다. 그것은 서울보다 우위에 있는 인천만의 문화를 창출해 내지 못했기 때문이 아니겠습니까? 그렇다면 그와 같은 오명을 우리들 스스로가 씻어 내지 않으면 안 될 것입니다.

서울이나 기타 지역에서 할 수 없는 인천만의 생동감 넘치는 문화를 창출해 내게 될 때, 인천은 역시 서울의 아류가 아니라 인천만의 문화 도시임을 자랑하게 될 것입니다. 이제 서울은 만원입니다. 서울은 우리가 살아가기에 힘겨운 포화상태라 해도 과언은 아닐 것입니다. 교통 문제, 인구 문제, 공해 문제, 주택 문제 등, 서울은 많은 장점도 있지만 또 서울만의 많은 한계가 있다고 생각됩니다. 서울이 가지고 있는 한계를 서울과 가장 가까우면서도 서울이 갖지 못한 천혜의 조건을 갖춘 인천이 앞으로 감당해야 할 일들은 얼마든지 있다고 생각됩니다. 마치 미국의 워싱턴과 뉴욕 같이, 서울은 정치 문화적 중심 도시라면, 인천은 경제 문화적 중심 도시로 발전될 것을 기대하면서 생동감 넘치는 인천만의 문화를 형성 발전시켜 나가야 하지 않겠습니까? 이것이 인천의 위상을 제자리에 올려 노을 수 있는 가장 필요한 일이라 생각됩니다.

인천을 널리 알릴 수 있으며 지속적으로 발전시킬 수 있는 우리만의 특징을 살려 낼 수 있는 일들을 찾아본다는 것은 정말 중요한 일이 아닐 수 없을 것입니다. 과연 그것을 무엇이라고 단정할 수 있겠습니까? 그것이 무엇이겠습니까? 이것을 우리는 냉정하면서도 거시적으로 몇 가지 사항들을 검토하면서 찾아내야만 한다고 생각됩니다.

호남의 중심 도시 광주에서는 전통적 예향임을 내세워 국제 비엔날레를 개최하여 지역적 특성을 전 세계에 널리 알림과 동시에 예술의 도시로 자리 매김을 했고, 항구도시인 부산에서는 국제 영화제를 개최하여 부산의 명성을 세계에 떨치고자 한 일을 우리는 잘 기억하고 있을 것입니다.

한국의 새로운 관문이며 동북아의 중심 도시로 떠오르고 있는 우리 인천의 특징은 무엇이라 생각 하십니까? 우리 인천 문화의 중심축은 어디에서 찾아야 되겠다고 생각 하십니까?

인천은 지리적으로는 한반도의 가장 중심적인 위치에 있는 심장부이면서 역사적으로도 매우 중요한 위치를 점하고 있는 지역입니다. 그러므로 인천이란 이름 그 자체의 소중함을 역사 속에서도 얼마든지 찾을 수 있는 뿌리 깊은 고장입니다. 역사적으로는 인천을 중심으로 한 서해안 일대에서 선사 시대부터 사람들이 살기 시작했다는 신석기 유물을 비롯한 청동기 시대의 대표적 무덤인 고인돌을 쉽게 찾아 볼 수 있습니다. 또한 강화도에는 단군이 하늘에 제사를 지냈다는 참성단과 같은 유적지가 그대로 남아 전승되고 있으며, 문학 산정에는 비류 시대에 쌓았다고 전해지는 산성의 흔적이 남아 있고, 백제 우물이라고 전해지는 우물에서는 지금도 양질의 우물물이 계속 흘러나오고 있어 선인들의 발자취를 느끼게 해주고 있습니다. 뿐만 아니라 삼국 시대부터 중국과의 교역에 배가 드나들던 큰 항구였던 능허대 터가 보존되어 있어 인천의 역사가 얼마나 깊은 것인가 하는 것을 잘 보여주고 있습니다. 이렇게 볼 때 원래 인천은 원삼국 시대부터 비류에 의해 개국된 비류 백제의 옛 서울이었던 미추홀임을 알 수 있습니다. 현재도 전해지고 있는 유적지로 시 지정 기념물 제1호인 문학 산성을 비롯하여 강화도의 참성단 등은 그 역사를 가히 짐작하게 해 주는 것이라 하겠습니다. 그 후로 내려오면서 고려 시대에는 몽고의 난을 피해 임시로 수도를 옮겼던 강화도엔 고려 궁터와 많은 왕릉들이 그대로 남아 있어 위난 기에 나라를 구하려던 호국의 현장으로 우리 역사의 실증적 자료로 살아 있는 것을 보게 됩니다. 그리고 현대에는 개항과 함께 신문명의 첫발을 내딛게 한 신문명의 수용 및 발상지로 철도의 시발점이 인천이며 조폐

공사를 비롯한 은행, 우체국 등의 한국에서 처음으로 시행되던 새로운 신문화의 시험장이기도 했던 것을 볼 수 있습니다.

인천이 세계적으로 알려지기 시작한 것은 19세기말 서구 열강들에 의한 강제 개항으로부터라 할 수 있을 것입니다. 즉, 1882년 5월 22일 한·미 수호 통상조약이 체결되고 같은 해 6월에는 한·영, 한·독 통상 수호조약이 체결되면서 개항과 함께 굳게 닫혔던 쇄국의 문이 열려 서구의 신문명이 인천을 통해 홍수와 같이 밀려 들어와 신문화의 물결이 일기 시작한 것에서부터라 할 것입니다. 이때부터 인천은 개항을 계기로 외국과의 교류가 활발하게 이루어졌던 항구도시였습니다. 역사적으로는 삼국 시대부터 중국을 오가던 한 나루(大津)터가 현재 인천시 기념물 제8호로 지정된 연수구 옥련동에 있는 '능허대터'란 점을 중시 해 볼 때, 이미 개항은 1500년을 앞당겨 논 할 수 있을 것입니다. 백제가 위로는 고구려와 대치하고 있으면서 중국과의 교역을 이곳 한 나루를 이용하여 당시 동진과 교역의 통로로 사용했던 것이 적어도 백제 근초고왕 27년(372년)부터 개로왕 2년(475년)까지였을 것으로 추정되기 때문이다. 그러므로 이곳 한 나루를 통해서 중국(동진)으로 떠나가는 사신이 문학산 고개를 넘을 때, 가족과 친지들이 더 이상 따라갈 수없어 멀리서 바라보며 이별의 눈물을 흘렸기에 지금도 그 고개의 이름을 <삼호재고개>(세번부르는 소리를 듣고 뒤를 돌아보며 넘었다고 하는 고개 이름)라 전해지고 있어 가히 짐작할 만합니다.

인천은 원래 새로운 문화를 향해 열린 도시였음을 알 수 있습니다. 삼국 시대부터 중국과의 해로를 통한 교역으로 중국을 통한 새로운 문화를 최초로 수용하는 도시였고 19세기말에는 서구 문명을 최초로 수용 발전시키는 열린 도시였으며, 한 때는 선각자들이 인천을 통해 세계로 진출하는 선진 도시였음도 알 수 있습니다. 즉, 세계를 향해 인천항에서 많은 선각자들이 배를 타고 떠나간 곳이기도 합니다. 또한 서해 연안의 고깃배들이 인천을 중심으로 활동하고 있으며, 조선 시대까지만 해도 서해 도서(島嶼)지역에는 거국적인 말(馬)목장이 있었고, 국가의 위난 시에는 피난지로서 서해안의 많은 섬들이 이용되기도 했던 것을 알 수 있습니다.

앞으로 우리 고장 인천에 국제공항이 들어서게 되면 동북아는 물론 전 세계인들이 인천 공항을 통한 활발한 왕래가 이루어지게 될 것입니다. 인천 공항을 중심으로 서해안 일대에는 전 세계인들을 맞이할 새로운 시설들이 들어서게 될 것입니다. 호텔이 들어서고, 물류센터가 들어서고, 오락이나 휴식을 위한 시설들이 생겨나고, 최첨단의 과학도시가 생겨나고……, 이 모든 것들이 새로운 세대에 이루어질 인천의 청사진이 아닐 수 없습니다.

이 때 인천을 찾아오는 많은 사람들에게 인천의 무엇을 자랑거리로 내어놓을 수 있겠습니까? 심각하게 고민해 본 일이 있으십니까? 인천의 문화적 전통이 무엇이라고 자신 있게 말 할 수 있겠습니까?

우리는 백제의 고도(古都) 부여(扶餘)나 신라의 고도 경주(慶州)는 쉽게 찾아 갈 수 있었지만 고구려의 고도 평양성이나 고려의 고도 개성은 가까우면서도 오랫동안 갈 수없는 곳이 되어 있었습니다. 그러나 위난 극복을 위한 피난 정부였지만 고려의 고도였던 강화도는 쉽게 찾아 갈 수 있는 곳이 아니었습니까? 또 그 곳은 막강했던 몽고군과 대항하여 싸웠던 조상들의 웅혼한 용맹을 느낄 수 있는 호국의 현장이기도 합니다. 이와 같은 강화도가 우리 고장 인천인데도 여기에 대한 국민적 관심이나 또는 행정적인 관심을 얼마나 기울였는지 한 번 반성해 볼 필요가 있습니다.

몽고와 항쟁하기 위해 수도를 강화로 옮긴 고려의 호국 정신과 끝까지 몽고에 항복하지 않았던 삼별초 군의 역사는 우리 고장 인천을 호국의 고장으로 새롭게 조명해야 될 중요한 문화라고 생각됩니다. 또한 조선 시대에 들어 임란 시 인천을 지킨 인천 부사 김민선을 기리는 <안광당제>가 근래에 들어 시민들의 새로운 조명을 받기 시작한 일, 주목하지 않을 수 없을 것입니다. 이런 관점에서 볼 때, 6.25전쟁 당시 승리의 영웅 맥아더 장군에 의한 인천 상륙 작전의 현장이었던 월미도는 한국전쟁의 승전지로서 정리되고 기념되어야 할 것이라 생각됩니다. 뿐만 아니라 백령도에 있는 세계적인 자연 비행장, 서해의 해금강을 자랑하는 두무진의 절경과 함께 <심청전>의 배경이 된 임당수를 바라보는 곳에 심청각이 세워진 것은 인천이 7대 어향이었던 것에서 한 걸음 더 나아가 효행의 대표적 고장으로 현재에 그 정신을 다시 살려내야 할 문화적 유산이라 생각됩니다.

이와 같이 인천은 역사적으로 유명한 곳이 얼마든지 있어 이를 발굴하고 보존하여 인천의 자랑으로 삼아 문화적 전통을 세워 나가야 할 것입니다. 특히 현재 남아 전승되고 있는 민속이나 문화유산들을 발굴, 계승, 발전시킨다면 인천이 세계적인 도시로 부각 될 수 있는 것은 시간문제라고 생각됩니다. 우리의 특징이 가장 잘 들어 날 수 있는 우리 고장의 유형·무형의 문화재들을 찾아 계승 발전시키는 일은 바로 우리 고장을 사랑하고 인천을 세계적인 도시로 가꾸어 나갈 수 있는 첫 걸음이라 생각됩니다.

어느 민족이나 그 민족마다에서 찾아 볼 수 있는 그 민족 나름대로의 고유한 전통 문화가 있듯이 각 도시는 그 도시 나름대로의 전통 문화가 있어 이를 자랑으로 삼고 있는 것과 같이, 인천에는 인천을 찾는 세계 사람들에게 인천을 알려주고, 인천을 보여주고, 인천을 느끼게 해줄 인천 문화의 개발이 있어야 할 것입니다. 인천을 찾는 모든 사람들은 인천 그 자체가 한국이기 때문에 인천의 모든 문화에서 한국을 인식하게 될 것입니다. 그러므로 인천의 자랑스런 역사 위에 도시명을 살린 <인천 공항>이라는 명칭에 걸맞는 도시답게 이제부터 인천은 세계에 알려질 대표적 한국의 상징적 도시란 점을 간과해서는 안 될 것입니다. 공항 명칭 그 이상의 인천인의 긍지가 되살아나고 인천인의 자부심이 지켜질 수 있도록 우리 스스로가 가꾸고 발전시켜 나가야 할 것입니다. 얼마 전 세계에서 두 번째 정직한 시민이라는 평가를 받은 것도 인천 시민들의 자부심으로 남아 정직한 도시의 국제 시민답게 행동으로 옮겨 나가는 첫걸음이라 생각되어 그 의의 더욱 높게 평가하고 싶습니다.

이제 인천의 모든 문화단체들은 하나로 한 목소리를 내면서 인천 문화 건설에 앞장설 때라고 생각됩니다.

새로운 세계를 향해 웅비하는 인천은 서울과 인접해 있으며 신 공항의 개항과 함께 세계 속에 우뚝 선 새 시대의 생동감 넘치는 한국의 대표적 도시입니다. 역사적으로는 비류백제의 고도로 많은 선사 유적지가 남아 있고, 현대엔 신문화의 발상지로, 미래를 향한 새로운 문화를 창출 해 내야 할 것입니다.

문화 예술은 무형의 자산입니다. 미래 사회는 질 높은 고급문화를 필요로 하는 문화산업 시대가 될 것입니다. 몇 만대의 자동차나 컴퓨터, 첨단 기술에 못지 않게 빛나는 우리의 전통 문화를 통한 문화산업을 창출, 고부가가치의 문화 상품을 수출할 수 있다면 우리의 미래는 더욱 밝아질 것입니다.

오천년 역사의 빛나는 전통 위에 자연 자원보다 인적 자원이 풍부한 우리로서는 양질의 고급문화 상품을 수출할 수 있는 새로운 문화산업을 일으켜, 문화 영토의 확장을 통해 어려운 우리의 현실을 이겨내고 세계로 뻗어 나갈 수 있는 지름길로 삼아야 할 것입니다. 어느 국가나 민족이든 자기 나름대로의 고유문화를 창출해 내지 못한다면 그 민족이나 국가는 존재 할 수 없게 됩니다. 지역사회도 마찬가지입니다. 그 지역만의 독특한 문화를 창출 해 내지 못한다면 그 지역은 퇴보되고 도태될 수밖에 없습니다.

문화산업을 통한 문화 영토의 확대는 주권적 국가 국토의 확대 이상으로 미래의 운명을 좌우하게 됩니다. 올림픽 문화는 올림픽 산업을, 한국의 태권도 문화는 세계적 태권도 산업을, 영국이나 일본의 경마 문화는 경마 산업을, 이태리의 패션 문화는 세계적 패션 산업을 창출 해 내고 있습니다. 우리의 다가올 미래 사회, 역시 어떤 문화가 어떻게 자리 매김 하느냐에 따라 산업 발전과도 밀접한 관련을 갖게 될 것은 분명한 사실입니다.

인천은 우리의 수도 서울에 비해 서해안의 아름다움과 교통의 편리함, 적절한 인구, 여유 있는 주거 공간 등, 많은 장점이 있어 최고의 문화도시로 성장 발전되어 양질의 고급문화를 창출 해 낼 수 있는 천혜의 자연적 조건을 갖추고 있는 축복 받은 지역입니다.

지방화 시대를 맞아 인천의 새로운 문화적 전통을 우리 모두가 온 힘을 다해 가꾸고 북돋우어 인천을 찾는 모든 사람들에겐 인천의 자랑스런 문화가 있음을 보여줍시다. 세계무대에선 당당히 인천을 문화도시로 각인 시켜 줍시다. 그러기 위해 우리 모두 이 문화포럼(문화사랑방)을 통해 힘을 합칠 때 반드시 이루어지리라 믿습니다.

인천을 새로운 문화도시, 활기찬 문화 인천이 될 수 있도록 앞장 서 주실 것을 바라며 새롭게 출발하는 인천문화포럼(인천 문화 사랑방)의 기쁜 소식으로 온 시민과 함께 축하의 말씀을 대신 드리는 바입니다.

* 인천 문화 포럼 초청장
- 일시: 1998년 2월 23일 오후 3:00시
- 장소: 인천광역시 시청 회의실

무인년 새해가 밝았습니다. 호랑이와 같은 기상으로 국제 통화 기금(IMF)의 한파를 막아내고, 경제적 안정 위에서 문화적 선진국으로 진입할 수 있도록 우리 모두 힘을 모을 때라고 생각됩니다.

저희 인천 대학교 지역사회 연구소에서는 지난 97년 '문화유산의 해'를 보내면서 각계 전문가들의 열정 어린 연구 결과와 조언을 토대로 금년부터는 인천 문화의 새로운 창출을 위한 '인천 문화 포럼(인천 문화 사랑방 모임)'을 갖기로 했습니다.

인천 문화에 관심이 있으신 단체나 개인은 누구나 참석하실 수 있고, 인천 문화 발전에 도움이 될 수 있는 의견은 누구나 제안할 수 있습니다. 이때 논의된 건설적인 의견은 정책 당국에 건의도 하고, 시민 단체들에게 직접 알려 현장에서 실천할 수 있도록 하여 새로운 인천 문화 창출의 원동력이 되고자 합니다.

금번 제1차 인천 문화 포럼(인천 문화 사랑방 모임)은 인천 대학교 지역사회 연구소에서 주관하여 다음과 같은 주제로 의견을 모아 보고자 합니다.

첫째, 인천 문화 포럼(인천 문화 사랑방 모임)의 의의와 운영 방법에 관한 발제 강연

둘째, 인천 문화 단체의 현황과 상호 유대를 통한 이상적 문화 활동 방안

셋째, 옹진군의 서해 도서 개발과 문화 유적의 활용 방안 등.

인천을 사랑하시는 인천 문화 관계자 여러분!

‘인천에는 문화가 없다’는 자조적인 말들만 할 것이 아니라 우리 스스로가 훌륭한 인천 문화를 창출해 냅시다. 인천은 문화적 불모지가 아닙니다. 다만 서울이 가깝기 때문에 서울의 종속적 문화 감각에서 나온 잘못된 생각일 뿐입니다. 이제는 서울보다 우위에 있는 인천만의 문화를 창출해 냅시다. 그러기 위해 우리 모두 자주 모여 한자리에서 마음을 터놓고 이야기 해 봅시다.

바쁘시더라도 꼭 참석해 주셔서 좋은 만남의 장이 될 수 있도록 도와주실 줄 믿고 삼가 초청하는 바입니다.

— 1998. 2. 10.—
—인천 대학교 지역사회 연구 소장 우쾌제—

10. 한국 고소설학회 회장 취임사

한국 고소설학회 회원 여러분께!

안녕하십니까?

지난 1월 제9대 회장직을 맡고 그동안 수고해 주신 전 회장 성현경 (서강 대) 교수님과 임원진에게 고마움을 전하면서 홈페이지를 통해 여러분들께 인사와 함께 금년도 학회 운영 계획을 말씀드려 협조를 부탁 드리고자 합니다.

금년에는

첫째, 연4회의 학술대회를 개최하고, 2회(6월말, 12월말)의 학술지를 차질 없이 간행하겠습니다. 그 중 하계학술대회는 국제학술대회로 계획 하고 있습니다. 중국 연변과학기술대학의 <한국학연구소>와 공동으로 "고소설과 동아세아 서사문학"이란 주제로 한·중·일 국제학술대회를 연변에서 가지려고 합니다. 회원 누구나 발표하실 수 있도록 각자의 주 전공 분야에서 논문을 준비하셔서 한·중·일 삼국 학자들이 모여 발 표토론 할 수 있는 기회를 만들어 보고자 합니다. 학회 후 용정을 비 롯한 백두산 등정과 통화의 환인지역 및 집안지역의 고구려 옛 유적지 를 돌아보고 심양을 거쳐 서울로 돌아오는 것으로 계획을 잡고 있습니다. 희망에 따라 심양에서 북경을 다녀오는 것도 가능하도록 하고 있습니다. (자세한 내용은 추후 개별적으로 연락 예정)

둘째, 연구총서의 간행을 계속하겠습니다. 그동안 발간되었던 연구총서에 이어 계속사업으로 추진할 예정입니다. 그동안 나왔던 논문을 중심으로 『고소설의 신조명(가제)』 등, 그 외 가능하면 기획출판도 새롭게 구상해 보겠습니다.

셋째, 지방 학회의 활성화 방안을 모색 해 보겠습니다. 각 지구 부회장님들을 중심으로 지방에서 자체적으로 학회를 개최하고 전국학회에서 지원하는 형식으로 각 지방회원들의 활동을 활성화 할 수 있도록 노력하겠습니다.(전국 대회와는 별도로 추진 가능케 함)

넷째, 학술정보센터 역할을 할 수 있도록 노력 하겠습니다. 매년 발표되는 논문들의 정보를 모아서 회원 모두가 공유할 수 있도록 기획이사(정문연 임치균 교수)를 중심으로 논문의 초록을 정리하여 학회 홈페이지나 아니면 학회지 부록으로 올려 서로 정보를 교환 할 수 있도록 해 보겠습니다.

다섯째, 회원들의 적극적 참여를 유도하겠습니다. 회원 여러분들의 적극적인 참여로 학회가 발전 될 수 있도록 모든 회원들의 건의를 수시로 받아 최대한으로 반영될 수 있도록 노력하겠습니다. 특히 각 분야 이사님들의 책임적 운영체제를 갖추어 나가고 있어 회원들의 협조를 부탁드립니다.

끝으로 본 학회 홈페이지를 편리하게 만들어 주신 정보이사(부천 카톨릭 대 송성욱 교수)님께 감사를 드리고 본 홈페이지가 더욱 활성화 될 수 있도록 회원 여러분들의 더욱 활발한 이용이 있으시기를 바랍니다.

회원 여러분들과 본 홈페이지를 찾아주시는 모든 분들께 학운과 행운이 더욱 더하시기를 바라면서 인사에 대신하고자 합니다.

 * 제게 연락 주실 분들은 본인의 이메일 wkj8111@hanmail.net나 본 홈페이지로 보내 주시면 고맙겠습니다.

 내내 안녕히 계십시오.

－2001. 2. 23－
－한국 고소설학회 회장 우 쾌 제－

11. 인천문화의 정체성

－인화회 특강에서－

(1) 문화와 전통

문화는 인류의 지속적인 삶을 통하여 갈고, 닦고, 다듬고, 쌓아 온 귀중한 업적으로, 조상 대대로 전승되어진 혼이 담긴 삶의 총체적 흔적을 전통문화라 합니다. 그러므로 각 민족마다 그 민족 나름대로의 고유한 전통문화가 있고, 각 도시는 그 도시 나름대로의 전통문화가 있는 것입니다.

이와 같은 문화는 바로 그 민족이면 민족, 부족이면 부족, 도시면 도시의 특징을 상징해 주는 척도가 될 뿐만 아니라 그 소속 집단만의 긍지와 자부심으로 단결과 유대감을 갖게 하는 강한 힘으로 작용하게 되는데 이것이 바로 문화적 속성이며, 문화의 사회적 기능이라 말 할 수 있을 것입니다.

우리는 반만년의 찬란한 역사를 가진 문화 민족입니다. 거대한 중국 대륙과 인접해 있으면서도 흡수되거나 통합되지 않고 단일민족(單一民族)으로서의 정통성을 지속해 오면서 우리만의 찬란히 빛나는 전통문화를 형성 발전시켜 온 세계 어느 곳에서도 찾아 볼 수 없는 자랑스런 민족인 것입니다.

이와 같이 우리가 우리의 전통문화를 지켜 올 수 있었던 것은 우리말과 우리문자인 한글을 가지고 있었기 때문에 가능했다고 봅니다. 우리말과 우리문자인 한글 속에는 우리 한국인의 전통과 얼과 생활의 실체가 담겨져 있어 다른 민족과의 차별화가 가능했기 때문인 것입니다.

저는 한·중 수교가 이루어진 다음 해인 1993년에 중국 북경대학 교환교수로 가서 1년여 동안 중국에서 생활한 경험이 있습니다. 원래 중국은 한족(漢族)과 55개 소수 민족(少數民族)으로 형성된 연합국 형태의 사회주의 국가입니다. 물론 그 중에 우리 교포 조선족(朝鮮族)들을 많이 만날 수 있었습니다. 특히 길림성(吉林省) 연길현(延吉縣)은 조선족 자치주(自治州)로 거리 어디에서나 한글로 써진 간판을 볼 수 있었고, 한국말로 모두 통할 수 있어 정말 중국 땅인지 의문이 날 정도였습니다. 또 어디서든지 한복 입은 여인들을 쉽게 만날 수 있었고, 택시를 타거나 상점에서 물건을 사거나 일상생활 속에서 거의 중국말이 필요 없을 정도였습니다. 한국말로 한글을 쓰면서 살 수 있는 도시, 이 곳에서는 오히려 중국인들이 한국말이나 한글을 몰라서는 살아가기 어려운 곳이었습니다.

그런데 북경에서 만난 조선족 중에는 한국말을 하나도 못하는 교포들이 있었습니다. 대개 그들은 비교적 좋은 환경에서 자란 분들이었습니다. 소수 민족들이 쉽게 들어와 살 수 없는 북경에 일찍부터 자리를 잡고 살았던 분들이 대부분이었습니다. 그들은 연변(延邊)이나 동북 삼성(東北三省: 吉林省, 遼寧省, 黑龍江省)이 아닌 곳에서 자라다 보니 조선족 학교가 없어 중국인 학교에서 교육을 받아 한국어나 한글을 공부할 기회를 갖지 못했던 것입니다. 그러므로 그들은 중국어는 능통해도 한국어를 모르는 사람들로 변했던 것입니다. 우리 민족이면서도 이미 우리 민족 같지 않은 중국인으로 변해 있는 것을 볼 수 있었습니다.

한 때 청나라를 세워 중국 대륙을 지배했던 만주족들이 오늘날 그 흔적조차 찾지 못할 정도로 지구상에서 사라져 갔습니다. 물론 없어진 것은 아니지만 거대한 한민족(漢民族)에 흡수되고 말았습니다. 그것은 그들의 고유한 언어와 문자를 계승하지 못하고 한자문화권으로 흡수되면서 나타난 현상이라 하겠습니다. 우리도 일본에게 국권을 상실했던 시절 언어와 문자를 말살하려는 악독한 음모가 있었던 것을 알 수 있습니다. 만약 우리가 우리 문화를 제대로 지키며 계승하지 못했었다면 어떻게 되었겠습니까?

전통문화는 새로운 문화 창조의 길잡이가 된다고 생각됩니다. 전 세계의 패권주의에 미·소 양대 진영을 형성했던 소련의 수도 모스크바의 에까떼리나 대학에서 몇 년 전 '한국의 전통문화와 고려인'이란 주제로 문화특강을 할 기회가 있었습니다. 한국의 전통문화 중에 가장 자랑스러운 것으로 한글을 소개할 수 있었고, 하늘에서 오룡거를 타고 내려온 동명왕 신화의 한 대목을 소개한 일이 있었습니다. 러시아의 거리에는 한국 기업들의 선전광고가 가는 곳곳마다 붙어있었고 한국의 자동차들이 시내를 질주하고 있었으며, 대학이 자랑하는 컴퓨터실에는 한국산 컴퓨터들로 꽉 차 있는 것을 보고, 하늘에서 오룡거를 타고 내려왔다고 기록해 놓은 이야기들과 연결시켜 볼 때, 오늘의 자동차를 비롯한 컴퓨터 산업을 세계적 기업으로 키워낼 수 있게 한 것은 이미 우리 선인들의 정신적 문화의식 속에 내재되어져 있었던 것을 후대에 새로운 문화로 창조 발전시켜 나간 것이 아닌가 생각하게 되었던 것입니다.

한 국가가 존속하기 위해서는 그 국가적인 차원에서의 전승 문화가 있어야 하고, 그 지역이 발전하기 위해서는 나름대로의 지역적 차원에서의 전승 문화가 있어야 할 것입니다.

문화는 그 전승 방법에 따라 여러 가지 형태로 나누어지고 있습니다. 외형적으로 형태가 나타나는 것을 유형문화(有形文化)라 하고, 형태는 없으나 전승자(傳承者)에 의해 전해지고 있는 것을 무형문화(無形文化)라 합니다. 특히 유형문화는 건축물이나 그림, 글씨, 조각, 자기류와 같은 예술품(藝術品), 전적(典籍) 등과 같이 오랜 세월을 거치면서 어느 특정인이 아닌 일반 백성들에게 널리 활용되어졌던 것으로 그 가치가 인정되는 것들을 말하며, 무형문화재라 함은 우리들의 삶 속에서 일상적으로 살아왔던 인간이 지닌 재능들을 현재에 재현시킬 수 있는 것으로 그 보유자를 문화재로 지정하고 있는 것을 말합니다.

이와 같은 문화재에는 국가가 지정하는 국가지정 문화재와 시가 지정하는 시 지정 문화재가 있습니다. 국가가 지정하는 문화재로는 국보(國寶), 보물(寶物), 사적(史蹟), 천연기념물(記念物)과 중요 무형문화재(無形文化財)가 있으며, 시가 지정하는 문화재로는 유형문화재와 무형문화재, 그리고 기념물(記念物), 민속자료(民俗資料), 문화재자료(文化財資料) 등이 있어 우리의 전통적 문화유산을 보존하고 있음을 알 수 있게 됩니다.

(2) 인천의 문화적 전통

인천의 문화적 전통을 알 수 있는 대표적인 문화재들을 살펴보면 세계 문화유산으로 지정된 강화 고인돌 군이 있고, 국가지정 문화유산으로 사적 제136호로 지정된 단군께서 단을 쌓고 제사를 올렸다고 하는 마니산 정상의 첨성단(塹星壇)과 단군의 세 아들이 쌓았다고 하는 사적 제130호로 지정된 삼랑성(三郎城 일명 鼎足山城)을 비롯하여 사적 제132호로 지정된 고려시대 몽고침입에 항전하기 위해 조정이 강화로 천도하여 축조했던 강화산성(江華山城)과 몽고의 침략에 줄기차게 항전하며 39년간 지켜왔던 사적 제133호로 지정된 강화 고려궁지(高麗宮

址)가 있어 전통적 역사도시임을 알게 해 주고 있습니다.

뿐만 아니라 인천은 역사적으로 삼국시대에는 비류백제(沸流百濟)의 옛 서울이었던 미추홀(彌鄒忽)이었습니다. 『삼국사기(三國史記)』 백제 본기를 비롯하여 시 지정 기념물 제1호인 문학산성(文鶴山城)에 대한 기록 중 『동사강목(東史綱目)』이나 『여지도서(與地圖書)』 등에 나타 난 것으로 미루어 '미추홀고성(彌鄒忽古城)' 또는 '남산성(南山城)'이 라 하고 있는 것은 백제(百濟)의 고도(古都)였음을 분명히 해 주고 있 는 증거라 하겠습니다.

또한 고려(高麗) 시대에는 인천이 여러 왕후들의 출신지로 인종 때 는 인주(仁州)로 승격되었다가 공양왕 2년(1390)에는 7대어향(七代御 鄕)이라 하여 경원부(慶源府)로 승격됩니다. 이것은 문종조에서 인종조 까지 7대에 걸쳐 인주이씨(仁州李氏) 집안에서 일곱 왕비가 나왔고, 다 섯 왕자가 태어나 왕위에 오르게 되었기 때문인 것입니다. (시지정 문 화재자료 제3호인 원인재(源仁齋)가 지하철 역명으로 채택되었고 원인 재 옆에 쌍명재(雙明齋) 이인로(李仁老)선생 문학비가 세워져 있음)

그런데 흔히 인천을 개화도시(開化都市)라는 말로 곧 잘 표현들을 하 고 있습니다. 이것은 인천이 세계적으로 알려지기 시작한 것이 1882년 5월 22일 한·미 수호통상조약(韓美守護通商條約)이 체결되고 같은 해 6월에는 한·영(韓英), 한·독(韓獨) 통상수호조약이 체결되면서 개항 (開港)의 문이 열려 서구의 신문명이 인천을 통해 홍수와 같이 밀려들어 온 것만을 특징으로 내세워 인천의 정체성을 찾으려는 데서 나온 것이 라 생각됩니다. 인천에 개화의 바람이 가장 먼저 불어온 것은 사실입니 다. 그렇다고 인천에서 개화만을 내세워 인천의 정체성을 찾는 데는 문 제가 있다고 생각됩니다. 개항과 함께 서구문명의 유입을 개화라 한다면 그 이전에는 우리민족이 모두 미개한 민족이었다는 결론이 나오게 되기 때문입니다. 물론 신문명이 유입되던 이 시대를 일부 역사학자들은 개화기로 규정하기도합니다 만은 우리민족 자체가 미개민족(未開民族)은 아니었기에 다시 한번 생각 해 볼 필요가 있다고 생각됩니다.

개항(開港)이 개화(開化)와 통한다면 이미 오랜 역사가 있었던 인천의 한나루(大津)터를 한 번 떠올려 볼 수 있을 것입니다. 현재 인천시 기념물 제8호로 지정된 연수구 옥련동에 있는 '능허대터(凌虛臺址)'가 바로 옛 우리 조상들의 해로를 여는 나루였음을 알 수 있습니다. 백제(百濟)가 위로는 고구려(高句麗)와 대치하고 있어 중국과의 교역에서 이 곳 한나루를 이용했던 것을 알 수 있습니다. 당시 동진(東晋)과 교역의 통로로 근초고왕 27년(372년)부터 개로왕 2년(475년)까지 이 곳 한나루를 통해서 교역(交易)이 이루어지고 있었던 것을 알 수 있습니다.(삼호재 고개 전설 등이 전해 오고 있음)

뿐만 아니라 인천은 원래 역사적으로 삼국시대 이전부터 인류가 거주해 온 흔적들이 곳곳에서 발견되고 있습니다. 영종도의 송산리 구석기시대 유물을 비롯하여 많은 패총들과 고인돌 무덤군이 있어 인천의 역사는 역사기록 그 이전까지 소급되어지고 있는 것을 알게 됩니다.

백제 시대에는 비류가 도읍을 미추홀(인천의 옛 이름)에 정했었다는 기록이 분명히 남아있고 보면, 백제 고도로서의 인천 역사도 분명하게 밝혀 볼 필요가 있습니다. 이것은 우리가 살고 있는 인천의 역사가 수천 년 지속되어 온 것을 말해주는 중요한 일인 것입니다. 인천에 인류가 살았던 장구한 삶의 발자취를 따라 인천 문화를 체계 있게 정리, 발전시키는 것 또한 우리의 할 일이라 생각됩니다.

근대의 인천은 세계를 향한 열린 도시였습니다. 중국(中國)과의 해로(海路)가 인천을 통해 제일 먼저 열려 있었고, 서구의 문물이 인천을 통해 들어왔으며, 세계를 향해 인천항에서 많은 선각자들이 배를 타고 떠나간 곳이 바로 이곳 인천이었던 것입니다.

이제 우리 고장 인천에는 인천 국제공항이 개항되었습니다. 동북아는 물론 전 세계인들이 인천 공항을 통해 들어오고 나가게 됩니다. 인천 공항을 중심으로 서해안 일대에는 전 세계인들을 맞이할 새로운 시설들이 필요하게 되었습니다. 호텔이 들어서야 되겠고, 국제적 물류센터가 들어서야 되겠고, 오락이나 휴식을 위한 시설들이 들어서야 할 것입니다. 또한 최첨단의 과학도시가 탄생해야 할 것입니다.

인천을 찾는 많은 외국인들에게 역사와 전통이 있는 문화도시 인천을 소개하고 안내 할 수 있어야 할 것입니다. 이 때 생각해야 될 몇 가지 문제에 대해 제가 경험했던 북경의 예를 들어 말씀드려 보겠습니다.

북경(北京)은 전 세계인들의 관심이 집중된 중국의 수도입니다. 북경에서의 생활을 통해 북경 곳곳을 관광하다가 세계공원(世界公園)이란 곳을 관광한 일이 있습니다. 북경 중심가에서 약 40km쯤 떨어져 있는 곳이었습니다. 매우 잘 가꾸어진 현대적 관광단지(觀光團地)였습니다. 전 세계의 유명한 명소들의 건축물이나 조각품들을 매우 정교하게 축소해서 실물과 꼭 같이 만들어 놓은 훌륭한 관광단지였습니다. 세계를 한바퀴 도는 것과 같은 기분을 내게 하는 멋진 장소라 생각했습니다. 입구에서부터 그리스신전을 비롯하여 파리의 에펠탑은 물론 영국의 버킹검 궁…… 등.

그런데 이곳에서는 중국인이 아닌 외국 관광객들은 쉽게 찾아볼 수가 없었습니다. 왜 그랬겠습니까? 북경에는 너무나 많은 명소들이 많이 있습니다. 황제(皇帝)가 살았던 자금성(紫錦城)을 비롯하여 세계적인 불가사의(不可思議)라 하는 만리장성(萬里長城), 하늘에 제사를 지냈던 천단(天壇), 지하 궁전으로 알려져 있는 명십삼릉(明十三陵)……등 이루 헤아릴 수 없을 정도의 문화유적들이 산재해 있어 외국인들은 중국에 와서 중국적인 것에 관심이 있지 인위적 관광자원에는 관심이 없다고 하는 점을 알 수 있었습니다.

인천을 찾아오는 많은 사람들에게 인천의 자랑거리를 내놓을 수 있어야 되겠습니다. 인천의 문화적 전통을 보여 주어야 할 것입니다. 무엇을 내놓고 무엇을 보여드릴 수 있겠습니까?

우리는 백제의 고도(古都) 부여(扶餘)나, 신라의 고도(古都) 경주(慶州)에 못지않은 강화의 고려(高麗) 고도(古都)가 있음에도 얼마나 많은 관심을 기울였었는지? 한번 생각해 볼 필요가 있겠습니다.

몽고(蒙古)와 항쟁하기 위해 수도를 강화로 옮긴 고려의 호국정신(護國精神)과 끝까지 몽고에 항복하지 않았던 삼별초군의 역사 또한 우리 고장 인천에서부터 시작 된 것은 호국인천으로 새롭게 조명해야 될 중요한 문화라고 생각됩니다. 또한 임란 때 인천을 지킨 인천부사를 기리는 안광당제를 시민행사에 올렸던 일을 생각한다면 민족상잔이었던 6.25전쟁 시 승리의 영웅 맥아더장군의 인천상륙작전은 인천의 현대사적 의미에서 크게 부각시켜야 할 일이라 생각됩니다.

그리고 인천정신으로 『심청전(沈淸傳)』과 관련지어 현대인에게 소홀히 되어지고 있는 효사상(孝思想)을 부각 시켜보는 것도 생각해 볼만한 일이라고 봅니다. 백령도가 『심청전』의 배경지로 인정되어 심청각이 세워졌으며 『심청전』에 관한 많은 자료들이 모아지고(옹진군청)있습니다. 그리고 그동안 수차에 걸쳐 효행상(孝行賞) 시상을 비롯하여 맹인 무료 개안수술(開眼手術)과 같은 『심청전』 관련 행사가 한 단체(가천문화재단)에서 이루어지고 있는 것을 알고 있습니다. 뿐만 아니라 우리 인천에는 세계 유일의 효대학원대학(孝大學院大學)이 한 기관(순복음 교회)에 의해 설립되어 운영되고 있는 일이라든지, 매년 전국을 떠들썩하게 할 정도의 효행을 실천하는 젊은이들(신장이식으로 아버지를 살려냄)이 인천에서 나왔다는 것은 우연의 일치만이 아닌 것 같습니다.

이와 같은 인천의 문화적 전통을 찾아 그 특징들을 현재 남아 전승되고 있는 민속이나 문화유산들을 통해 계승 발전시킨다면 인천이 세계적인 도시로 쉽게 부각될 수 있으리라 생각됩니다. 우리의 특징이 가장 잘 들어 날 수 있는 우리 고장의 유형무형의 문화재들을 찾아 계승 발전시키는 일은 바로 우리 고장을 사랑하고 인천을 세계적인 도시로 가꾸어 나갈 수 있는 첫 걸음이라 생각됩니다.

(3) 지방문화 시대의 개막

웅비하고 있는 우리 고장 인천은 국내에서는 물론 국제적으로도 동북아 제일의 도시로 부상될 것은 확실합니다. 인천 공항의 개항은 우리 민족만의 뛰어난 미래지향적 예견으로 지리적 여건을 충분히 살린 대역사란 점에서 더욱 확신할 수 있을 것입니다.

인천 공항의 개항과 함께 인천항만이 확장되어 동북아 최고의 물류 단지가 완성되면 서울보다 더 거대한 도시로 발전될 것은 확실합니다. 서울을 정치 중심이라 한다면 인천은 무역과 산업의 중심 도시로 발전시켜 인천의 위상을 확실히 달라지게 해야할 것입니다. 그런데 이때 인천 공항을 통해 오고 가는 많은 사람들이 인천을 거쳐 가는 도시로서만 생각하고 공항과 항만이 있는 도시라고만 생각하게 된다면 인천은 무엇이 달라졌다고 할 수 있겠습니까? 또 인천 사람들의 마음은 얼마나 삭막해 지겠습니까? 결코 우리는 그렇게 두고 바라 볼 수만은 없을 것입니다. 인천을 동북아의 물류 단지만이 아닌 생동감 넘치는 문화 중심 도시로 만들어 누구라도 인천을 들르고 싶고, 인천에 머물고 싶고, 인천을 거쳐 가면 인천을 잊을 수 없어 다시 찾고 싶은 세계적인 문화 도시로 만들어야 되지 않겠습니까?

그런데 인천에 살고 있는 우리 스스로가 '인천에는 문화가 없다'고 자조적인 말씀을 하시는 분들이 많습니다. 과연 인천에는 문화가 없는 문화적 불모지라는 말씀입니까? 서울의 아류라는 말입니까? 그대로 대수롭게 듣고 넘어갈 사항이 아니라고 생각됩니다. 그것은 서울보다 우위에 있는 인천만의 문화를 창출해 내지 못했기 때문에 나오는 말들이 아닌가 생각됩니다.

우리는 분명 서울이나 기타 지역에서 할 수 없는 인천만의 생동감 넘치는 문화를 창출해 내야만 됩니다. 인천은 역시 서울의 아류가 아니라 인천만의 문화도시임을 자랑할 수 있어야 됩니다. 이제 서울은 만원입니다. 서울은 우리가 살아가기에 힘겨운 포화상태라 해도 과언은 아닐 것입니다. 교통 문제, 인구 문제, 공해 문제, 주택 문제 등, 서울은 많은 장점도 있지만 또 서울만의 많은 한계가 있다고 생각됩니다. 서울이 가지고 있는 한계를 서울과 가장 가까우면서도 서울이 갖지 못한 천혜의 조건을 가진 인천이 앞으로 감당해야 할 일들은 얼마든지 있다고 생각됩니다.

마치 미국의 워싱턴과 뉴욕 같이, 서울은 정치 문화적 중심 도시라면, 인천은 경제 문화적 중심 도시로 발전될 것을 기대하면서 생동감 넘치는 인천의 위상을 널리 알릴 수 있으며 지속적으로 인천의 문화와 경제적 발전의 계기로 삼기 위한 우리만의 특징을 살려 낼 수 있는 일들을 찾아보는 것은 정말 중요한 일이 아닐 수 없을 것입니다. 과연 그것이 무엇이겠습니까? 우리는 냉정하면서도 거시적으로 몇 가지 사항들을 검토하면서 찾아내야만 한다고 생각합니다.

호남의 중심 도시 광주에서는 전통적 예향임을 내세워 국제 비엔날레를 개최하여 지역적 특성을 전 세계에 널리 알림과 동시에 예술의 도시로 자리 매김을 했고, 항구도시인 부산에서는 국제 영화제를 개최하여 부산의 명성을 세계에 떨치고자 한 일을 우리는 잘 기억하고 있을 것입니다.

한국의 새로운 관문이며 동북아의 중심 도시로 떠오르고 있는 우리 인천의 특징은 무엇이라 생각하십니까? 우리 인천 문화의 중심축은 어디에서 찾아야 되겠다고 생각하십니까?

이 문제에 답을 찾아보기 위해 몇 가지 예를 들어보기로 하겠습니다.

몇 년 전 안동대학에서는 '한국학 국제 학술 대회'를 개최한 바 있습니다. 안동은 우리나라에서 가장 보수적이며 어떤 의미에서는 현대문명의 영향을 가장 덜 받은 지역이라 할 수도 있을 것입니다. 그러기에 한국의 전통을 가장 잘 보존하고 있는 지역으로 유명한 고장이라 할 수 있을 것입니다. 그곳에는 한국의 자랑스런 대 학자 퇴계를 모신 도남서원이 있고, 또 주변에는 유성룡의 고향 마을인 하회마을이 있어 많은 전통적 유산들이 그대로 보존되고 있으며, 이 지역 유생들의 선비 정신은 소위 영남학파라고 하는 한국의 거대한 학문적 전통을 그대로 계승하고 있다고 자부하는 곳이기도 합니다. 그러므로 이 지역의 이러한 특징을 살려 이곳을 한국학의 중심지로 삼겠다는 야심찬 계획에 박수를 보낸 바 있습니다. 더욱 영남학파의 학문적 조종으로 추앙 받는 역동 선생의 사당이 안동대학의 구내에 모셔져 있어 대학에서 서원을 관리하면서 학생들로 하여금 그 정신을 계승해 나가게 하고 있는 것을 볼 때, 정말 그 지역의 특성을 가장 잘 살려 그 지방의 문화적 전통을 발전시켜 보려는 의도였다고 생각되어 더욱 찬사를 보낸 바 있었습니다.

또한 오래 전의 일입니다. 1980년 초 하와이 대학에서 최고 경영자

세미나가 있어 참석 차 하와이에서 한 1주일 정도 머물면서 교포들을 만나 본 일이 있었습니다. (당시만 해도 이민 1세들이 생존해 계셨음) 그때 제가 만났던 교민들 중에서는 제가 인천 대학에서 왔다는 말만 듣고서도 감회에 잠겨 눈물을 흘리시는 분들이 많이 계셨습니다. 한국에서 간 여러 교수들과 달리 다만 '인천'이라는 이름만을 들으시며 '바로 내가 그곳에서 배를 타고 떠나 왔는데……'라고 하시며 감회에 잠기시던 모습이 지금도 눈에 선합니다. 당시 인천에서 배를 타고 말도 통하지 않는 머나먼 이국 땅 하와이의 사탕 수수밭에 돈을 벌어 보겠다고 떠나 와 낯선 땅에서 고생하시며 한 푼씩 모아 조국의 광복을 위해 드리던 애국 헌금 이야기며, 사진만 보고 결혼하겠다고 찾아와 보니 20년도 더 위인 노총이었다는 이야기 등이었습니다. 그러시면서 한결같이 모두가 고향이 생각 날 때면 먼저 배를 타고 떠나오던 인천을 잊을 수가 없었다는 것이었습니다. 이렇게 하시는 말씀들을 때, 역시 이 민족의 장래를 위해 인천을 통해 많은 선각자들을 해외로 이주시켜 놓았구나 생각하면서 인천은 세계를 향해 열린 도시로 인천을 통한 우리 민족의 해외 진출이 실감났던 기억이 새롭습니다.

안동이나 그 외 다른 도시들에 비하여 신문명을 가장 먼저 받아들인 도시가 바로 인천입니다. 안동이 전통문화를 보존하고 지켜 나가는 것을 자랑으로 삼는다면, 인천은 세계를 향한 열린 도시로 전 세계에 퍼져 있는 우리 동포들과 손을 잡고 국제적인 문화 행사 같은 것도 한번 실행해보는 것은 어떻겠습니까? 인천에서는 가장 최첨단의 해외 문화를 소재로 하는 여러 행사가 이루어지는 것은 너무나 당연한 일이 아닐까 생각됩니다.

이제는 어느 도시든 어느 민족이든 자기 나름대로의 특징을 가진 문화를 창출해 내지 못한다면 그 민족이면 민족, 지역이면 지역은 스스로

퇴화될 수밖에 없을 것입니다. 문화 영토를 확보하지 못하면 위축당하게 될 수밖에 없을 것입니다. 지방자치와 함께 새로운 지방문화의 시대가 개막되었음을 깊이 깨닫고 우리 인천만의 자랑스런 지방 문화를 우리 스스로가 개발하고 꽃피워 나가야만 할 것입니다.

21세기의 새로운 시대를 맞아 국가는 국가대로 지방은 지방대로 특성 있는 문화를 창출 해 내지 못한다면 낙후될 수밖에 없을 것입니다. 특히 그 지역의 특징적 문화를 창조해 내야만 그 지방의 문화를 중심으로 그 지방의 산업이 창출될 수 있을 것입니다. 세계 올림픽은 전 세계의 많은 체육인들을 배출해 내고, 그로 인한 많은 산업이 활발하게 발전되고 있습니다. 한국인들의 국기인 태권도의 세계 진출은 한국인의 기상과 함께 태권도에 따른 많은 사범은 물론 부수적인 태권도장이나 거기에 필요한 여러 가지 산업이 동시에 발전 보급될 수 있었던 것입니다.

이제 어느 지역이나 어느 국가나 그 나름대로의 독특한 문화를 창출해 내지 못하면 산업 또한 발전되기 어렵게 될 것입니다. 2002년 월드컵 세계 축구 대회는 많은 축구 인을 비롯한 체육인 및 이와 연관된 각종 산업의 호황을 가져오게 해야 할 것입니다.

우리에게 다가올 미래 사회는 역시 어떤 문화가 어떻게 자리 매김을 하느냐에 따라 생산 및 소비에서부터 모든 산업 발전과도 밀접한 관련을 갖고 크게 변모되어 질 것은 분명한 사실입니다. 인천은 인천만의 새로운 문화를 창조해 냄으로 지방화 시대의 문화인천으로 우뚝 설 수 있어야만 할 것입니다.

인천의 문화유산들을 중심으로 전통문화와 문화유적을 정리해 봄으로 우리의 현재 위치를 확인하여 인천문화의 정체성을 생각해 보고 우리의 고유한 전통문화 위에서 새로운 인천 문화가 꽃피울 수 있기를 바랍니다.

* 인화회는 인천광역시 기관장들의 모임(회장은 인천시장)

－ 2001. 4. 24. (화) 18:30 －

－ 인천 올림푸스 호텔 1층 대연회장 －

12. 우리 문화의 현대적 계승
―인천 청소년 문화 특강에서―

희망찬 내일의 주인공! 청소년 여러분!

오늘 이 자리는 새로운 21세기에 세계를 향한 웅대한 꿈을 지닌 우리 모두가 자신을 돌아보면서 내일의 주인공이 될 수 있는 확실한 위치를 확인 해 보기 위한 중요한 자리라 생각됩니다.

우리는 반만년 역사를 지닌 문화 민족입니다. 이웃에 거대한 대륙을 접하고 있으면서도 단일민족(單一民族)의 정통성을 지속해 왔고, 우리만의 찬란히 빛나는 우리 문화를 형성 발전시켜 온 것은 세계 어느 민족에게서도 찾아 볼 수 없는 자랑스런 전통이 아닐 수 없는 것입니다.

문화란 인류의 지속적인 삶을 통하여 갈고, 닦고, 다듬고, 쌓아 온 귀중한 업적이며, 조상 대대로 전승되어진 혼이 담긴 삶의 총체이며, 그 혼적입니다. 그러므로 각 민족마다 그 민족 나름대로의 고유한 전통 문화가 있으며, 각 부족 집단이나 또는 각 도시 집단은 그 나름대로의 문화가 있는 것입니다. 이것은 그 민족이면 민족, 부족이면 부족, 도시면 도시의 특징적 문화를 갖게 됨으로 그 집단만의 긍지와 자부심은 물론 단결과 유대감을 강조하게 되는 것으로 이것은 문화의 속성이며 사회적 기능이 되기 때문인 것이라 하겠습니다.

반만년의 유구한 역사를 가진 우리의 문화 중에 가장 자랑스러운 문화를 꼽는다면 언어와 창조된 문자를 자진 것이라 하겠습니다. 이것은 세계에 자랑할 값진 문화유산으로 계승 발전시키는 일이 얼마나 중대한 일인지는 이미 경험한 사실들입니다. 세계화를 부르짖으면서 우리말과 우리글을 소홀히 한다면 여러분들은 어떻게 되겠는가 생각해 보신 일이 있으신지요?

우리 문화의 현대적 계승이 왜 필요한 것인지 몇 가지 예를 들어보기로 하겠습니다.

저는 중국 북경 대학 교환교수로 있었던 일이 있습니다. 중국은 한족(漢族)과 55개 소수 민족(少數民族)으로 형성된 연합국 형태의 사회주의 국가입니다. 물론 그 중에는 우리 교포 조선족(朝鮮族) - 한족(韓族)이라 하지 않는 것은 중국의 한족(漢族)과 구별하기 위해 - 들을 많이 만날 수 있었습니다. 특히 길림성(吉林省) 연길현(延吉縣)은 조선족 자치주(自治州) - 소수 민족을 우대하기 위한 중국 정부의 방침에 따라 동일 민족이 주민의 60% 이상을 넘을 때 그 지역을 그 민족 스스로 통치 할 수 있도록 하고 있는 중국 중앙 정부의 정책에 따라 구성된 제도 - 로 거리에서부터 모든 간판은 한글로 쓰여 있고 한자를 병기했으며, 통용되는 언어도 거의 한국어였습니다. 언제 어디서든지 한복을 입은 한국인을 쉽게 만날 수 있었고, 택시를 타거나 상점에서 물건을 사거나 일상생활 속에서 거의 중국말이 필요 없을 정도였습니다. 한국말로 한글을 쓰면서 살 수 있는 도시였습니다. 이 곳에서는 오히려 중국인들이 한국말이나 한글을 몰라서는 살아가기 어려운 지역이었습니다. 그러므로 이곳을 여행한 많은 한국인들은 고향에 온 기분이라고 곧 잘 말들하곤 한다고 들었습니다.

그런데 북경에서 만난 조선족 중에는 한국어를 하나도 못하는 교포들이 있었습니다. 대개 그들은 비교적 좋은 환경에서 자란 분들이었습니다. 소수 민족들이 쉽게 들어와 살 수 없는 북경에 일찍부터 자리를 잡고 살았던 분들이 대부분이었습니다. 그들은 연변(延邊)이나 동북 삼성(東北三省: 吉林省, 遼寧省, 黑龍江省)이 아닌 곳에서 자라다 보니 조선족 학교가 없어 중국인 학교에서 교육을 받아 한국어나 한글을 공부할 기회를 갖지 못했던 것입니다. 그러므로 그들은 중국어는 능통해도 한국어를 모르는 사람들이 되었던 것입니다. 그러기에 우리 민족이면서도 이미 우리 민족 같지 않은 중국인으로 변해 있는 것을 볼 수 있었습니다. 이와 같은 일들은 세계 곳곳에서 일어나고 있는 사건이라고 해야 할 것입니다. 한때 청나라를 세워 중국 대륙을 지배했던 만주족들이 오늘날 그 흔적조차 찾지 못할 정도로 지구상에서 사라져 갔습니다. 물론 없어진 것은 아니지만 거대한 한민족(漢民族)에 흡수되고 말았습니다. 그것은 그들의 고유한 언어와 문자를 계승하지 못하고 한자 문화권으로 흡수되면서 나타난 현상이라 하겠습니다. 우리도 일본에게 국권을 상실했던 시절 언어와 문자를 말살하려는 악독한 음모가 있었던 것을 알 수 있습니다. 만약 우리가 우리 문화를 지키며 계승하지 못한다면 어떻게 되었을까요?

문화는 그 전승 방법에 따라 여러 가지 형태로 나누어 생각해 볼 수 있습니다.

외형적으로 형태가 나타나는 것을 우리는 유형 문화(有形 文化)라 하고, 형태는 보이지 않으면서 전승자(傳承者)에 의해 전해지고 있는 것을 무형 문화(無形 文化)라 합니다. 특히 유형 문화는 건축물이나 그림, 글씨, 조각, 자기류와 같은 예술품(藝術品), 전적(典籍) 등과 같이 오랜 세월을 거치면서 어느 특정인이 아닌 일반 백성들에게 널리 활용되어졌던 것으로 그 가치가 인정되는 것들을 말하며, 무형 문화재라 함은 우리들의 삶 속에서 일상적으로 살아왔던 인간이 지닌 재능들을 현재에 재현시킬 수 있는 것으로 그 보유자를 문화재로 지정하고 있는 것을 말합니다.

그러므로 이와 같이 문화적 가치가 있는 것들을 문화재라 하며 문화재에는 유형문화재와 무형문화재(인간문화재)가 있고, 그 기준도 국가가 지정하는 국가 지정 문화재와 시가 지정하는 시 지정 문화재가 있으며, 그 정도에 따라 국보(國寶), 보물(寶物), 기념물(記念物), 문화재 자료(文化財 資料) 등으로 구분됩니다.

인천을 사랑하는 청소년 여러분!
인천에는 어떤 문화재가 얼마나 있으며, 또 어디에 있는지 아십니까?

여러분은 여행을 통하여 백제의 고도(古都) 부여(扶餘)나 신라의 고도 경주(慶州)를 가보신 일이 없으신지요? 고려의 고도는 가까우면서도 갈 수 없고, 우리의 고장 인천에 고려의 임시 수도였던 강화도(江華島)는 잘 알고 계실 줄 압니다. 우리 고장 인천에 인천 국제공항이 들어서게 되면 동북아는 물론 전 세계인들이 인천 공항을 통한 활발한 왕래가 이루어지게 될 것입니다. 인천 공항을 중심으로 서해안 일대에는 전 세계인들을 맞이할 새로운 시설들이 들어차게 될 것입니다. 호텔이 들어서고 물류센터가 들어서고 오락이나 휴식을 위한 시설들이 생겨나고 최첨단의 과학도시가 생겨나고……, 이 모든 것들이 새로운 세대에 이루어질 인천의 청사진이 아닐 수 없을 것입니다.

이때 우리는 한 번 더 생각할 것이 있습니다.

북경의 예를 들었으니 또 한번 예를 들어보기로 하겠습니다. 북경은 전 세계인들의 관심이 집중된 중국의 수도입니다. 북경에서의 생활을 통해 북경 곳곳을 관광하다가 세계 공원(世界 公園)이란 곳을 관광한 일이 있습니다. 북경 중심가에서 약 40km쯤 떨어져 있는 곳이었습니다. 매우 잘 가꾸어진 현대적 관광 단지였습니다. 전 세계의 유명한 명소들의 건축물이나 조각품들을 매우 정교하게 축소해서 실물과 꼭 같이 만들어 놓은 훌륭한 관광 단지였습니다. 그야말로 세계를 한바퀴 도는 것과 같은 기분을 내게 하는 멋진 장소라 생각했습니다. 입구에서부터 그리스 신전을 비롯하여 파리의 에펠탑은 물론 영국의 버킹검 궁…… 등등.

그런데 이곳에서는 중국인이 아닌 외국 관광객들은 많이 찾아 볼 수 없었습니다. 왜 그랬을 가요? 북경에는 너무나 많은 명소들이 있었습니다. 황제가 살았던 자금성(紫錦城)을 비롯하여 세계적인 불가사의라 하는 만리장성(萬里長城), 하늘에 제사를 지냈던 천단(天壇), 지하 궁전으로 알려져 있는 명십삼릉(明十三陵)…… 등 이루 헤아릴 수 없을 정도의 중국을 대표할 수 있는 문화 유적들이 산재해 있어 온 세계인들은 이에 주목하다 보니 그들 나름대로 새롭게 조성해 놓은 인위적 관광 물에는 관심을 돌릴 여지가 없었던 것이 아닌가 생각됩니다.

인천을 찾아오는 많은 사람들에게 인천의 무엇을 자랑거리로 내어놓을 수 있겠습니까? 인천의 문화적 전통이 무엇이라고 말할 수 있겠습니까?

인천은 역사적으로 비류 백제의 옛 서울이었던 미추홀로 백제의 고도이었으며 근래에 와서는 세계를 향한 열린 도시였습니다. 중국과의 해로가 인천을 통해 열려 있었고, 서구의 문물이 인천을 통해 들어왔으며, 세계를 향해 인천항에서 많은 선각자들이 배를 타고 떠나간 곳이기도 합니다. 또한 서해 연안의 고깃배들이 인천을 중심으로 활동하고 있으며, 조선 시대까지만 해도 서해 도서(島嶼)지역에는 거국적인 말(馬) 목장이 있었고, 국가의 위난 시에는 피난지로서 섬들이 이용되기도 했던 것을 알 수 있습니다.

이와 같은 인천의 특징들을 현재 남아 전승되고 있는 민속을 통해 계승 발전시킨다면 인천이 세계적인 도시로 쉽게 부각 될 수 있으리라 생각됩니다. 우리의 특징이 가장 잘 들어 날 수 있는 우리 고장의 유형무형의 문화재들을 찾아 계승 발전시키는 일은 바로 우리 고장을 사랑하고 인천을 세계적인 도시로 가꾸어 나갈 수 있는 첫 걸음이라 생각됩니다.

우리 문화의 현대적 계승이야말로 우리 스스로의 위치를 우리 스스로가 지켜 나갈 수 있는 초석이며 이것은 바로 우리를 세계인으로 만드는 길이라고 생각되어 다시 한번 강조하는 바입니다.

인천이 인천으로 바로 서기 위해서는 인천의 특징이 가장 잘 드러날 수 있는 인천의 문화를 발굴하고 이를 계승 발전시키는 일이 가장 필요한 일이며 제일 우선되어야 할 중요한 일이라 생각됩니다.

인천 지역의 청소년 여러분!

우리 모두 인천 문화의 연구 회원이라 자부하시면서 우리 주위에 있는 조그만 일이라도 조상 대대로 전래된 유형무형의 문화라면 바로 우리 것임을 소중히 여길 수 있는 우리 문화의 첨병들이 다 되어 주시기를 바랍니다.

- 1997년 4월 26일(토) 오후 3시 -
- 인천 종합문화예술회관(국제회의실) -

13. 문화재를 아는 것, 나를 아는 것

인천 남구 주민 여러분!

새로운 21세기의 세계를 향한 웅대한 꿈을 갖고 힘차게 전진하는 우리 인천의 자랑스런 남구 주민 여러분을 모시고 우리 인천의 문화재에 대한 말씀을 드리게 되어 대단히 영광스럽게 생각하는 바입니다.

우리는 반만년의 찬란한 역사를 지닌 문화 민족입니다. 이웃에 거대한 대륙을 접하고 있으면서도 단일민족(單一民族)의 정통성을 지속해 왔고, 우리만의 찬란히 빛나는 우리 문화를 형성 발전시켜 온 것은 세계 어느 민족에게서도 찾아 볼 수 없는 자랑스런 전통이 아닐 수 없는 것입니다.

문화란 인류의 지속적인 삶을 통하여 갈고, 닦고, 다듬고, 쌓아 온 귀중한 업적이며, 조상 대대로 전승되어진 혼이 담긴 삶의 총체이며, 그 흔적입니다. 그러므로 각 민족마다에는 그 민족 나름대로의 고유한 전통 문화가 있으며, 각 부족 집단이나 또는 각 도시 집단은 그 나름대로의 문화가 있는 것입니다. 이것은 그 민족이면 민족, 부족이면 부족, 도시면 도시의 특징적 문화를 갖게 됨으로 그 집단만의 긍지와 자부심은 물론 단결과 유대감을 강조하게 되는 것이 문화의 속성이며 사회적 기능이기 때문이라 할 수 있을 것입니다.

반만년의 유구한 역사를 가진 우리민족의 가장 자랑스러운 문화적 유산을 곱는다면 우리말과 창조된 우리문자를 자진 것이라 할 것입니다. 이것은 세계화를 부르짖는 오늘에 우리를 우리답게 할 수 있는 가장 소중한 문화유산으로 한국인의 얼이 이 속에 담겨있기 때문이라 할 수 있을 것입니다.

제가 중국 북경 대학 교환교수로 있을 때 일입니다. 원래 중국은 한족(漢族)과 55개 소수 민족(少數民族)으로 형성된 연합국 형태의 사회주의 국가입니다. 물론 그 중에는 우리 교포 조선족(朝鮮族) - 한족(韓族)이라 하지 않는 것은 중국의 한족(漢族)과 구별하기 위해 - 들을 많이 만날 수 있었습니다. 특히 길림성(吉林省) 연길현(延吉縣)은 조선족 자치주(自治州) - 소수 민족을 우대하기 위한 중국 정부의 방침에 따라 동일 민족이 주민의 60% 이상을 넘을 때 그 지역을 그 민족 스스로 통치 할 수 있도록 하고 있는 중국 중앙 정부의 정책에 따라 구성된 제도 - 로 거리에서부터 모든 간판은 한글로 쓰여 있고 한자를 병기했으며, 통용되는 언어도 거의 한국어였습니다. 언제 어디서든지 한복을 입은 한국인을 쉽게 만날 수 있었고, 택시를 타거나 상점에서 물건을 사거나 일상생활 속에서 거의 중국말이 필요 없을 정도였습니다. 한국말로 한글을 쓰면서 살 수 있는 도시였습니다. 이 곳에서는 오히려 중국인들이 한국말이나 한글을 몰라서는 살아가기 어려운 지역이었습니다. 그러므로 이곳을 여행한 많은 한국인들은 고향에 온 기분이라고 곧잘 말들하곤 한다고 들었습니다.

그런데 북경에서 만난 조선족 중에는 한국어를 하나도 못하는 교포들이 있었습니다. 대개 그들은 비교적 좋은 환경에서 자란 분들이었습니다. 소수 민족들이 쉽게 들어와 살 수 없는 북경에 일찍부터 자리를 잡고 살았던 분들이 대부분이었습니다. 그들은 연변(延邊)이나 동북 삼성(東北三省: 吉林省, 遼寧省, 黑龍江省)이 아닌 곳에서 자라다 보니 조선족 학교가 없어 중국인 학교에서 교육을 받아 한국어나 한글을 공부할 기회를 갖지 못했던 것입니다. 그러므로 그들은 중국어는 능통해도 한국어를 모르는 사람들이 되었던 것입니다. 그러기에 우리 민족이면서도 이미 우리 민족 같지 않은 중국인으로 변해 있는 것을 볼 수 있었습니다. 이와 같은 일들은 세계 곳곳에서 일어나고 있는 사건이라고 해야 할 것입니다. 한 때 청나라를 세워 중국 대륙을 지배했던 만주족들이 오늘날 그 흔적조차 찾지 못할 정도로 지구상에서 사라져 갔습니다. 물론 없어진 것은 아니지만 거대한 한민족(漢民族)에 흡수되고 말았습니다. 그것은 그들의 고유한 언어와 문자를 계승하지 못하고 한자 문화권으로 흡수되면서 나타난 현상이라 하겠습니다. 우리도 일본에게 국권을 상실했던 시절 언어와 문자를 말살하려는 악독한 음모가 있었던 것을 알 수 있습니다. 만약 우리가 우리 문화를 지키며 계승하지 못한다면 어떻게 되었을까요?

문화는 그 전승 방법에 따라 여러 가지 형태로 나누어 생각 해 볼 수 있습니다.

외형적으로 형태가 나타나는 것을 우리는 유형 문화(有形 文化)라 하고, 형태는 보이지 않으면서 전승자(傳承者)에 의해 전해지고 있는 것을 무형 문화(無形 文化)라 합니다. 특히 유형 문화는 건축물이나 그림, 글씨, 조각, 자기류와 같은 예술품(藝術品), 전적(典籍) 등과 같이 오랜 세월을 거치면서 어느 특정인이 아닌 일반 백성들에게 널리 활용되어졌던 것으로 그 가치가 인정되는 것들을 말하며, 무형 문화재라 함은 우리들의 삶 속에서 일상적으로 살아왔던 인간이 지닌 재능들을 현재에 재현시킬 수 있는 것으로 그 보유자를 문화재로 지정하고 있는 것을 말합니다.

그러므로 이와 같이 문화적 가치가 있는 것들을 문화재라 하며 문화재에는 유형문화재와 무형문화재(인간문화재)가 있고, 그 기준도 국가가 지정하는 국가 지정 문화재와 시가 지정하는 시지정 문화재가 있으며, 그 정도에 따라 국보(國寶), 보물(寶物), 기념물(記念物), 문화재 자료(文化財 資料)등으로 구분됩니다.

인천을 사랑하는 남구 주민 여러분!

인천에는 어떤 문화재가 얼마나 있으며, 또 어디에 있는지 아십니까?

왜 우리의 문화재를 아끼고 보호하며 또 발굴하고 복원해야 한다고 생각합니까?

여러분은 여행을 통하여 백제의 고도(古都) 부여(扶餘)나 신라의 고도 경주(慶州)를 가 보신 일이 없으신 지요? 고려의 고도는 가까우면서도 갈 수 없고, 우리의 고장 인천에 고려의 임시 수도였던 강화도(江華島)는 잘 알고 계실 줄 압니다. 우리 고장 인천에 인천 국제공항이 들어서게 되면 동북아는 물론 전 세계인들이 인천 공항을 통한 활발한 왕래가 이루어지게 될 것입니다. 인천 공항을 중심으로 서해안 일대에는 전 세계인들을 맞이할 새로운 시설들이 들어차게 될 것입니다. 호텔이 들어서고 물류센터가 들어서고 오락이나 휴식을 위한 시설들이 생겨나고 최첨단의 과학도시가 생겨나고……, 이 모든 것들이 새로운 세대에 이루어질 인천의 청사진이 아닐 수 없을 것입니다.

이때 우리는 인천을 찾는 외국인들에게 인천의 무엇을 보여드리고 소개해야 할 것인지 생각해 보신 일이 있으신지요?

북경의 예를 한 번 더 들어보기로 하겠습니다. 북경은 전 세계인들의 관심이 집중된 중국의 수도입니다. 북경에서의 생활을 통해 북경 곳곳을 관광하다가 세계 공원(世界 公園)이란 곳을 관광한 일이 있습니다. 북경 중심가에서 약 40km쯤 떨어져 있는 곳이었습니다. 매우 잘 가꾸어진 현대적 관광 단지였습니다. 전 세계의 유명한 명소들의 건축물이나 조각품들을 매우 정교하게 축소해서 실물과 꼭 같이 만들어 놓은 훌륭한 관광 단지였습니다. 그야말로 세계를 한바퀴 도는 것과 같은 기분을 내게 하는 멋진 장소라 생각했습니다. 입구에서부터 그리스 신전을 비롯하여 파리의 에펠탑은 물론 영국의 버킹검 궁…… 등등.

그런데 이곳에서는 중국인이 아닌 외국 관광객들은 많이 찾아 볼 수 없었습니다. 왜 그랬을까요? 북경에는 너무나 많은 명소들이 많이 있었습니다. 황제가 살았던 자금성(紫錦城)을 비롯하여 세계적인 불가사의라 하는 만리장성(萬里長城), 하늘에 제사를 지냈던 천단(天壇), 지하 궁전으로 알려져 있는 명십삼릉(明十三陵)…… 등 이루 헤아릴 수 없을 정도의 중국을 대표할 수 있는 문화 유적들이 산재해 있어 온 세계인들은 이에 주목하다 보니 그들 나름대로 새롭게 조성해 놓은 인위적 관광 물에는 관심을 돌릴 여지가 없었던 것이 아닌가 생각됩니다.

인천을 찾아오는 많은 사람들에게 인천의 무엇을 자랑거리로 내어놓을 수 있겠습니까? 인천의 문화적 전통이 무엇이라고 말할 수 있겠습니까?

인천은 역사적으로 비류 백제의 옛 서울이었던 미추홀로 백제의 고도이었으며 근래에 와서는 세계를 향한 열린 도시였습니다. 중국과의 해로가 인천을 통해 열려 있었고, 서구의 문물이 인천을 통해 들어왔으며, 세계를 향해 인천항에서 많은 선각자들이 배를 타고 떠나간 곳이기도 합니다. 또한 서해 연안의 고깃배들이 인천을 중심으로 활동하고 있으며, 조선 시대까지만 해도 서해 도서(島嶼)지역에는 거국적인 말(馬) 목장이 있었고, 국가의 위난 시에는 피난지로서 섬들이 이용되기도 했던 것을 알 수 있습니다.

이와 같은 인천의 특징들을 현재 남아 전승되고 있는 민속이나 문화 유산들을 통해 계승 발전시킨다면 인천이 세계적인 도시로 쉽게 부각될 수 있으리라 생각됩니다. 우리의 특징이 가장 잘 들어 날 수 있는 우리 고장의 유형무형의 문화재들을 찾아 계승 발전시키는 일은 바로 우리 고장을 사랑하고 인천을 세계적인 도시로 가꾸어 나갈 수 있는 첫 걸음이라 생각됩니다.

인천의 문화재 유래를 아는 것은 바로 인천을 세계적인 도시로 만들 수 있는 방법을 아는 것이 될 것이며 이것을 발전시킨다면 인천을 세계적인 도시로 발전시키는 길이 될 것입니다. 이것은 바로 우리스스로를 세계인으로 만드는 길이라고 생각되어 다시 한번 강조하는 바입니다.

그러면 인천의 문화재는 어떤 것들이 있는지 알아보기로 하겠습니다.

인천 남구 주민 여러분!

우리 모두 인천 문화의 연구 회원이라 자부하시면서 우리 주위에 있는 조그만 일이라도 조상 대대로 전래된 유형무형의 문화라면 바로 우리 것임을 소중히 여길 수 있는 우리 문화의 첨병들이 되어 주시기를 바랍니다.

- 1997. 4. 26. -
- 인천광역시 남구 노인복지회관 2층 소강당 -

14. ′97세계 한민족연극대전 개최의의와 전망

존경하는 인천 지역 문화계 인사 여러분!
그리고 이 자리에 참석해 주신 인천 시민 여러분!

새로운 21세기를 여는 희망찬 내일을 향한 인천의 웅대한 꿈을 펼쳐 보기 위해 모인 이 자리에서 인천의 문화 및 산업 발전의 계기 마련을 위한 ′97 세계 한민족 연극 대전 개최의 의의와 전망에 대해 말씀드리게 됨을 무척 기쁘게 생각합니다.

우리는 한때 빈곤으로부터 벗어나기 위해 풍요로운 사회를 이상으로 생각하고 경제 개발만을 제일로 내세워 모든 것을 포기하면서까지 정진해 왔기 때문에 선진국의 대열에 들어 설 수가 있게 되었습니다. 그러나 그것은 또 다른 한편으로 부작용(부의 불균형 등)을 낳게 되어 앞으로 다가올 미래의 사회적 안정과 인류의 행복은 분명 경제만을 내세운 개발로서만 해결할 수 없다는 것도 깨닫게 되었습니다.

그렇다면 앞으로 다가올 새로운 미래 사회에 우리가 다함께 추구해야 할 꼭 필요한 것은 무엇이겠습니까? 절대 빈곤에서 해방되어 의, 식, 주 문제가 해결된 풍요로운 선진 사회가 되면 누구나가 즐길 수 있는 보다 높은 차원에서 삶의 질을 생각하게 될 것이며, 차원 높은 문화적 욕구를 충족시키려 하게 될 것이므로 보다 양질의 고급문화를 향유하고자 하는 문화 제일주의 시대가 열릴 것은 명약관화한 일이라 생각됩니다.

웅비하고 있는 우리 고장 인천은 머지않아 국내에서는 물론 국제적으로도 동북아 제일의 도시로 부상될 것은 확실합니다. 인천 공항의 건설은 우리 민족만의 뛰어난 미래지향적 예견으로 지리적 여건을 충분히 살린 대 역사란 점에서 더욱 확신할 수 있을 것입니다.

앞으로 인천 공항의 건설이 완공되고 인천항만이 확장되어 동북아 최고의 물류단지가 될 때, 우리 인천의 위상은 달라지게 될 것입니다. 그런데 이때 인천 공항을 통해 오고가는 많은 사람들이 인천을 그저 거쳐 가는 도시로서만 생각하고 공항과 항만이 있는 도시라고만 생각하게 된다면 인천의 위상은 무엇이 달라졌다고 하겠습니까? 또 인천 사람들의 마음은 얼마나 삭막하겠습니까? 결코 우리는 그렇게 두고 바라 볼 수는 없을 것입니다. 인천을 동북아의 물류단지만이 아닌 생동감 넘치는 문화 중심 도시로 만들어 누구라도 인천을 들르고 싶고, 인천에 머물고 싶고, 인천을 거쳐 가면 인천을 잊을 수 없는 세계적인 문화도시로 만들어야 되지 않겠습니까?

그러기 위해서 오늘 이 자리는 더욱 뜻 깊은 자리가 아닐 수 없다고 생각됩니다. 우리는 인천의 특징을 살릴 수 있는 생동감 넘치는 인천의 문화를 창조해 내지 않으면 안 된다고 생각됩니다.

존경하는 인천 지역 문화계 인사 여러분! 그리고 시민 여러분!

인천 역사의 특징은 19세기 개항으로부터 라고 흔히 말합니다. 물론 인천이 널리 알려지기 시작한 것은 분명 1800년대 말 서구 열강들에 의한 개항으로부터 시작되었다고 하는 것을 부인할 수는 없는 일입니다. 그러나 인천 문화의 특징을 서구 열강들의 한국 진출을 위한 교두보적 역할로부터 찾아 개항과 함께 전래된 서양의 신문화만을 내세운다면 100여년의 짧은 도시 역사밖에 자랑할 것이 없을 것입니다. 물론 이 때 개항과 함께 인천을 통해 들어온 신문화는 우리나라의 현대화에 커다란 영향을 끼쳐 새로운 문화의 시초가 된 것은 사실입니다. 그러나 이것만을 중심으로 인천 문화의 특징을 자랑으로 내세운다면 당시의 선진 문명을 누렸던 외국인들에게 어떻게 비쳐 보일지 생각해 보신일이 있으신지요?

인천 문화의 특징은 신문명을 받아들이기 이전부터 인천만의 훌륭한 문화적 유산들이 산재 해 있음을 알 수 있습니다.그것을 찾아 오늘의 인천을 인천답게 내세울 만한 것으로 삼는 것이 우리의 임무가 아닌가 생각 됩니다.

원래 인천은 역사적으로 삼국시대 이전부터 인류가 거주해 온 흔적들이 곳곳에서 발견되고 있습니다. 백제 시대에는 비류가 도읍을 미추홀(인천의 옛 이름)에 정했었다는 기록이 있고 보면, 백제 고도로서의 인천 역사도 분명하게 밝혀 볼 필요가 있을 것입니다. 이것은 우리가 살고 있는 인천의 역사가 수천 년을 소급해 올라갈 수 있다는 점에서 중요한 역사 인식의 전환이 아닐 수 없을 것입니다. 인천에 인류가 살았던 장구한 삶의 발자취를 따라 인천 문화를 체계 있게 정리, 발전시키는 것, 또한 우리의 할 일이라 생각되지 않습니까? 그러므로 오래 전부터 인천에 계신 몇몇 학자들과 문화계 인사들이 인천을 백제 고도로서의 역사 있는 도시라는 점을 확인해 보기 위한 노력이 있어 왔던 것으로 알고 있습니다. ‘미추 문화 연구회’(현 인천 문화 연구회로 개칭)와 같은 움직임이 바로 이와 같은 인천을 사랑하여 인천을 보다 훌륭한 문화도시로 만들어 보자는 향토애에서 출발된 움직임이었던 것으로 알고 있습니다. 그러나 이러한 모임을 통해 인천문화에 관심 있는 많은 분들의 목소리를 통해 가끔은 시민들의 자조적인 의견들을 들을 수 있었습니다.

'인천에는 문화가 없다'

과연 인천에는 문화가 없는 불모지라는 말입니까? 그렇지는 않을 것입니다. 다만 서울이 가깝기 때문에 서울에 종속된 느낌으로 하는 말들이 아니었나 생각됩니다. 그러나 우리는 이 말들을 그대로 대수롭게 듣고 넘어갈 사항은 아니라고 생각됩니다. 그것은 서울보다 우위에 있는 인천만의 문화를 창출해 내지 못했기 때문이 아니겠습니까? 그렇다면 그와 같은 오명을 우리들 스스로가 씻어 내지 않으면 안 될 것입니다.

서울이나 기타 지역에서 할 수 없는 인천만의 생동감 넘치는 문화를 창출해 내게 될 때, 인천은 역시 서울의 아류가 아니라 인천만의 문화도시임을 자랑하게 될 것입니다. 이제 서울은 만원입니다. 서울은 우리가 살아가기에 힘겨운 포화상태라 해도 과언은 아닐 것입니다. 교통 문제, 인구 문제, 공해 문제, 주택 문제 등, 서울은 많은 장점도 있지만 또 서울만의 많은 한계가 있다고 생각됩니다. 서울이 가지고 있는 한계를 서울과 가장 가까우면서도 서울이 갖지 못한 천혜의 조건을 가진 인천이 앞으로 감당해야 할 일들은 얼마든지 있다고 생각됩니다. 마치 미국의 워싱턴과 뉴욕 같이, 서울은 정치 문화적 중심 도시라면, 인천은 경제 문화적 중심 도시로 발전될 것을 기대하면서 생동감 넘치는 인천의 위상을 널리 알릴 수 있으며 지속적으로 인천의 문화와 경제적 발전의 계기로 삼기 위한 우리만의 특징을 살려 낼 수 있는 일들을 찾아본다는 것은 정말 중요한 일이 아닐 수 없을 것입니다. 과연 그것을 무엇이라고 단정할 수 있겠습니까? 그것이 무엇이겠습니까? 이것을 우리는 냉정하면서도 거시적으로 몇 가지 사항들을 검토하면서 찾아내야만 한다고 생각됩니다.

호남의 중심 도시 광주에서는 전통적 예향임을 내세워 국제 비엔날레를 개최하여 지역적 특성을 전 세계에 널리 알림과 동시에 예술의 도시로 자리 매김을 했고, 항구도시인 부산에서는 국제 영화제를 개최하여 부산의 명성을 세계에 떨치고자 한 일을 우리는 잘 기억하고 있을 것입니다.

한국의 새로운 관문이며 동북아의 중심 도시로 떠오르고 있는 우리 인천의 특징은 무엇이라 생각하십니까?
우리 인천 문화의 중심축은 어디에서 찾아야 되겠다고 생각하십니까?

이 문제에 답을 말씀드리기 전에 몇 가지 예를 들어보기로 하겠습니다.

저는 지난 10월말 안동 대학에서 개최된 '제1회 한국학 국제 학술 대회'에 다녀온 일이 있습니다. 안동은 우리나라에서 가장 보수적이며 어떤 의미에서는 가장 낙후(현대문 명의 영향을 가장 덜 받은)된 지역이라 할 수도 있을 것입니다. 그러기에 한국의 전통을 가장 잘 보존하고 있는 지역으로 유명한 고장이라 할 수 있을 것입니다. 그곳에는 한국의 자랑스런 대 학자 퇴계를 모신 도남서원이 있고, 또 유성룡의 고향 마을인 하회 마을에는 많은 전통적 유산들이 그대로 보존되어 있으며, 또한 이 지역 유생들의 선비 정신은 소위 영남학파라고 하는 한국의 거대한 학문적 전통을 그대로 계승하고 있는 점에서 이곳을 한국학의 중심지로 삼겠다는 안동 대학의 야심 찬 계획에 박수를 보낸 바 있습니다. 더욱 영남학파의 학문적 조종으로 추앙 받는 역동 선생의 사당이 안동 대학 구내에 모셔져 있어 대학에서 서원을 관리하면서 학생들로 하여금 그 정신을 계승해 나가게 하고 있는 것을 볼 때, 정말 그 지역의 특성을 가장 잘 살려 그 지방의 문화적 전통을 발전시켜 보려는 의도였다고 생각되어 더욱 찬사를 보낸 바 있습니다.

또한 오래 전의 일입니다.

1980년 초 하와이 대학에서 최고 경영자 세미나가 있어 참석차 하와이에서 한 1주일 정도 머물면서 교포들을 만나 본 일이 있었습니다. (당시만 해도 이민 1세들이 생존해 계셨음) 그때 제가 만났던 교민들 중에서는 제가 인천 대학에서 왔다는 말만 듣고서도 감회에 잠겨 눈물을 흘리시는 분이 계셨습니다. 한국에서 간 여러 교수들과 달리 다만 '인천'이라는 이름을 들으시며 '바로 내가 그곳에서 배를 타고 떠나 왔는데…'라고 하시며 감회에 잠기시던 모습이 지금도 눈에 선합니다. 당시 인천에서 배를 타고 말도 통하지 않는 머나먼 이국땅 하와이의 사탕 수수밭에 돈을 벌어 보겠다고 떠나 와 낯선 땅에서 고생하시며 한 푼씩 모아 조국의 광복을 위해 드리던 애국 헌금 이야기며, 사진만 보고 결혼하겠다고 찾아와 보니 20년도 더 위인 노총이었다는 이야기 등이었습니다. 그러시면서 한결같이 모두가 고향이 생각 날 때면 먼저 배를 타고 떠나오던 인천을 잊을 수가 없었다는 것이었습니다. 이렇게 하시는 말씀들을 들을 때, 역시 이 민족의 장래를 위해 인천을 통해 많은 선각자들을 해외로 이주시켜 놓았구나 생각하면서 인천은 세계를 향해 열린 도시로 인천을 통한 우리민족의 해외진출이 실감났던 기억이 새롭습니다.

또 있습니다.

저 지난 해 제가 중국 북경 대학에 교환교수로 1년간 가 있으면서 중국의 곳곳을 방문해 본 일이 있습니다. 중국의 유명한 명승고적을 찾아보는 것도 일정 중의 하나였지만 동북 3성(길림성, 흑룡강성, 요령성)에 사는 우리 동포들을 만나보고, 그들의 생활하는 모습도 알아보고, 그들의 생각하는 것도 들어보는 것 또한 중요한 일이라 생각되었습니다. 그들 중의 대부분은 국권을 상실했던 왜정 시절에 조국의 광복을 위해 고향을 등지고 중국으로 건너간 우국지사들의 후손이 많이 있어 항상 한국의 발전에 큰 관심을 가지고 지켜보고 있는 것을 알 수 있었습니다. 그들을 만날 때마다. 그들은 내가 인천 대학 교수라는 것을 알게 되면, 항상 내 이름보다 먼저 인천이 그들에게 강력하게 알려지게 되고, 그들은 한결같이 '인천'이라는 이름을 기억하고 있었습니다. 그것은 그들이 중국보다 잘사는 조국, 한국에 와 보고 싶은 꿈이 있었기에 한국의 관문인 인천을 누구보다 잘 알고 있었습니다. 오직 중국과 한국을 연결하는 해상 교통망인 한`중 페리호가 천진에서 인천을 왕래하고 있었기 때문에 한국을 알면서 인천을 모르는 사람은 없었던 것입니다. 뿐만 아니라 중국인 교수들도 부산이나 대구나 광주 어느 도시보다도 인천을 가장 잘 알고 있었기에 인천 대학 교수라는 것이 중국에서는 서울 대학 교수보다 자랑스러웠습니다. 중국에서 인천에 대한 이해가 깊은 것은 물론 역사적으로도 가장 중국과 왕래가 잦았던 지역이란 점을 들지 않을 수 없을 것입니다. 인천은 중국과 너무 가까운 이웃 도시로 중국에 있는 우리 교포들과도 가장 밀접한 관계가 있는 지역이라 할 수 있을 것입니다.

안동이나 그 외 다른 도시들에 비하여 신문명을 가장 먼저 받아들인 도시가 바로 인천입니다. 안동이 전통 문화를 보존하고 지켜 나가는 것을 자랑으로 삼는다면, 인천은 세계를 향한 열린 도시로 전 세계에 퍼져 있는 우리 동포들을 한번 불러 모을 수 있는 가장 좋은 조건을 갖춘 도시란 점을 말씀드리고자 합니다. 안동 지역에서 한국학의 대표적인 국제 학술 행사를 개최한다면 인천에서는 가장 최첨단의 해외 문화를 소재로 하는 여러 행사가 이루어지는 것은 너무나 당연한 일이 아닐까 생각됩니다.

그 동안 인천항을 통해서 5대양 6대주로 전 세계에 진출한 우리 한민족들을 인천으로 모셔 들여 한바탕 큰잔치를 열어 본다면 어떻겠습니까? 그것도 어느 한정된 분야가 아니라 종합예술 형태의 연극으로 말입니다. 연극은 모든 예술의 최초 시원이며, 모든 예술 장르를 포괄하는 총체적 삶의 애환을 그려 나가는 현대 예술의 총아란 점에서 인천에서 세계 한민족 연극제를 여는 것은 인천 문화 발전의 초석은 물론 전 세계에 진출한 한민족의 영광과 애환을 함께 나누는 큰 마당 잔치가 될 것이라고 생각되어 그 의의 또한 클 것으로 생각됩니다.

지방자치 시대를 맞이하여 각 지방마다 그 지역의 특성을 살리지 못한다면 그 지역은 낙후될 수밖에 없습니다. 그 지역의 특징적 문화를 창조해 내야만 합니다. 그 지방의 문화는 그 지방의 산업을 창출해 냅니다. 세계 올림픽은 전 세계의 많은 체육인들을 배출해 내고, 그로 인한 많은 산업이 활발하게 발전되고 있습니다. 한국인들의 국기인 태권도의 세계 진출은 한국인의 기상과 함께 태권도에 따른 사범은 물론 부수적인 태권도장이나 거기에 필요한 여러 가지 산업이 동시에 발전

보급될 수 있을 것입니다.

이제 어느 지역이나 어느 국가나 그 나름대로의 독특한 문화를 창출해 내지 못하면 산업 또한 발전되기 어렵게 될 것입니다. 2002년 월드컵 세계 축구 대회는 많은 축구 인을 비롯한 체육인 및 이와 연관된 각종 산업의 호황을 가져올 것은 자명한 일입니다.

우리의 이웃 일본은 경제대국으로 세계적 명성을 떨치고 있는 나라입니다. 그들에게는 의식주의 염려나 경제 불안 같은 것도 먼 옛날의 이야기로 젊은이들은 어떻게 하면 더 많은 시간을 멋있게 그리고 즐길 수 있을까 하는 것이 그들을 '빠찡꼬'와 '경마'의 나라로 만들어 가고 있는 것 같았습니다. 마침 지난여름 일본의 경마 문화를 시찰할 기회가 있었습니다. 일본의 경마는 일본인들에게만은 갬불이 아니라 이제는 생활 속의 스포츠 문화로 자리 매김을 해 가고 있는 국민 오락이었으며, 이로 인한 말의 생산과 훈련 과정은 물론 경마장의 관리 및 중계방송 등의 일련의 경마 문화를 창출하는 모든 것들이 국가적인 차원에서 거대한 산업으로 발전해 가고 있는 것을 볼 수 있었습니다.

우리 사회에도 다가올 미래 사회는 역시 어떤 문화가 어떻게 자리 매김을 하느냐에 따라 커다란 문제가 대두되리라고 생각합니다. 그 중 가장 많은 파급효과가 있는 한민족 세계 연극 대전을 인천에서 개최하기 시작하여 계속된다면 이것은 인천의 장래를 크게 고무시킬 수 있는 일이 될 것입니다. 연극은 종합예술로 모든 문화의 최고봉으로 그 파급효과 대단할 것으로 생각됩니다. 문학적 창작은 물론이며 음악, 미술, 무용 및 설치 예술까지도 따라서 발전하게 될 것이며 이것은 인천의 새로운 역사를 창조해 내는 중요한 계기가 되어 문화 인천을 전 세계에 알릴 수 있는 좋은 계기가 될 것으로 생각됩니다. 뿐만 아니라 연극에는 관객이 따라 주어야 하는 것으로 시민의 문화 의식 제고는 물론 유동 인구 또한 엄청나게 불어날 것으로 생각됩니다.

특히 연극은 사람이 하는 행위 예술이란 점에서 각국과의 인적 교류 또한 활발해 지리라 생각됩니다. 그 중에서도 온 민족의 염원인 통일을 향한 기초 작업으로 북한의 연극단을 초청하게 된다면 자연스런 남북 교류의 물결이 트이게 될 것이며 연극을 통한 그 동안의 막혔던 담을 헐어 민족적 동질성을 회복하는 일에도 도움이 될 수 있으리라 생각됩니다. 조국을 떠나 세계 방방곡곡에서 나름대로 살아온 삶의 현장들을 연극이라는 무대 위에서 펼쳐 보게 함으로 이질화된 민족적 감정과 정서는 물론 생활 방식까지도 다시 한번 하나로 뭉쳐질 수 있고, 또 이질화된 민족 감정이나 생활양식에 대한 공감대를 형성시킬 수 있다는 점에서 또한 한민족 연극 대전이야말로 오늘 우리 시대의 반드시 필요한 잔치라 생각됩니다.

- 1996. 9.   . -
- 인천 종합문화예술회관(국제회의실) -

15. 전통과 창조의 문화 도시로

―공주의 미래를 생각하며 『반향 공주』지에―

지성의 오솔길을 걸으며 젊은 날의 꿈을 키워 오던 영원한 마음의 고향, 비단결 같은 금강 물과 천만년 말없이 우뚝 선 계룡산, 그칠 줄 모르는 세월 속에 떠나온 30여년을 뛰어넘어 그리운 옛정을 다시 한번 생각해 보니 감회가 새롭다.

앞으로 다가올 새로운 21세기는 지구촌의 시대라고 한다. 공주는 이제 공주만의 공주가 아닌 전 세계인이 주목할 세계 속의 공주를 미래의 공주로 떠올려 보고자 한다. 지금까지의 공주는 백제의 고도요 교육의 도시라고 하는 말이 언제나 관형어처럼 붙어 왔다. 미래의 공주는 무엇으로 대표될 수 있을까?

첫째, 백제(百濟)의 고도(古都)라는 관형어는 미래의 공주(公州)를 세계 속의 공주로 만들 만한 충분한 조건이 갖추어진 말이라 할 수 있겠는가? 백제의 고도는 공주만이 아니다. 백제의 고도는 서울의 몽촌토성이 위치한 하남 위례성이나 부여(扶餘)도 있다. 그리고 좀 다른 차원에서는 비류백제의 수도였던 미추홀(仁川)이나 마한의 수도였던 전주도 있다. 그렇다면 공주만의 독특한 차별성이 드러나야 공주를 백제의 고도라고 하는 특징 있는 도시라 할 수 있지 않겠는가?

둘째, 교육의 도시라는 공주의 관형어에 대해서도 냉정한 비판이 따라야 할 때가 왔다. 원래 공주는 교통과 통신이 발달되지 못했던 한 시대에 교통의 중심지였고, 충남 도청의 소재지로 행정의 중심지였으며, 신문명을 먼저 받아들이게 되어 개명(開明)공주로서 신학문이 일찍 들어오게 되면서 교육의 도시로 떠올랐던 것을 자랑으로 삼아 교육의 도시로 대표되었던 것은 부정할 수 없을 것이다. 그러나 공주의 현 위치는 과연 어떻다고 말할 수 있을지? 이 문제에 대한 정확한 답을 할 수 있어야 할 것으로 생각된다.

미래의 공주는 백제의 고도, 교육의 도시에서 좀더 진일보된 새로운 공주를 생각해 보지 않을 수 없을 것이다. 공주는 백제의 고도 이전에 이미 오랜 전통을 지닌 도시라는 것을 입증해 주고 있다. 금강 유역의 석장리 구석기시대 유적지를 비롯하여 원시 문화의 단편을 전해 주고 있는 곰나루 전설 등을 비롯한 많은 설화들이 전해지고 있기 때문이다. 이와 같은 공주의 오랜 역사적 전통을 공주의 특징으로 내세운다면 백제의 고도로서만이 아닌 전통 있는 공주로서 세계적인 공주로 빛을 발할 수 있을 것이라 생각된다.

공주, 그 곳에는 원시시대로부터 인류가 정착해 살던 곳으로 석장리에 가면 구석기 문화의 발자취가 있고, 송산리에 가면 1500여년의 신비를 깨고 우리 앞에 다가선 무령왕의 무덤에서 찬란했던 백제 문화를 알 수 있고, 월미산(月尾山)위에 제사하던 백제 명장들의 그 모습을 현실로 느껴 보며, 일본에 넘어간 백제 문화의 근본도 모두 이곳 공주에서 그 뿌리를 배우고 찾을 수 있는 산교육 장이 마련될 수 있다면 세계적인 공주로 도약할 수 있는 것은 시간문제라고 생각된다.

우리의 역사는 우리들 스스로가 창조해 가지 않으면 그 누구도 가져다주지 않는다. 공주를 사랑하고 공주를 아끼는 모든 사람들이 합심 협력하여 새로운 공주의 미래를 건설해 나가지 않는다면 그 누구도 어떠한 행운의 신도 공주의 미래를 책임져 주지 않는다.

이제 공주는 우리들 모두가 살고 싶어 하고, 찾아가고 싶어 하는 영원한 우리의 도시로 만들어 나가지 않으면 안 될 것이다. 푸른 숲이 있고, 맑은 물이 흐르고, 따뜻한 인정이 넘치며, 추억이 있고, 미래가 보이는 꿈의 도시 공주가 되기 위해서는 적어도 몇 가지 갖추어야 할 조건들이 있다고 생각된다.

첫째는 지금까지 지니고 있던 공주의 아름다운 이미지를 조금도 손상시켜서는 안 될 것이다. 인심 좋은 충청도의 중심 도시라는 점을 공주에 사는 그 누구라도, 아니 공주를 떠난 그 누구에게서도 잊어서는 안 될 우리의 공통적인 덕목으로 지니고 산다면 공주는 영원할 것이다.

둘째 공주는 예절바른 고장이다. 특히 한국의 선비 정신이 가장 깊이 뿌리내리고 있는 고장이라는 자부심을 잊어서는 안 될 것이다. 예로부터 인간의 가장 근본을 효로부터 찾아야 한다고 하는 것은 시대와 지역을 뛰어넘어 어느 성인이라도 공통적으로 강조하신 말씀이다. 바로 효를 실천한 대표적인 효행의 근본이 공주에서부터 시작되고 있음을 알 수 있다. 공주의 옥룡동 쪽에서 계룡면으로 가는 길목에 효포리라고 하는 마을이 있고 조그만 낡은 비각이 하나 있다. 이곳이 바로 <삼국사기>에 나오는 효자의 이야기가 서려 있는 마을이라는 점에서 공주의 또 하나 전통적 이미지를 오늘에 살려 내어 자랑으로 삼아야 할 것이다.

셋째, 문화적 전통 위에 새로운 창조적 도시로 탈바꿈하지 않으면 안 된다. 세계의 역사는 숨 가쁘게 변해 가고 있다. 서양에서 100년 만에 이루어 놓은 선진 문명을 동양의 일본에서는 3, 40년 만에 따라 잡았다고 자랑을 하고 있다. 그에 비해 우리는 10년 만에 서양의 100년 문화를 한강의 기적이라 할 만큼 빠른 속도로 추적해 나가고 있어 전 세계인들의 이목이 집중되고 있다. 아름다운 금수강산을 노래하지만 우리에게는 부존자원이 충분하지 못하다. 그러면서도 세계 속의 한국으로 무섭게 돌진하고 있는 힘은 오직 우리들 스스로의 피나는 노력과 근면한 생활과 그칠 줄 모르는 배움의 욕구에서 비롯되었다는 것은 온 세계인들이 인정하는 바다. 우리가 가지고 있는 것은 오직 새로운 창조를 지향해 가는 한국인이 있을 뿐이다.

공주의 발전은 공주를 사랑하는 공주 사람들이 있으므로 가능할 것이다. 금강의 기적을 이루어 내어 공주를 새로운 세계적인 공주로 만들 수 있다고 생각된다. 그러기에 공주 사람들은 언제 어디서나 새로운 창조의 신으로 일하지 않으면 안 될 것이다. 아무리 어려운 여건 속에서라도 불가능을 가능으로 바꿀 수 있는 사람들, 무(無)에서 유(有)를 창조해 낼 수 있는 사람들이 바로 공주 사람들이라는 것을 보여주고 실천해 내야 할 것이라 생각된다. 이것은 오직 공주 사람들의 투철한 신념만이 문제일 뿐이다. 공주 사람들이나 공주와 관계를 맺었던 모든 사람들은 공주 사람답게 어디서든지 새로운 창조적 사고로 새로운 문화의 주역으로 공주를 만들어 나가야 할 것으로 생각된다.

넷째, 다시 찾고 싶은 잊을 수 없는 공주를 생각해 본다. 공주에서 낳고 자랐거나 공주를 거쳐 간 모든 사람들은 언제나 공주를 마음의 고향으로 삼아 다시 찾고 싶고 잊을 수 없는 영원한 고향으로 남는 그리운 도시가 되어야 할 것이다. 공주는 쾌적한 전원도시로서 또는 유구한 역사적 교육 도시로서의 분명한 특징(테마)을 지닌 도시이어야 하겠다. 어디에서나 볼 수 있고 어디에서나 만날 수 있는 무개성(無個性)의 도시가 아닌 역사와 전통이 분명하면서도 쾌적하고 살기 좋은 미래의 이상적 도시로 발전해 나갈 때 다시 찾고 싶고, 가서 살고 싶고, 영원히 잊을 수 없는 공주가 될 것은 분명한 사실이다.

공주의 미래는 누구도 알 수 없다. 그러나 누구라도 알 수 있는 것은 옛 구석기시대부터 지금까지 영원히 존속되어졌다는 사실이다. 앞으로도 공주의 역사는 영원할 것이다. 우리는 우리의 시대를 살며 우리에게 맡겨진 사명을 깨닫는다면 그것으로 족할 것이다. 다만 내가 할 수 있는 일이 무엇이며 우리가 할 수 있는 것이 무엇인가를 깨닫고 최선을 다해 영원한 공주의 미래를 위해 조그만 보탬이라도 될 수 있다면 그 힘을 모아 보내는 것뿐이라 생각한다.

　백제의 고도 공주, 그곳에서 공부했고, 또 가르쳤고, 어릴 때(초등학교 시절)에는 부여로 걸어서 소풍을 갔고, 백제 왕릉을 놀이터로 삼아(6.25 직후에는 왕릉의 현실문이 모두 파손되어 방치됨) 자유롭게 드나들며 놀았고, 교단에 서게 되면서 공주 송산리 5호 고분(무령왕릉이 발굴되기 전)안에서 현실 내부에 그려진 청룡백호도(青龍白虎圖)를 설명하며 교육용 기록영화를 찍었으며, 현재는 비류백제의 도읍지였던 미추홀(인천)에서 미추 문화 연구회(현재는 인천 문화 연구회)를 만들어 비류백제의 옛 도읍지임을 증명해 내는 일에 힘을 보태고 있으니 정말 백제 고도와는 너무 많은 인연이 있었던 것이 아닌가 생각되어 더욱 공주의 미래에 대한 기대가 크다.

　미래의 공주, 특징 있는 테마 도시로 만들지 않으면 사람들의 기억에 남을 수 없고 사람들의 기억에서 멀어진 도시는 도시로서 기능을 잃을 수밖에 없게 될 것이다. 자연이 아름답다거나 산업이 발달되었다거나 아니면 역사적인 유적이나 쾌적한 휴양도시라거나 어느 것이라도 그 도시의 특징(테마)을 분명하게 지녀야 할 것이다. 그 중 공주는 쾌적한 전원도시이거나 아니면 역사적 교육 도시로서의 분명한 특징(테마)을 보여야 할 것이다. 어디에서나 볼 수 있고, 어디에서나 만날 수 있는 무개성의 도시가 아닌 역사와 전통이 분명하면서도 쾌적하고 살기 좋은 도시로 발전해 나갈 때 다시 찾고 싶고, 가서 살고 싶고, 영원히 잊을 수 없는 공주가 될 것은 분명한 사실이다.

　새로운 21세기에 우리가 살아 나가야 할 세계는 문화 전쟁의 시대라고 한다. 국내적으로는 그 지방의 독특한 지방 문화를 건설하지 않으면 그 존재를 잃게 될 것이며, 국가적으로는 그 국가의 특징 있는 문화를 건설하지 못하고 문화적으로 침몰될 때, 민족과 국가의 존립마저 위태롭게 될 것은 뻔한 일이다. 그러므로 새로운 세기의 새로운 공주는 새로운 문화의 창조적 도시로 세계적 공주가 되어지기를 바라는 마음 간절할 뿐이다.

－ 1996. 9. 15.－
－1961년 공주 사범학교 졸업－

Ⅳ. 이 산지를 나에게

1. 현지에서 본 중국인의 문화전통과 사회생활

─북경대학 교환교수를 마치고 돌아와서─

(1) 북경에 입성하기까지

중국을 처음 여행한 것은 한·중 수교가 이루어지기 전 1990년 8월
이었다. 당시로서는 중국입국이 어려워 홍콩에서 입국비자를 받아 광주
로 들어갈 수밖에 없었던 때였다. 입국자격도 기업인이나 학자들만으로
제한되어 있어 한국 돈황 학회에서 중국 토로번 학회와 공동 연구 겸
돈황 현지답사를 목적으로 중국 땅을 처음 밟아 볼 수 있었다. 그렇지
만 일단 들어가기 어려운 중국 땅에 들어간 이상 돈황만 다녀 올 수는
없었다. 우리민족의 시원인 옛부터 성산으로 섬겨오고 있는 백두산, 그
대로 두고 올 수 없어 등정 길에 오르게 된다. 또한 역대로부터 유명
한 황성(북경)을 지나칠 수 있겠는가? 북경에 들러 자금성과 만리장성
은 빼놓을 수 없는 여정이었다. 그러나 그때까지만 해도 미수교국이란
제한과 완전한 개혁 개방이 이루어지지 않고 있어 중국의 실상을 제대
로 돌아 볼 수도 없었고, 그들의 생활상을 구체적으로 살펴 볼 수는
전혀 없는 상태였다. 한 예로 지방의 어느 마을을 구경하려 해도 안내
의 허가 없이는 불가능 했고, 또 어느 지역은 절대로 개방이 안 된 곳
이라서 볼 수 없다는 것이었다. 그야말로 수박 겉핥기식 관광일 수밖에

없었다.

그 삼년 후 1993년 7월 국제 비교문학 학술대회가 중국의 남부 호남성 장가계에서 개최, 초청을 받게 되어 제2차 중국 여행의 기회가 있었다. 이때는 한·중 수교가 이루어져 서울에서 중국대사관을 통해 입국비자를 받고 떳떳하게 국제 학술회의에 대표자격으로 입국하게 되었다. 물론 여러 가지 면에서 여행의 편의를 제공 받을 수 있어 3년 내에 한·중 관계의 급격한 변화를 실감 할 수 있게 되었다. 호남성 장사에서 장가계 까지는 무려 7−8시간이나 걸려 승용차로 이동 할 수 있는 거리였다. 중국 남방의 조그만 시골 도시들을 수 없이 지나면서 제한 없이 돌아 볼 수 있었던 것도 커다란 변화가 아닐 수 없었다.

그리고 세 번째 중국에 들어가게 된 것이 같은 해 1993년 8월 중국 교육부로부터 초청을 받아 북경대학 교환교수로 가게 된 것이었다. 중국 대사관에 비자를 신청했을 때, 다른 사람들과 달리 'z' 비자를 내 주었다. 북경에 도착 했을 때도 비자의 성격을 잘 모르고 있었다. 그런대 북경대학에는 한국 교수들이 몇 분 먼저 오셔서 대학 내의 샤우엔(외국인 기숙사)에 계시면서 연구하시는 분들을 만날 수 있었다. 나도 당연히 외국유학생 기숙사를 배정 해 주리라 생각하고 며칠을 기다려도 나에게는 기숙사 배정이 없었다. 학교 측에 알아 본 결과 비자의 종류가 다르다는 것을 알게 되었다. 기숙사 배정을 받을 수 있는 것은 쉐이저 (학자)로 'x' 비자를 받아 입국, 유학생처에 소속된 분들에 한한 것이고 나는 젠져(전문가, 교수)로 초청 된 것이기에 학생들만이 거처하도록 되어진 유학생 기숙사에는 거처 할 수가 없다는 것을 알게 되었다. 그 결과로 북경대학에서 발행하는 공작증(신분증)에는 국적만 한국으로 되고 북경대학 교수와 동일한 북경대학 교수 신분증을 발급 해 줌으로 중국 어느 곳에서도 북경대학 교수의 대우를 받을 수 있는 특혜를 누리게 되어 생활이나 여행에 대단한 편의를 제공받기도 했다. 그러므로 중국 내에서는 어디서나 생활할 수 있는 자유도 누리게 되어 중국인들과 함께 중국인 마을에서 개인 아파트에 살며 저물가의 특혜를 누리며 생활하며 공부할 수 있었다.

외국인들에게는 그들이 지정하는 장소 이외에서 거주하는 것을 사실상 금하고 있기 때문에 중국인들의 실상을 제대로 파악한다는 것은 아직은 쉽지 않은 상태다. 그러나 나에게는 남다른 기회가 주어져 중국인 마을에서 그들과 함께 그들의 방식대로 자전거로 거리를 누비며, 아침 시장에 나가 채 거리도 사고, 유티오(꽈배기와 비슷한 빵)와 훈둔으로 아침을 함께 먹으면서 1원(한국돈 100원정도) 2원짜리를 챙기는 부지런한 젊은이들과 끈끈한 삶의 이야기도 나누고, 기공도 함께 배우면서 중국사회의 기층문화와 보다 많은 접촉의 기회를 갖게 되어 중국사회의 변화를 직접 체험해 볼 수 있게 되었다.

원래 북경은 중국 12억 인구 중 선택된 사람들만이 살 수 있는 특구 중의 특구였다. 개혁 개방 전에는 북경에 호구(한국의 주민등록과 같은 것)를 얻지 못하면 식량을 배급 받을 수도 없고, 주택 문제도 해결 할 수 없어 들어와 살 수 없는 도시였다. 그러나 이제는 시장경제의 도입으로 돈만 있으면 북경에 호구가 없어도 집도 살수 있고, 먹고, 쓰고, 살아 갈 수 있는 모든 것을 언제 어디서나 쉽게 구할 수 있게 되어 누구라도 들어와 살 수 있게 되었다. 식량 배급제도 같은 것은 아예 없어진지가 오래다. 모든 것을 돈으로 해결 할 수 있기 때문이다. 중국에 불어 닥친 자유경제 바람, 잘 살 수 있다는 젊은이들의 새로운 희망은 고된 일도 마다하지 않으며 새벽시장을 열뿐만 아니라, 돈 버는 일에 혈안이 되어 있다고 해도 과언이 아니었다. 가치관마저 백팔십도로 바뀌어 가고 있는 것을 알 수 있었다. 개혁 개방이후 사유재산이 인정 되면서 자유주의적 시장경제의 맛을 본 젊은이들은 사회주의적 경제가 얼마나 비능률적 생산체제였나 하는 것을 너무나 절실히 깨닫게 된 것 같았다.

그러나 한편으로는 찬란한 문화적 전통위에 새로운 문화의 접목을 시도, 급변이 아닌 점진적 변화를 모색하고 있는 것 또한 특징적 이었다. 이끼긴 고색 찬란한 기와지붕 위에 최신 인공위성 안테나를 달고 전 세계의 움직임을 방안에서 직시하며, 공중전화 보다는 따가닥(이동전화)이나 삐삐(호출기)가 일반화 되어 있으면서도 승강기에는 안내원이 앉아 있고, 골목마다엔 '치안직반(治安直班)'이란 붉은 완장을 두른 감시원들이 동네를 지키고 있었다. 그러면서 아침이나 저녁, 시간만 있으면 시내 곳곳의 공원에는 남녀노소가 모여 수천 년 동안 전해오는 기공이나 전통무예인 태극권으로 심신을 수련하는가 하면 중국고유의 전통적 악기를 타며 노래를 부르는 것은 어디서나 쉽게 볼 수 있는 광경들이었다. 전통문화의 계승 발전, 그것은 그들의 자존심이기도 했다. 그러기에 그들은 인공위성의 결함까지 기공사의 기로 찾아냈다고 자랑하고 있으니, 정말 알고도 모를 사람들이었다. 전통과 현대의 조화, 중국인들의 깊은 속을 다 헤아려 알기에는 너무나 짧은 세월의 탓이라고나 해야 할지?

중국의 변화는 우리와 무관하지 않을 것이라는 생각에서 중국과 가장 인접한 도시 인천에 있는 인천대학교의 도화가족 모두와 함께 지난해 일년 삼백육십오일 동안 보고, 듣고, 느끼며 배운 일들을 중심으로 보다 넓고 희망찬 21세기를 향한 서해안 시대를 여는 새로운 역사로 설계해 보고 싶은 욕심에서 현지에서 본 중국인들의 문화전통과 그들의 현실생활을 간단히 소개해보고자 한다.

(2) 중국인의 생활상을 들여다보면

1) 가정생활

① 주거 문화 : 땅 집에서 층집으로

중국, 특히 북경의 경우 주택문제는 매우 심각한 문제로 나타나고 있다. 개혁 개방 정책이 몰고 온 후유증이라 할 수 있겠다. 중국의 주택정책은 모든 단위(직장을 말함)에서 책임지고 공급 해 주는 형식으로 되어 있다. 북경대학의 경우만 보면 북경대학 구내에는 북경대학의 전 교직원이 살아 갈 수 있는 주택을 북경대학에서 제공 해 주는 것이다. 그 크기는 맡은 직분에 따라 강사일 경우 방1칸짜리에서 출발하여 교수가 되면 3칸짜리를 공급 받게 된다. 그 단위에 속해 있는 동안은 모두 단위에서 운영하기 때문에 주택문제는 하나도 개인이 염려 할 것이 없다. 수리나 보존 모두를 단위가 책임을 진다. 공공의 소유이기 때문에 거처하는 동안 사용권만 갖게 되는 것이다. 단위에서 정년을 맞게 되어도 그대로 거처하게 된다. 본인의 사후에 부인 혼자서도 그대로 거처 하게 된다. 다만 부부가 모두 사망 한 경우에는 다시 단위에서 회수하여 다른 사람에게 재배정하게 된다. 그런데 근래에 새로운 소유개념이 싹트기 시작했다. 각 단위에서는 현재 살고 있는 집을 희망에 따라 개인소유로 분양한다는 것이다. 아주 싼 값으로, 그러나 분양을 받으려 하지 않는다. 잘 아는 사회과학원 교수 한분은 '지금까지 편안하게 잘 살던 집을 왜 많은 돈을 주고 사야 될 필요가 있겠느냐?'는 것이었다. 개인이 소유 할 필요가 없다는 것이다. 그러나 젊은 사람들의 경우는 달랐다. 내가 살던 집 주인은 새로 지은 층집(아파트)을 배정 받았다. 물론 앞으로 개인소유로 분양받을 계획이라면서 내부 시설을 모두 현대식으로 많은 돈을 투자해서 화장실, 부엌, 발코니의 수리는 물론 에어컨까지 설치한 것을 볼 수 있었다. 이렇게 주택도 단위의 공동재산에서 점차 개인소유로 바뀌고 있으며 그 형태도 땅 집(공동변소, 공동수도)에서 층집으로 선호도가 바뀌고 있었다. 그러므로 북경의 새로운 개발지에 건설되는 주택들은 거의 층집들이었으며, 특히 외국인들의 거주지역에는 최신시설을 갖춘 새로운 아파트들이 건설되어 그 가격에서도 한국의 30평정도 아파트가 월세 3,000$ 이상(한화 2 - 3백만원)으로 국제 표준가를 윗 돌고 있었다. (내국인들의 거주지역은 1/10에도 못 미치는 저렴한 가격으로 월세 가능) 그러면서 갑자기 몰려드는 유동 인구를 수용 할 길이 없어 북경의 주택난은 말 할 수 없이 심각한 상태에 이르게 되었다. 북경역 등 사람이 많이 모이는 곳에는 노숙하는 인구가 늘어나게 되어 여행자들이나 임시로 고용된 노동자들은 항상 이불 짐을 짊어지고 다니는 진풍경을 보게 된다.

② 음식문화 : 풍성한 먹 거리

중국인들의 아침은 새벽시장에서부터 시작 된다. 아침만 되면 매일같이 하루하루 먹을 것을 사러 몰려드는 인파로 거리거리에 시장이 형성된다.역사적으로 서구열강들이 다투어 중국진출을 시도하던 청나라 말기에 서태후의 수렴청정으로 국력이 쇠퇴해지자 손문을 중심으로 국민당 정부가 들어서게 되고, 장개석에게 계승되었지만 중국 내의 각 지방 토호들의 세력과 빈부격차를 해결하지 못하여 결국 1949년 10월 1일 공산당 정부의 수립을 보게 된다. 이를 게기로 모든 재산의 국유화와 공산당의 사회주의적 경제체제로 12억 인구가 평등하게 먹고 사는 문제가 해결 되었다고 하여 모택동에 대한 절대적 지지를 보냈었지만 세계 최하위의 빈국으로 전락한 쓰라린 경험을 갖고 있는 것이 그들의 현실 이었다.그 후 등소평의 개혁 개방운동은 오늘과 같은 풍성한 먹 거리 시장을 다시 만들 수 있어 새로운 도약의 단계에 접어든 것을 보게 된다.

오늘의 북경은 역사적 전통에 비해 그 범위를 확장하지 않고 제한시켜 놓고 있어 1000만 명에 가까운 인구를 수용하기에는 시내가 너무 좁다. 그러나 주변의 농촌에서 농민들에 의해 직접 생산된 농축산물들이 삼륜자전거에 실려 들어와 직거래 될 수 있는 이점은 있다. 새벽마다 북경시내의 곳곳에 거리시장이 형성되면 많은 사람들은 직접 새벽시장에 나가서 싱싱한 야채나 고기들을 즉석에서 구입하여 생활할 수 있기 때문이다. 즉, 시내와 교외가 그리 멀지 않아 근교농업은 직거래 시장의 발달을 가져올 수 있게 했다.

중국의 젊은이들도 노력한 만큼 잘 살 수 있다는 자유경제 원리에 따라 밤낮을 가리지 않고 열심히 일하는 모습을 새벽시장을 여는 농민들에게서 쉽게 찾아 볼 수 있게 된다. 북경의 교외를 한번이라도 나가 본 사람이라면 쉽게 눈에 띠는 것이 있는데 역시 특용작물의 재배 현장이다. 그들의 비닐하우스는 그 시설물을 대나무나 철근이 아닌 토담으로 북쪽을 쌓고 남향으로 비닐을 덮는 형태였다. 중국은 현실적으로 비닐의 생산이 원활하지 못해 자기들 식의 온상을 구상해서 재배하고 있는 모습으로 이해 할 수 있었다. 그러나 시장에 출하되는 농축산물의 경우 계절적 특징에 따라 달라지는 것을 볼 수 있었다. 근교농업은 자연의 태양력에 의존하는 것이 더 많다는 것도 알 수 있었다. 광활한 국토를 가지고 있기 때문에 반드시 많은 열량이 필요한 특수시설에서 계절을 뛰어 넘는 작물의 재배가 필요하지 않다는 것도 알 수 있었다. 즉, 겨울철에는 남방에서 생산된 농작물들이 올라오고 여름철에는 북방에서 재배되는 농작물들이 유통됨으로 북경에는 철을 잃은 도시가 되어 언제든지 풍성한 먹 거리를 공급하고 있었다. 그러기에 중국인들의 식생활 문화는 발달 할 수밖에 없었는지도 모른다.

한국인들의 지혜로 만들어 낸 한국에 맞는 음식문화의 특징을 발효식(김치나 된장 같은 것)이라 한다면, 중국인들의 지혜로 중국인들이 만들어낸 중국음식의 특징은 모든 음식을 기름에 튀겨내는 그것도 완숙이 아닌 반숙음식문화라고 하는 것이 옳을 것 같았다. 음식문화는 그 민족의 공통성을 확인하는 가장 좋은 기준이 된다. 중국인들은 중국인들대로 한국인들은 한국인대로 그 기후풍토에 맞는 음식문화를 창조해 낸 것이 아닌가 생각 된다.

우리는 한때 한·중 수교 직후 중국의 관문역할을 하던 천진을 자주 드나들었었다. 진천(津川)국제여객선이 인천에서 출발하여 천진에 도착하게 되고, 아시아나 항공이 임시로 전세기를 띠워 천진에 기착하게 되면서 한국 사람들은 천진을 통해서 중국에 들어가기 시작, 천진은 인천과 매우 가까운 이웃도시가 되어 양 도시간의 자매결연은 물론 천진에는 인천상업전시관이 설치되고, 천진대학을 인천대학교 총장님께서 공식 방문하는 등 밀접한 관계를 갖게 된 도시로 변했다. 현재는 한중항공협정에 의해 북경 직항노선과 중국 5개 도시에 대한항공과 아시아나항공이 취항하고 있어 천진을 찾는 한국인들이 점차 감소되기는 했지만, 천진에는 한국 전용공단이 있어 한국 기업들이 여타 도시에 비해 가장 많이 진출 해 있으며, 지리적으로 인접해 있을 뿐만 아니라 진천훼리가 운행되고 있어 그 관계는 여전 할 것으로 보인다.

천진에서 북경까지는 약 116km로 승용차로 2시간 정도가 소요된다. 천진 북경간의 가도를 달리다 보면 산이나 구릉은 눈에 띠지를 않고, 하북 대평원이 펼쳐져 중국대륙의 광활한 대지의 무한한 지평선만이 우리를 놀라게 한다. 그런데 그 넓은 대평원 위엔 사람 사는 마을이 잘 보이지 않는다. 농작물도 봄에는 밀, 가을에는 옥수수가 주종을 이루고 있어 고소득 작물을 재배하지 않고 있다. 아직 집단농장의 형태로 운영되기 때문이라는 것이었다. 북경시가 점차 그 반경을 넓히면서 도시가 비대 해 질 때, 이 넓은 대평원은 모두 근교농업의 적지로 많은 특용작물들이 재배 될 수 있다. 그렇다면 그 수확도 엄청나지 않을까 생각된다. 한국과 가장 가까운 이웃 도시 천진에서 훼리호에 실려 온다면 제주도에서 생산되는 것이나 무엇이 다르겠는가? 세계화 시대에 중국의 농업발달이 우리로서는 경쟁상대가 될 수 없는 두려움의 대상으로까지 느껴졌다.

③ 생활문화

<1> 부부간의 가사분담 철폐

중국인 마을에서 쉽게 볼 수 있는 것은 남자들이 시장바구니를 들고 시장을 보는 것이다. 아파트의 복도를 지나면 창가에 비쳐 보이는 것 중에 남자들이 세탁조 앞에 서서 세탁을 하고 있는 것이나 부엌에서 요리를 하고 있는 모습은 보통 있는 일이다. 제가 잘 아는 중국인 교수댁에 가끔 들려서 점심을 함께 한 일이 있었다. 그때마다 중국인 교수는 직접 나가서 국수를 삶아 점심을 차리는 것은 예사였다. 또한 내가 한때 세로 살았던 집의 경우만 보아도 주인 남자는 현재 중국에서 제일 인기가 높은 직업(수입이 높음)인 택시기사였고, 부인은 개인회사에 다니고 있으면서 청소나 세탁 및 요리는 누구라도 먼저 집에 들어오는 사람이 맡아 하는 것을 실지로 목격 할 수 있었다. 두 번째 살던 집에서는 여자가 더 높은 지위(단위의 부책임자)에 있던 가정이었다. 역시 남자가 시간이 있으면 세탁이나 요리를 준비하는 것을 어렵지 않게

볼 수 있었다. 경제적 여유가 있어 식모를 두고 있으면서도 손님을 접대 할 때는 직접 요리를 만드는 것이었다. 가정 일을 여자의 전담으로 보지 않는 것을 알 수 있었다.

원래 중국에는 남녀의 비율이 맞지 않아 역사적으로도 심각한 국가적인 문제였었던 것을 알 수 있는 나라다. 현재 1가정 1자녀 운동 이후 더욱 심각해진 성비율의 격차는 남자대 여자가 통계적으로 5%이상 차이가 난다는 것이다. 그러므로 12억의 거대한 인구로 볼 때 여성의 희소가치는 대단한 것이 아닐 수 없다. 평생에 결혼 한번 못해보는 남자가 부지기수라는 것이다. 그러므로 옛날에는 여성에게 전족(발의 성장을 억제한 것)을 하게 하여 도망가지 못하게 했다는 것이 아닌가. 지금도 북경의 거리에서 60－70대 할머니들의 전족한 모습은 쉽게 찾아 볼 수 있는 일이었다.

이렇게 여성들의 절대적 부족은 여성들의 가치를 높이게 되었을 뿐만 아니라 여권을 신장시켜 여성들에 의해 한때 국가를 통치하는 여걸들이 많이 나타나기도 한 것은 우연이 아닌 것 같았다. 가정에 희생적인 한국의 여성들과는 너무나 대조적인 모습이 아닐 수 없었다. 중국에 있는 조선족 여성들에 대한 한족(漢族)들의 인기는 말로 형언할 수 없을 정도로 높기만 하다. 그것은 다름 아닌 한국 여성들이 동방예의지국(東方禮義之國)으로서의 아름다운 정절과 순종의 미덕을 갖추었음을 너무나 잘 알기 때문이라는 것이다. 원래 문화란 높은데서 낮은 곳으로 흘러들어 가게 되는 것으로 한때는 중국에서 우리나라로 문화가 유입되었었지만 현재로서는 한국의 높은 문화가 중국으로 유입되고 있음을 실감하게 해 주는 것이 아닌가 생각 된다.

중국의 가정생활, 부부간의 가사분담은 이미 철폐 된지 오래로 남녀의 구분 없이 누구나 먼저 집에 들어오는 사람이 집안일을 맡아 하는 것이 그들의 생활습관임을 알 수 있었다.

<2> 탁아소의 일반화

북경의 주택가를 지나다 보면 자유롭게 뛰어 노는 어린이들을 보기 힘 든다. 어쩌다 눈에 띠는 것은 굴비두름 엮듯이 3－4세 유아들의 손목에 끈이 묶인 채 20여 명 씩 줄을 지워 힌 까운을 입은 보모의 인솔하에 지나가는 모습을 보고 깜짝 놀라 시선을 집중하게 되는 때가 많았다. 내가 살고 있는 집에도 어린아이가 있었는데 평소에는 종적을 감추고 주말에만 나타나 너무나 이상하게 생각하지 않을 수 없었다. 모두 탁아소에 맡겨져 양육되고 있는 것을 알게 되었다. 중국의 탁아소는 전일제, 또는 전담제로 운영되고 있었다. 부모가 모두 직장생활을 하기 때문에 아침에 일찍 맡겼다가 저녁에 데리고 오는 전일제에서 일주일에 한번만 주말에 데려오는 전담제가 있는 것을 알 수 있었다. 영유아 시기로부터 가정이나 가족의 개념을 떠나 집단 속에서 집단생활의 훈련을 받으면서 자라게 되니 가족이나 가정의 개념보다 사회나 국가적인 공동의 가치관을 먼저 형성하게 하고 있음을 볼 수 있었다.

소학교(우리의 국민 학교)에서도 전일제 수업을 하고 있었다. 탁아소의 연장과 같았다. 가정은 생활의 공간개념이라기보다 주숙(住宿)의 개념인 것 같았다. 정년퇴직한 노인들만이 여유 있는 시간을 즐길 뿐, 모두가 직장생활을 하고 있기 때문에 거리에는 어린이나 젊은이들 보다 노인들만의 천국임을 알 수 있었다. 대학의 경우만 보아도 전원 기숙사 생활이 의무적이다. 집이 멀고 가까운 것이 문제가 아니다. 중학교(초급 중학, 고급 중학)만 가까운 거리에서 통학하는 것을 볼 수 있었다. 모두가 집단생활에 익숙해 있는 것은 어려서 탁아소 생활부터 익혀 온 생황습관이 아닌가 생각된다.

2) 사회생활

① 시장 문화 : 계량화의 발달

중국인의 상술은 세계적으로 이름난 사실이다. 실사구시(實事求是)를 제창했던 청대에 중국을 여행한 연암 박지원이 중국의 여러 가지 문물 제도를 돌아보고 새롭게 느낀 것들을 적어놓은 것이 「열하일기(熱河日記)」였다. 당시로서는 우리와 비교도 되지 않을 만큼 선진이라고 생각했던 것들이 한두 가지가 아니었다. 그러나 지금은 그 어떤 것을 선진이라고 해야 할지 모르겠다. 찬란한 전통문화에는 가는 곳마다 머리가 굽어지지 않을 수없지만 그들의 생활 전반적인 면에서는 우리와 비교가 되지 않는다. 서구적인 현대문명에는 우리가 30년은 앞서 있는 것이 아닌가 생각된다. 다만 재래시장이라 할지라도 가는 곳곳에서 물건을 사고 팔 때, 저울로 달아주는 정확한 계량문화가 생활화되어 있는데는 놀라지 않을 수없었다. 시장에서 물건을 살 때, 과일이면 과일, 채소면 채소, 그 어떤 것을 사도 그 단위는 근으로 표시되어 값이 정해진다. 개수로 계산되는 것이 없다. 크고 작은 것으로 차이가 나는 것이 아니라 근으로 달아서 모든 것을 계산하고 있어 계량문화의 발달을 볼 수 있게 된다. 그러므로 북경대학이나 청화대학에서 자랑하는 것은 기초과학분야의 선진을 내세우고 있다. 한국에서 연구하러 중국에 가 있는 학자들도 이점은 모두 인정하고 있는 것으로 보아 계량문화의 발달은 기초과학의 발달을 가져온 것이 아닌가 생각 해 보게 된다. 중국 내 여행 시 이용하게 되는 비행기는 거의 중국산 비행기라고 하니 항공 산업의 발전을 알게 된다. 또한 인공위성도 자체 개발에 의해 발사하고 있으며, 인공강우를 실시하여 가뭄을 해결하고 있는 것을 볼 수 있었다. 북경에 봄 가뭄이 한참 심하던 어느 날 오후였다. 갑자기 하늘에 시꺼먼 구름이 몰려오며 소나기가 쏟아지기 시작 한 일이 있었다. 기상통보에는 그런 날이면 뇌전우(雷電雨)라고 예보가 되어 우비를 준비하는 것이 예사였는데 그날은 예보사항이 없이 갑작스런 뇌전우 현상에 비를 피해야만 했었다. 얼마 후 북경만보(北京晚報)의 기사를 보니 인공강우를 실시하여 북경은 물론 사천성 일대의 가뭄에도 효과를 보았다는 것이었다. 기록 해 놓은 일기장을 다시 펼쳐보니 갑작스런 뇌전우 현상에 비를 피했던 그 날과 일치함을 보고 과연 인공강우였었구나 하고 감탄했던 일이 있었다.

중국의 자연과학 발달은 상당한 수준에 이른 것을 알 수 있었다. 한국의 월등한 자동차공업 및 기계공업, 전자공업 등은 중국인들이 부러워하는 것 중의 하나라고 하겠지만 항공 산업이나 우주과학 등에서는 우리보다 앞서 가고 있다는 것이 그 방면의 학자들이나 관계자들을 통해 들을 수 있는 이야기였다. 사회주의 건설을 위해 매진하던 한동안 정체 되었던 과학문명이 개혁 개방이후 신기술 개발을 최우선으로 하고 있는 점으로 보아 계량문화와 같은 저변의 저력으로부터 무서운 발전의 힘이 솟아나는 것 같았다.

② 교통 문화 : 북경 시내의 자전거 행렬

중국 여행에서 가장 쉽게 볼 수 있는 것은 자전거 행렬이다. 중국인들의 대중적 교통수단이다. 북경시내의 교통수단은 공공버스(公共汽車)와 지하철이 대종을 이룬다. 공공버스는 휘발류 엔진으로 가는 버스와 무궤도 전기자동차의 두 종류가 있어 거리에 따라 요금을 1전(한국의 10원)에서 4전까지 받고 있으며, 지하철은 북경시내를 한바퀴 도는 순환선에 근교를 연결한 교외선이 전부로 일회 승차 시 5전(한국의 50원

상당)으로 통일 되어 있다. 그리고 택시는 차의 크기에 따라 요금체계가 다르게 되어 있어 가장 소형의 경우 10km에 10원 (한국의 1,000원 상당)정도였다.

자가용은 특수한 사람들을 제외하고는 아직 일반화 되어 있지 못하다. 다만 단위의 공용 자가용이 있어 담당자들이 자유롭게 사용하고 있는 것을 볼 수 있었다. 북경의 거리에서 볼 수 있는 승용차의 차종은 다양 했다. 주로 중국에서 고급승용차로 알려진 중국산으로는 싼타나 (이태리 합작)를 비롯해서 독일과의 합작에 의해 생산되는 아오디가 주종을 이루고 있으며 일본 산 자동차가 가장 많았고, 미국, 소련 등에서 수입된 외제 승용차들도 상당히 많이 있었다. 특기할만한 것은 내가 북경에 머무는 동안(1993 - 1994)한국산 자동차가 급격하게 증가되는 것을 볼 수 있었다. 북경시내에서 택시기사들과 말을 해 보면 "한국어 차 홍 하우, 다 - 위 현다이 (한국 차 참 좋습니다. 대우 현대)"라고 하는 말을 쉽게 들을 수 있었다.

그러나 북경시내의 교통은 혼잡하기 그지없다. 거리는 거의 정방형으로 구분되어 있고 교차로도 입체로 되어 있어 흐름에 방해를 받지 않게 시설이 잘 되어 있지만 건널목이나 신호등이 있으나 잘 지켜지지 않으며 교통순경은 있으나마나 할 정도였다. 사람들은 어디서나 길을 건넌다. 장안대로 같은 인파가 많아 복잡한 거리에는 아예 길 중간에 중앙분리대를 철책으로 시설 해 놓았지만 큰 효과를 보지 못하고 있다. 교통의 혼잡 내지는 무질서를 보며 중국인 교수들과 이야기를 나누어 본 일이 있다. 이야기를 해 보니 오히려 그들의 생각은 달랐다. "사람 나고 차낫지 차나고 사람 낫느냐?" 는 것이었다. 그러기에 길은 사람이 제일 우선이고, 그 다음이 자전거 그리고 자동차라는 것이었다. 물론 젊은이들은 달랐지만…, 그러므로 북경의 대중교통은 자전거가 제일

일 수밖에 없는 것 같았다. 특히 북경은 평지위에 건설 된 도시이기 때문에 모든 도로가 높낮이가 없어 자전거를 타기에 가장 편리한 도시였다. 또한 도시 규모를 확장하지 않고 있어 도시를 한번 관통하는데 자건거로 걸리는 시간이 2시간을 넘지 않아 자전거로 1시간 이내의 생활권에서 살아가고 있음을 알 수 있었다. 뿐만 아니라 단위에서 주택을 공급 해 주고 있어 직장과 주택이 멀리 떨어져 있지 않았고 시장도 가까운 거리에 형성되고 있어 자전거의 이용이 편리하게 되어 있음을 볼 수 있었다. 또한 석유 생산국이면서도 에너지 절약 정책의 하나로 인력을 최대한으로 이용하려는 국가적인 정책과도 깊은 관계가 있음을 알 수 있었다.

③ 생활 문화

<1> 공동생활의 지혜

중국인들의 인생관은 낙천적이다. 매사에 서둘지 않을 뿐만 아니라 부정적인 대답이 없다. 언젠가는 이루어질 수 있다는 생각에서 나온 것인지도 모른다. 한국인들의 조급한 마음과는 너무나 대조적이다. 국토가 넓고 역사가 오래이며 인구가 많다보니 서둔다고 일이 성사 될 수 없다는 것을 너무나 절실하게 느끼고 있기 때문인 것 같았다. 그러므로 그들은 나름대로 개혁 개방을 내세우고 있으면서도 치열한 경쟁을 피하는 것 같았다.

사회주의적 국가의 특징은 사회보장 제도라 할 수 있다. 단위(직장)에 들어가게 되면 모든 국민은 복무원(한국의 공무원과 같음)이 된다. 복무원이 되면 임금도 평등하게 받으며, 주택, 의료, 교육 등 모든 혜택을 동등하게 누리게 된다. 문제는 국가발전을 위해 누가 노력할 것인가 하는 것이다. 특히 대학의 경우 교수가 되기 위해 많은 노력을 한다. 교수의 직급은 처음 강사로 출발하여 부교수 교수로 승진하게 되며, 교수는 65세를 정년으로 하고 부교수이하는 60세를 정년으로 하고 있다. 정년 후에도 모든 권리는 그대로 주어진다. 주택을 비롯한 모든 대우는 물론 희망에 따라 강의를 맡을 수도 있고 강의를 맞지 않아도 된다. 그런데 교수나 일반직을 포함한 모든 노무직(청소원이나 식당 종업원 등)까지 보수의 차이가 없다. 즉, 지식인에 대한 대우가 주어지고 있지 않아 국가발전을 위한 고급두뇌의 활용이 어렵다는 것이다.

한번은 한국에서 온 기업인들과 함께 중국의 산업시설을 돌아 볼 기회가 있었다. 한국기업에 비해 너무나 생산성이 떨어진다는 것이었다. 종업원 수나 공장의 규모에 비해 생산량은 너무 저조하다는 것이었다. 거의 자동화 시스템을 도입하지 않고 인력에 의존하고 있으니 어쩔 수 없다는 것이었다. 그들이 공장자동화를 서둘지 않는 것은 기술의 부족이 아니라 많은 국민들에게 일거리를 제공 해 주기 위한 것이라 했다. 그러기에 자동으로 작동하는 승강기에도 항상 안내원이 있어 일일 3교대를 하고 있으며, 모든 시설들의 자동화를 회피하고 있는 것은 12억 인구의 일자리를 하나라도 더 만들어 보자는 취지인 것 같았다.

북경대학의 경우만 보아도 교수대 학생의 비율이 1:3 정도로 세계에서 제일 높은 것은 세계적인 대학으로서의 학문 연구에도 의미가 있겠지만, 보다 많은 학자들에게 안정된 직장을 보장 해 주어 함께 살 수 있는 공동체를 형성, 더불어 사는 사회의 일면으로 해석 해 볼 수도 있을 것 같았다.

<2> 오침 휴식의 조용한 교정

북경대학은 청나라 최고 학부이며 최고 교육행정 기관이었던 1898년 12월에 개교한 경사대학당(京師大學堂)이 기초가 되어 1912년 5월 북경대학으로 개명하면서부터 시작 된다. 초대 총장 엄복(嚴福: 1853－1921)에 이어 민주주의 혁명가인 채원배(蔡元培: 1868－1940)가 총장을 역임 했고, 중국의 현대문학 기초를 확립한 호적(胡適: 1891－1962) 등이 교수로 초빙 되었다. 중국 5.4운동의 발원지이며, 이대조(1889－1927), 진독수(1879－1942) 교수에 의해 마르크스 사상이 처음으로 받아들여져 연구 확산되면서 당시 도서관에 근무하던 모택동에게 영향을 주어 결국 중국을 사회주의 국가로 만들게 한 근원지이기도 하다.(당시의 북경대학은 현재의 위치가 아닌 사탄 쪽에 있던 것으로 현재에도 사탄홍루(沙灘紅樓)라하여 모택동이 일하던 도서관 건물이 보존되어 있다.)

현재의 북경대학 교정은 1918년 미국 선교사들에 의해 설립 되었다가 1952년 하바드 대학으로 옮겨간 연경대학(燕京大學)자리로 원래 청나라 황실의 별장인 원명원(圓明園)에 부속되었던 곳이다. 이곳은 건륭제(乾隆帝: 재위 1735－1795)가 총애하던 화신에게 하사한 대규모 숲 속의 정원이 있는 숙춘원(淑春園)으로 중국 문물보호구역(문화유적지)로 지정된 곳이다.

학교 안에는 미명호(未名湖)라는 아름다운 호수가 있고, 호수 안에는 도정(島亭)이란 정자가 있으며, 정자 밑에는 운남성 곤명호의 유람선을 모방 했다고 하는 돌배가 떠 있어 북경대학 사람들의 영원히 변할 수 없는 추억의 상징이 되기도 한다. 호수 동쪽에는 연경대 교수였던 포터(L.C.Porter)씨가 성금을 내어 건축한 버야타(博雅塔)라고 부르는 37m에 달하는 취수탑인 광탑(光塔)이 있어 학교를 찾는 이들에게 인상을 더해 준다. 서남쪽에는 중국 공산당을 서방에 긍정적으로 소개하여 유명해진 에드가 스노우(Edgar Snow)의 묘소가 있고, 남쪽으로 둥성을 넘으면 초대 주중 미국대사 레이턴 (S.J.Leighton)의 공관이었던 임후헌(臨候軒)이 대숲 속에 자리하고 있어 현재는 외국 손님들을 공식 접대하는 귀빈 접대소로 활용되고 있다.

현재의 북경대학은 인문, 사회, 자연, 과학, 법학부로 구성되어 있으며 29개학과 86개의 학부 전공과 90개의 박사과정, 36개의 연구소, 25개의 연구센터, 42개의 국가 중점학과, 4개의 국가중점 실험실이 있다. 특이한 것은 학생수나 교지 면적과 같은 통계숫자에 대해서는 구체적으로 밝히기를 꺼려하여 공식적으로 발표된 자료를 찾기 힘 든다. 대충 여러 가지 참고 자료 및 대화를 통해 볼 때, 북경대학 학생은 약 1만 2천여 명 정도로 알 수 있다. 학부생이 1만 여명, 석. 박사 학위과정에 있는 학생들과 각국에서 온 외국유학생들을 합하여 2－3천명에 이른다고 한다. 교직원 총수는 1천 5백여 명으로 그중 교수가 7－8백 명이 넘는다고 한다. 도서관의 장서가 4백만 권이 넘으며 국내외 잡지가 7천여 종, 17개의 열람실에 2천여석의 열람석이 있고 귀중본을 제외하고 각 분야별 개가식 열람제도를 채택한 중국 내 제일의 도서관을 자랑하고 있었다. 모든 학생이 전원 기숙사에 수용되어 있고, 전 교직원이 같은 교내에 거주하고 있어 수업시간은 오전 7:00부터 밤 9:00까지 자유롭게 배정된다. 교내 극장은 물론 모든 복지시설이 갖추어져 있어 대학이 그대로 거대한 도시를 형성하고 있다. 교내에서의 이동은 거의 자전거에 의존해야 한다. 오전 11:00시만 되면 각 기숙사 학생들은 밥그릇을 들고 식당으로 줄을 선다. 점심이 끝나는 12:00 시만 되면 학교는 고요한 정적만 흐르고 움직이는 사람을 볼 수가 없다. 오후 2:00시

까지 오침시간이 계속된다. 학교뿐만 아니라 중국인들은 어디서나 누구
나가 다 오침시간을 갖는다. 공공기관은 모두 사무를 보지 않는다. 처
음에는 매우 불편했지만 그것이 그들의 생활 습관임을 안 후부터는 그
런대로 이해 할 수 있었다. 개혁 개방 이후 자영업을 하는 경우는 다
르다. 그들은 새벽부터 밤중까지 열심히 일하는 모습을 볼 수 있었다.

(3) 중국사회는 어떻게 변화되어 가고 있는가?

① 씨족사회의 소멸과 가정 통합의 진행

중국사회의 가장 큰 변화 중의 하나는 가족제도의 파괴를 들 수 있
다. 전형적인 대가족제도였던 중국사회가 변화를 보이기 시작한 것은
사회주의 국가를 건설하면서부터 일기 시작 했다. 그 후 문화혁명으로
인한 전통의 파괴에서 씨족사회의 연대의식이 소멸된 것으로 해석된다.
즉, 문화혁명 기간 동안 각 집안에 보존되어 오던 족보의 소실이 그
중요한 요인이 된다. 족보를 보존하고 있다가는 자본가적 사상이 남아
있는 증거라 하여 비판을 받게 되고 참살을 당한 예가 많다는 것이었
다. 홍위병들의 강요에 의해 누대로부터 보존 되어 오던 족보를 모두
소각 해야만 했다는 것이다. 현재 족보를 가지고 있는 집안은 극히 일
부에 지나지 않는다고 한다. 그것도 시골 오지에 숨어 살면서 근근이
보존 했던 가문의 일부에만 남아 있다는 것이다. 북경대학 철학과 모교
수의 경우 시골에 있는 먼 친척에게서 간신히 보존 해 온 족보를 복사
해 왔다고 하면서 중국 내에서 족보는 제일 귀중한 가보가 될 것이라
고 자랑 하면서 보여 주고 있었다. 그러므로 조상에 대한 기록이 모두
소멸된 상태로 씨족사회의 존속은 거의 불가능한 상태에 이르게 된 것

이 아닌가 생각 된다. 또한 조상숭배를 미풍으로 했던 전통도 모두 사라지게 되었다. 소위 국토의 효율적인 운용을 내세워 매장제도를 폐지하고 화장제도를 채택함으로 선조들의 묘소가 없다. 조상숭배는 그 자손들이 일체감을 확인하며, 결속을 다지는 씨족사회의 기본적 요소다. 그런데 조상의 분묘가 없고 족보가 없으니 현재 생존자들의 가까운 당내만이 같은 혈족으로서의 유대를 가질 수 있을 뿐, 혈연집단으로서의 관계는 곧 허물어지게 된다.

또한 국가의 강력한 가족계획 정책에 의해 한 가정 한 자녀 두기를 강력히 추진하고 있어 남녀를 불문하고 한 가정에 한 자녀만이 있게 되어 그들이 성장, 결혼하게 되면 자동적으로 가정의 통합이 이루어지게 된다. 이 제도가 시행된 것이 1970년대 말이고 보면 아직은 심각한 문제로 등장하지는 않았지만 머지않아 오게 될 사회적 변화중의 가장 심각한 문제가 아닐까 생각된다. 인구정책이 성공한다면 12억의 거대한 중국사회에 획기적인 변화가 오게 되어 현재의 인간중심의 인력의존적인 모든 산업이 기계 중심적 자동화산업으로 바뀌게 되는 날이 멀지 않았다고 본다.

② 경제 제일 주의적 가치관의 변모

중국의 공산주의 혁명은 노동자 농민의 해방과 함께 지주계급의 몰락을 가져 왔고, 평등한 분배정책은 많은 사람들이 다 같이 잘 살 수 있는 이상적인 국가건설을 목표로 했지만, 생산성의 저하는 최하의 빈국으로 국가경제의 위기를 맞게 된다. 이때 현 등소평 체제의 등장으로 개혁 개방 정책을 제창, 새로운 국면을 맞게 된다. 인민공사를 해체하고 토지를 농민들에게 균등분배하고 생산량에 따라 개인 이익을 보장

함은 물론, 시장경제 체제를 확립 하여 자유로운 판매 유통을 허락하게
된다. 그 후 농촌경제는 물론 자영업을 통한 시장경제의 활성화는 중국
경제를 한층 끌어 올리는 계기가 된다. 그러므로 소련을 비롯한 동구
공산권들이 차례로 무너질 때도 중국만은 흔들림 없이 계속 경제성장
과 함께 여타 공산주의 국가들과 달리 그 체제의 도전 없이 그대로 유
지, 현재로서는 세계 유일의 사회주의 종주국 자리를 지켜 가고 있는
것을 보게 된다.

그러나 개혁 개방이후 들어나기 시작한 문제는 사유재산의 인정으로
금전만능 주의적 사고의 팽창이다. 그 한 예를 북경대학 학생들을 통해
살펴 볼 수 있었다. 세대적 차이는 있지만 현재 북경대학 학생들과의
대화를 통해 젊은이들의 생각을 단편적이나마 읽어 볼 수 있었다. 그들
은 적어도 중국 내에서는 12억 인구 중에 엄선된 수재 중의 수재들로
미래가 약속된 장래의 중국 지도자들이지만 졸업 후 국가가 지정 해
주는 단위(직장)에 가는 것을 희망하고 있지 않았다. 그것은 보수가 너
무 적다는 것이었다. 오직 그들의 인기 있는 직장은 외국인 기업체에서
좋은 대우를 받고 근무하면서 선진적 경영을 익혀 자영업으로 거금을
벌어 보겠다는 것이었다. 모든 국민이 평등하게 잘 살 수 있는 사회주
의 국가건설에 매진하던 시대와는 달리 가치관이 완전히 변해 있는 것
을 보게 된다.

또한 북경에서 볼 수 있는 시장경제는 도저히 납득이 가지 않는 부
분이 많이 있다. 북경대학 교수가 최고 월 800원 (한국의 80,000원 상
당)의 보수를 받아 생활하고 있는데 시내 백화점에 진열된 상품 중에는
몇 십만 원을 호가하는 고급의류들이 수 없이 팔려나가고 있는 현실이
다. 그것도 외국인 상대가 아닌 내국인을 소비자로, 그렇다면 현재의
북경 경제는 극심한 빈부격차 현상을 보이고 있으며, 또한 공개되지 않

은 음성수입이라도 있다는 것인지 도저히 이해가 가지 않는 부분들이 많이 있었다. 가끔 신문지상을 통해 공개되는 고위공직자들의 부정축재 사실이 이것을 암시 해 주는 것 같았다.

그러나 대체적으로 국민들은 공산당원이나 국영기업체의 신용만은 철저히 믿고 있었다. 그것은 제가 만난 북경대학 학생들 중 '저는 공산당원입니다' 라고 하는 학생들을 통해 중국의 지도자 양성과정에서 철저한 자기비판으로 절대로 부정을 할 수 없게 되어 있는 것이 공산당원들의 사상이며, 당원만이 고위공무원이 될 수 있어, 당에서 하는 국영기업은 믿을 수 있다는 것이 그들의 지론 이었다. 아마도 거대한 중국을 흔들림 없이 통치 해 나가는 원리가 바로 이런 국민들로부터 받는 신뢰가 이루어 낸 것이 아닌가 생각되었다.

경제 제일 주의적 가치관의 혼란은 여러 가지 면에서 사회변화 요소로 작용한다. 이념이나 주의와 같은 것은 이제는 논의의 대상이 될 수 없다고 했다. 북경대학 도서관에 가장 화려하게 장식되어 보존된 마르크스 레닌주의에 대한 장서들은 이제 찾는 이가 거의 없어 장식품화 되어 있는 점에서도 쉽게 알 수 있었고, 심지어는 모택동과 장개석의 정권다툼에서 장개석이 승리 했더라면 오늘날 대만과 같은 경제성장을 이룩했을지도 모르는 것 아니냐고 까지 했다. 사회주의 경제 체제에서 도저히 이해 할 수 없는 증권시장의 호황을 저들은 자본의 분배원리로 궁색한 설명을 하고 있다. 전통적 우호를 강조하면서도 국제무대에서 북한보다 한국을 파트너로 삼고 싶어 하는 것도 어떻게 보면 한국의 경제발전과 기술의 선진화에서 받은 영향이 아닐까 생각된다.

(4) 종합적으로 볼 때

중국은 한국과 지리적인 인접국으로 유구한 역사를 통 해 많은 문화적 수수관계가 빈번했던 이웃이었다. 특히 한자문화는 동북아 문화권을 형성하게 하여 인류문화의 혁혁한 발자취를 남기게 했다. 이제 새로운 21세기를 향한 지역적 공동체의 출발을 전제, 현재의 시점에서 중국의 전통적인 문화와 현실적 상황을 이해한다는 것은 고전문학의 차원을 넘어 인류의 장래를 예견해 볼 수 있는 중요한 관점으로 생각 되어 중국을 여행하고, 북경대학의 교환교수를 희망하게 되었던 것이다.

1993년 9월부터 1994년 8월까지 중국의 북경대학 교환교수로 있으면서 현지에서의 체험을 통한 중국인들의 문화전통과 사회생활을 간단히 정리해 보면 다음과 같다.

첫째, 그들의 생활상으로 가정생활을 주거문화, 음식문화, 생활문화로 정리 해 보았다. 주택은 국가소유로 단위에서 배정해 주는 대로 살아야 한다. 직급에 따라 칸수가 늘어나는 것이 특징이며, 본인 사후에도 배우자가 살 수 있으나 자손에게 상속은 될 수 없고, 단위에서 다시 회수하여 재분배하게 된다. 형태는 땅 집에서 층집(아파트)으로 바뀌고 있었으며, 앞으로는 개인에게 분양되어 사유재산으로 바뀌게 된 것이라 했다.

음식문화는 거의 반숙음식(기름에 튀김)이 주를 이루고 있으며 야채나 고기 등 근교농업으로 생산자와 소비자의 직거래가 이루어지고 있어 저물가 정책으로 풍성한 먹거리를 제공해주고 있다. 그리고 생활 문화로는 부부간의 가사분담 구분이 철폐 되고 어린이는 탁아소 양육이 보편화 되어 있다.

둘째, 그들의 사회생활로 시장문화, 교통문화, 생활문화를 구분 정리해 보았다. 시장문화로는 계량화가 생활화 되어 있어 기초과학의 발전을 가져온 원동력으로 파악되었으며, 교통문화는 인간중심 체계로 형성, 사람이 우선이며 그 다음에 차량이라는 생각을 가지고 있었음을 알 수 있었다. 그리고 생활문화로는 자동화를 늦추면서 전 국민의 직장화로 더불어 사는 지혜를 볼 수 있었고, 교정에 정적만이 흐르는 오침시간과 같은 충분한 휴식문화를 볼 수 있었다.

셋째, 중국사회의 변화를 가족제도의 파괴와 가치관의 혼란이란 측면에서 살펴보았다. 원래 중국의 전통적 대가족제도는 씨족사회의 소멸로 찾아보기 어렵게 되었다. 즉, 문화혁명 기간 중 족보의 소실은 씨족사회를 소멸시키는 요인이 되었고, 매장제의 폐지는 혈연적 집단으로서의 씨족공동체 의식을 잃게 만들었다. 더구나 강력한 가족계획의 실천으로 한 가정 한 자녀는 자연적 가정통합을 진행하게 하여 씨족사회의 소멸을 가중 시키게 될 것으로 예측 해 볼 수 있었다. 이것은 앞으로 가정의 축소 내지는 파괴로 이어지면서 인류사회의 커다란 변화를 예고 해 주는 것 같았다. 그리고 개혁 개방이후 사유재산의 인정은 젊은이들의 가치관에 혼란을 가져오게 했다. 경제 제일 주의적 사고의 팽창은 극심한 빈부격차를 초래, 경제적 불균형을 이루게 되어 그동안 이룩해 놓은 사회주의적 체제에 어떠한 위협이 닦치게 될지 또는 언제 무너질지 모르는 위기에 빠질 우려가 있어 가장 심각한 국가적 문제로 대두되었음을 볼 수 있었다.

중국 가까우면서도 먼 나라, 아직 그들의 실상을 알고 말하기에는 너무나 멀다. 앞으로 좀 더 관심 있는 사람들의 계속적인 연구 노력이 필요 할 것으로 생각 된다.

― 1995. 5. 1―

― 인천대학교 대학원 세미나에서―

2. 대륙의 심장부 북경

―『서울문화』 제2집 〈수도탐방(1) 중국편〉에서―

(1) 북경의 위상

중국은 그동안 시대적 단절의 벽을 넘어 새롭게 다가오고 있는 지리적으로 가장 가까운 우리의 이웃이다. 유구한 문화적 전통과 넓은 대지 위에 펼쳐진 12억의 거대한 삶의 현장은 충분한 관심의 대상이 될만하다. 그동안 수차에 걸친 중국여행과, 북경대학 교환교수 생활을 통해 좀더 가까이에서 직접 체험해 본 것을 정리, 수도탐방 중국 편으로 대륙의 심장부 북경을 간단히 소개해 보고자 한다.

북경에서 생활하는 동안 내 방에는 항상 중국전도(中國全圖)가 붙어 있었다. 전국엔 3개 특별시(북경, 상해, 천진)와 23개 성(省), 5개 자치구가 있어 한국의 30배가 넘는 거대한 나라 중국, 그 넓은 대지 위에 국경선을 따라 전역의 모습을 그려 나가다 보면 그 모양이 닭의 형상으로 나타나는 것을 발견 할 수 있었다. 즉, 중국의 동북 삼성(길림성, 흑룡강성, 요령성)을 닭의 머리 부분이라면, 동남부 지역(경제특구가 많고 기름진 평야지대가 많음)은 닭의 배통 부분으로 알을 싣는 중요한 요지와 견주어 지며, 서북부의 신강, 서장지역은 닭의 날개나 꼬리 지역으로 쓸모없는 사막지대와 같은 지역이며, 내가 생활하던 북경은 마치 닭의 심장부와 같은 곳이었다. 모든 혈관이 심장을 통해 들어오고 나가며 생명의 원동력이 되는 것과 같이 중국 전역의 교통 중심은 물론 정치, 경제, 사회, 문화의 중심적 역할을 담당하고 있는 곳으로 전 세계적 관심의 대상이 되고 있었다.

북경은 중화인민공화국의 수도로 하북성(河北省)의 중심부에 있으며, 화북대평원(華北大平原)의 북부지역에 속한다. 북경시의 총면적은 16808㎢이며, 총 인구는 957.9만 여명이다. 북경시 전역의 공공도로는 10932.1Km에 달하며, 철로는 932.3Km, 항공노선이 82개에 이른다. (1993년에 지질출판사에서 낸 <중국교통여유도>에 의함)

북경은 중국 7대 고도(古都)중에 제일이며, 전국 10대 명승지중 제일인 고궁박물원(자금성)과 팔달령 장성(만리장성)이 있고, 그 외 천단(天壇)을 비롯하여 이화원, 북해, 경산공원, 중남해, 명십삼능, 향산 공원 및 송산자연보호구 등이 명승지로 꼽히고 있어 북경을 찾는 이들에게 관심의 대상이 되고 있다.

(2) 북경의 역사

북경은 약 3000년이 넘는 세계 최고의 역사를 자랑하는 도시로 알려져 있다. 특히, 근래에 북경 주변에서 발굴된 북경원인(北京猿人)은 60만 년 전 인류 최초의 인골로 추정, 문명발상지로까지 거슬러 올리려 하고 있어 북경의 역사는 인류역사와 동일한 것으로 끌어 올리려하는 것을 보게 된다.

그러나 현재의 북경은 기원전 11세기경 주(周)나라 무왕이 상(商)나라를 멸망시키고 소공(김公)을 북연(北燕)의 제후로 봉하게 되자, 북연은 점점 강대해 지면서 현재의 북경지역인 계 땅을 점령, 북연의 수도로 정하게 되면서부터 북경이 일국의 중심지로 떠오르게 된다. 이와 같은 사실은 당시의 계 땅이었던 북경의 부근에서 연족의 유물이 자주 출토되고 있어 이를 뒷받침 해 주고 있다. 연나라는 점점 발전되어 춘추전국 시대에 이르러서는 상당한 국력을 가진 강대국에 속하게 된다. 그러므로 당시의 계 땅이었던 현재의 북경지역은 연나라의 수도로 널리 알려지게 되면서 연경(燕京)이라는 이름으로 불러오게 되어 지금도 북경의 옛 이름으로 연경이란 이름이 사용되기도 한다.

그 후 3세기경 진시황제가 중국을 통일하게 되자 연경은 북방의 요쇄지로 중요시 되었고, 수(隋)나라 때에는 군(郡)으로 되었고, 당(唐)나라 때에는 유주(幽州)의 관할이 되었다가 936년 동북 거란족이 유주를 병탄한 후 남경(南京)이라 했다가 1125년 여진족에게 점령당한 후 중도(中都)로 개명되기에 이른다. 1267년 쿠빌라이에 의해 원(元)나라 수도로 정해지면서 대도(大都)라 칭해졌다. 그 후 명나라 주원장은 현재의 남경에서 나라를 세우고 원나라 대도인 현재의 북경을 북평(北平)이라 했으나, 1403년 영락황제에 의해 남경에 있던 명나라 수도를 북평으로 옮기고 북경(北京)이라 이름을 고쳐 오늘에 이르게 되었다. 그리고 1616년 누루하치에 의해 현재의 심양(深陽)에서 금나라로 출발한 청나라는 1644년 북경을 점령하여 수도를 북경으로 옮기고 명나라에서 구축한 자금성의 7800여 궁궐 전각들을 보강하고 수리하여 만여 칸(9999칸)에 이르는 호화로운 궁궐로 정비하여 제왕의 권위를 나타내 보이면서 영화를 누려온 것을 보게 된다. 이와 같이 북경은 명. 청대(明. 淸代)를 통해 약 500여 년간 25명의 황제가 즉위하며 중국을 지배해 온 역사의 현장인 것이다.

근대에 들어 1930년 장개석에 의해 중화민국 정부의 수도를 현 남경으로 정하면서 수도(京)가 둘이 있을 수 없다하여 잠시 북평(北平)이라 했다가, 1949년 10월 1일 모택동에 의하여 중화인민공화국이 선포되면

서 다시 수도를 북경으로 정하고 이름도 되찾게 되어 오늘에 이르게
된다. 원래 계땅 이었던 것을 연나라가 통합하여 수도로 삼아 연경(燕
京)이라 한 후 남경(南京), 중도(中都), 대도(大都), 북평(北平) 등의 이
름으로 불리어오다 명 영락황제이후 북경으로 된 것을 알 수 있다.

(3) 북경의 문화 유적

1) 천안문 광장과 자금성

천안문(天安門)은 중국의 상징적 표상과도 같은 대표적 건물로 남쪽
에는 넓은 광장이 있고, 문을 들어서게 되면 웅장한 자금성이 있어 고
궁의 정문과도 같은 구실을 하고 있다. 명나라 영락 15년(1417년) 처음
건립되었던 당시는 봉천문이라 했던 것을 청나라 순치 8년(1651년) 현
재의 모습으로 개축하면서 천안문이라 했다. 천안문 성루 위에는 중화
인민공화국 국장(國章)이 걸려있고 문 중앙에는 모택동의 대형 사진이
걸려 있다. 역사적으로 명. 청대에는 황제의 조칙 반포식 등을 문루에
서 거행 했고, 근래에는 1949년 10월 1일 중화인민공화국 선포식이 거
행된 바도 있다.

천안문 남쪽에는 남북 880m, 동서 500m로 총면적 40ha에 1백만 명
이 동시에 모일 수 있는 세계 최대의 광장이 조성되어 있다. 광장의 남
쪽에는 "인민영웅영수불후(人民英雄永垂不朽)"란 모택동의 글귀가 새겨
진 높이 32.92m의 백옥으로 된 인민영웅기념비가 세워져 있고, 동편에
는 혁명박물관과 역사박물관이 자리하고 있으며, 서편에는 만여 명이 동
시에 들어갈 수 있다는 인민대회당(1층 3700석, 2층 3350석, 3층 2520
석)이 있으며, 영웅비 남쪽 전문(前門)사이에는 모택동 서거 1주년에 건
립된 모택동 기념관이 있다. 이 기념관에는 모택동의 시신이 수정관에

안치되어 있어 참배객들의 참배 행렬이 항상 장사진을 이루고 있다.

자금성은 황제가 살던 궁궐로 동서 750m, 남북 900m, 총 면적 72만 제곱미터로 정방형을 이루고 있으며 그 안에 건축된 건물에는 방이 9천개가 넘는다고 한다. 건물의 배치에 따라 구조를 살펴보면 남쪽 천안문에서 북쪽 신무문까지 일직선으로 전삼전(前三殿)과 후삼전(後三殿)이 나란히 지어져 있다. 전삼전은 태화전, 중화전, 보화전으로 국가적인 행사나 의식을 베풀던 외조(外朝)였으며, 후삼전은 건청궁, 교태전, 곤녕궁으로 황제의 집무실 및 황후나 궁녀들의 거실인 내전(內殿)을 이르는 것이다.

태화전은 황제 즉위식, 명절 축하식, 군대 출정식 등이 거행되던 정전이며, 중화전은 태화전 행사에 납시던 황제께서 휴식을 취하던 곳이며, 보화전은 생일연을 베풀거나 선비들의 과거를 행하던 곳이었다고 한다. 내전의 경우 건천궁은 황제의 집무실로 쓰이던 곳으로 보좌 뒤에는 "정대광명(正大光明)"이란 액자가 걸려 있어 황제의 도를 일깨워주는 것을 보게 한다. 교태전은 황후의 탄신 축하행사가 이루어지던 곳이며, 곤녕궁은 명대에는 황후의 침소로 사용되던 것이 청대에는 황제의 혼례장으로 사용되기도 했다고 한다. 그리고 곤녕문으로 나가게 되면 황제와 황후가 놀던 샘과 연못, 기암괴석과 각종 나무와 꽃, 누각 등이 아름답게 펼쳐진 어화원(御花園)이 있어 눈길을 끌게 한다.

자금성은 그 규모면에서의 웅장함과 건축미의 섬세함, 그리고 황제의 권위를 상징하는 붉은색과 황금색으로만 지어진 세계제일의 궁전으로 인류 공동의 문화적 유산으로 영원한 문화재임을 실감하지 않을 수 없게 된다.

2) 천단(天壇)과 지단(地壇)

천단은 황제가 하늘에 제사를 지내던 곳이다. 고궁을 중심으로 남쪽에는 천단(天壇), 북쪽에는 지단(地壇), 동쪽에는 일단(日壇), 서쪽에는 월단(月壇)으로 대칭으로 조성되어 있다. 천단은 원래 명나라 영락황제가 건립한 것을 청의 건륭황제가 개축하여 오늘에 이르며, 그 둘레가 약 6Km나 되는 넓은 공원으로 이용되고 있다. 서문을 들어서게 되면 대리석으로 된 원구단(園丘壇)을 보게 된다. 천신에게 기원을 드리던 장소로 밖은 4각, 안에는 둥근 2중의 담으로 둘러싸인 3층의 원형 대리석으로 된 제단이다. 구단의 동쪽 유리문을 지나면 회음벽의 황궁우(皇穹宇)가 나온다. 이곳에는 석판에 대고 소리를 지르면 다른 쪽에서 메아리로 들을 수 있다는 삼음석(三音石)이 있어 신비롭게 느껴지는 곳이다. 단폐교(丹陛橋)를 지나면 풍년제를 지내던 기년전(祈年殿)이 나온다. 둥근 모양의 지붕은 하늘을 의미하는 것으로 남색이며, 높이 28m에 지름이 24.2m의 원형건물에 28개의 기둥은 별자리를 의미하는 것으로 건물 중앙의 네 기둥은 4계절을 의미하고, 건물 안쪽의 12기둥은 12달을 의미하며, 건물 밖의 12기둥은 하루의 시간(12간지)을 가리키는 것이라 하여 천지의 조화를 상징적으로 표현 해 놓고 있는 곳이라 할 수 있었다. 제물로는 양을 잡아 불사르던 제단이 밖에 따로 설치되어 있는 것이 또한 이채롭게 느껴졌다.

지단(地壇)은 안정문 밖에 위치하고 있는데 그 규모가 천단 다음으로 크다. 남아있는 건축물로는 방택단(方澤壇), 황저실, 신고(神庫) 등이 있다. 그리고 일단(日壇)은 조양문 동쪽에 있으며, 월단(月壇)은 부흥문 북쪽에 위치하고 있어 시민 공원으로 활용되고 있다.

3) 이화원과 원명원

이화원은 자금성의 서북쪽 16Km에 위치한 여름별궁으로 사용되던 총면적 267ha에 달하는 인공호수와 인조 산이 있는 넓은 공원이다. 금나라 때 행궁으로 설치한 이래 청나라 건륭제에 의하여 확장되었고 청말 서태후에 의하여 대규모로 확장 정비되었으나 1860년 영국과 프랑스 군대에 의해 많이 훼손 되어진 것을 1990년 다시 복구하여 오늘에 이르게 되었다고 한다.

이화원은 원래 소주(蘇州)의 서호(西湖)를 본 따 만들어진 것으로 소동파가 쌓았다고 하는 소제(蘇堤)의 모양을 그대로 옮겨온 것 같이 만들기 위해 인공호수를 파서 곤명호라 하고, 그 뚝을 소제라 했고, 그 흙으로 산을 만들어 만수산이라 했으며, 호수 중앙에 섬을 조성하여 남호도(南湖島)라 하고 여름을 호수 가에서 지냈다고 한다.

이곳에는 특히 서태후와 관련된 일화들이 많이 전해 오고 있었다. 서태후는 이곳을 자신의 은신처로 삼으려고 청 말에 해군 군비 3천만 냥을 모두 쏟아 부어 청나라의 멸망을 가져오게 하는 직접적인 원인이 되었다는 것이었다. 뿐만 아니라 그는 자금성에서 이화원까지 수로를 운행하게 하여 뱃길로 오고갔으며 그때마다 길가에 비단을 깔고 그를 환영할 정도였다는 것이다. 그러므로 이화원에 있는 전각들은 자금성 못지않게 화려하고 정교할 수밖에 없었다. 이곳에는 서태후가 정무를 보던 인수전(仁壽殿)과 거처로 쓰던 낙수당(樂壽堂), 창극을 관람하던 덕화원(德和園), 놀잇배로 쓰던 대리석 유람선인 석방(石舫)등이 있어 그 사치의 극을 짐작 할 수 있게 하고 있다.

그리고 광서제가 거주하던 옥란당(玉瀾堂), 광서후가 거처하던 의예관(宜藝館), 배운문(排雲門), 배운전(排雲殿), 불향각(佛香閣), 해취원

(諧趣園),그리고 1.5Km나 되는 장랑(長廊)등도 유명한 곳으로 둘러볼 만 한 곳이라 하겠다. 그리고 곤명호에서 여름철의 뱃놀이와 겨울철의 썰매타기는 인상적인 일이라 할 수 있겠다.

이화원 동쪽 가까운 곳에 원명원(圓明園)이 있다. 원명원은 북경대학 북쪽 길 하나 건너편에 위치하고 있는 청나라 황실에서 조성한 대규모 숲이 있는 정원을 낀 서양식 건물이 있던 곳이다. 원래는 중앙에 서양루(西洋樓)로 된 원영관(遠瀛觀)이 있어 황제가 외국사신을 맞이하던 곳이었다. 또한 건륭황제의 애첩 향비(香妃)가 거처하던 곳도 이곳에 있었으며, 비빈들과 함께 즐겨 놀던 만화진 등이 있었으나 1860년 영국과 프랑스의 연합군에 의하여 무참히 불타 짓밟혀지고 말았다. 중국 정부는 이곳을 애국주의 교육현장으로 삼기 위해 폐허를 그대로 방치해 오다가 근래에 들어 미국과 수교이후 발굴, 복원작업에 착수하여 조금씩 복구해 나가고 있다.

4) 명십삼릉 (明十三陵)

북경 서북쪽에 위치한 명십삼릉은 명나라 제3대 영락황제로부터 숭정황제까지 13명의 황제능이 있는 곳이다. 중앙의 장릉(長陵)으로부터 헌릉(獻陵), 경릉(景陵), 유릉(裕陵), 무릉(戊陵), 태릉(泰陵), 강릉(康陵), 영릉(永陵), 정릉(定陵), 경릉(慶陵), 사릉(思陵), 덕릉(德陵) 등이 있다.

그중 1957년 7월에 정릉(定陵)이 400여년 만에 발굴되어 일반에게 공개되고 있다. 이릉은 제13대 만력제(萬曆帝)와 두 황후의 능으로 지하 20m 아래에 조성된 지하궁전이다. 만력제의 생시에 6년에 걸쳐 2년분의 국비에 해당한 비용을 들여 조성, 대연을 베풀기도 했던 곳으로 제1실은 정전, 제2실엔 용장식을 한 황제석과 봉황장식을 한 황후석의 보좌가 놓였고, 제 3실은 후전으로 중앙에 황제, 양쪽에 황후의 관이 놓인 감실로 구성 되어 있다. 부장품으로는 대리석 옥좌를 비롯하여 황색 유리기와, 왕관, 금, 은, 옥으로 만든 각종 장식품 등이 출토되어 정릉 박물관에 전시 보관되고 있다. 발굴 당시 문 앞에 많은 인골들이 있어 당시 작업인부들이 함께 매장된 것으로 보는 견해가 있기도 하다.

그 외 일반에게 공개되고 있는 것은 영락황제의 장릉이 있으나 발굴하지 않고 능의 주변과 능원 안에 있는 능사전(陵思殿)만이 공개되고 있을 뿐이다. 풍수지리로 보아 청룡백호의 지형은 나무랄 데가 없으나 앞에 물이 적어 인공으로 댐을 조성했다고 한다. 댐 주변에 조성된 구룡 유원지는 경치가 아름다워 많은 관광객들이 즐겨 찾는 곳이 되었다.

5) 만리장성(萬里長城)

세계 4대 불가사이 중의 하나라고 하는 만리장성은 서북쪽 가곡관에서부터 동북부 산해관까지 장장 635Km에 이르는 대 장성으로 통칭 진시황이 쌓았다고 한다. 그러나 만리장성은 중국 고대 춘추전국 시대부터 이미 자국의 국경을 방어하기 위해 각국에서 부분적으로 쌓았던 것을 진시황이 연결하여 북방 흉노족의 침략을 막는데 이용 했던 것을 기원전 2세기경 한무제에 의해 개축 연장되었고, 현재와 같은 완형은 명대에 이룩된 것이라 한다.

특히 북경 근교로서 많은 사람들이 자주 찾는 팔달령의 성문과 성루는 명대에 개축된 것으로 장성의 높이가 8.5m, 폭이 5.7m에 달한다. 장성 위로는 말 몇 마리가 나란히 달릴 수 있고 또 일정한 간격으로 2층의 성루가 있어 수십 명의 병사들이 거주하면서 성을 지킬 수 있게 되어 있었다. 성벽 안길에는 연락통로가 있고 약 백여 미터 간격으로 돈대가 설치되어 있어 봉화대로 쓰였던 것을 볼 수 있었다.

팔달령의 성문을 통해 장성에 으르게 되면 북쪽으로는 완만한 경사를 이루고 있어 오르기는 쉬우나 시야가 넓게 들어오지 못하고 사진촬영 시 역광을 받게 되어 장성의 웅장한 모습이 잘 잡히지 않는다. 그러나 남쪽으로 오르는 길은 경사가 심하고 계단이 험하나 장성의 굽이굽이 돌아간 모습들이 한눈에 들어와 많은 사람들이 선호하고 있다. 뿐만 아니라 케이블카가 설치되어 있어 시간을 절약하여 관광 할 수도 있으나 장성의 실감을 느끼기에는 모자람이 있다. 장성 등반의 중간 중간에는 낙타나 중국 전통복장을 빌려주는 곳이 색다른 기분으로 사진을 찍어 기념하는 이들도 많이 눈에 띤다.

6) 기타

① 공자묘 (孔子廟) : 공자의 영정을 모신 사당으로 정전 앞에는 대사표 라고 적어 놓고 그 안에 공자의 영전이 모셔져 있으며, 정전 앞 통로 양측으로는 역대 과거에 합격한자들의 등위와 성명이 기록된 비석들이 즐비하게 세워져 있어 이들을 기념하고 있다.

② 옹화궁 (雍和宮) : 청나라 옹정제(雍正帝)가 살던 저택, 라마교 황교사원 이던 것을 옹정제가 들어가 살게 되어 그 후 청기와를 황색 유리기와로 바꾸고 궁정으로 승격, 옹정제의 시신을 안치한 후 1744년 라마묘가 되었으며 대불루(大佛樓)로 불리는 만복전(萬福殿)은 독특한 양식을 띤 중국 목조건축물로 유명하다.

③ 노구교 (蘆溝橋) : 1192년에 조성된 백색 돌다리로 난간에는 486개의 사자상과 주석 등이 있어 아름답기로 유명하다. 특히 1937년 7월7일 노구교사건은 중일전쟁의 발단이 되어 역사적인 현장이기도 한

곳으로 현전하는 것은 1987년 개축되어 옛 모습을 많이 훼손, 원형을 찾아볼 수 없어 아쉽기만 하다.

④ 경산(景山) 공원과 북해(北海) 공원 : 경산공원은 자금성 북문으로 나와 연결되는 고궁 후면을 막아주고 있는 북경시내 제일 높은 산으로 정상에 오르면 자금성과 시내가 한눈에 들어와 보이는 곳이다. 원래 북경은 무한의 평지로 산과 강이 없는 내륙지역이었던 것을 인공으로 호수를 파게하여 북해라 하고 그 흙으로 산을 만든 것이 경산이라 하니 정말 지형까지 바꾸어 놓은 제왕의 위업에 감탄하지 않을 수 없는 곳이다. 그런데 바로 그 동산아래 명나라 마지막 황제가 신하들의 배신에 못 이겨 목을 매어 자살한 자살나무가 있어 권력의 무상함을 함께 볼 수 있도록 되어 있는 곳이기도 하다. 북해공원에는 라마교 사원이 중앙에 자리 잡고 있으며 호수가 아닌 바다라는 이름에 걸맞게 넓은 수면위에는 여름에는 유람선이 떠 있고, 겨울철엔 넓은 썰매장으로 각광을 받고 있으며, 연꽃 향기 그윽한 연못 위에 정자와 누각이 있으며 기암괴석으로 정비된 중국 전통적 정원이 원형대로 보존되어 있고, 각종 궁중 요리로 유명한 전통음식점도 그 안에 있어 발길을 멈춰 서게 하는 곳이다.

(4) 북경의 생활문화

1) 계량화된 시장문화

중국인들의 유명한 상술은 현재 북경의 재래시장 어디에서도 쉽게 찾아 볼 수 있다. 고추하나 오이하나 과일 하나라도 어림짐작으로 매매하지 않는다. 반드시 저울로 달아 값을 정하는 철저하게 계량화 된 시장문화인 것을 알 수 있다.

그러므로 찬란한 문화전통과는 달리 서구적 현대문명에서는 우리가 전반적으로 30년은 앞섰다고들 하지만 기초과학분야나 우주항공분야 등에서는 우리보다 훨씬 앞서가고 있는 것도 사실인 것 같다. 자국산 비행기로 국내선의 교통을 해결하고 있으며 인공위성을 자체적으로 개발하여 발사한 바 있고, 인공강우를 실용화단계까지 끌러 올리고 있는 점 등으로 보아 가볍게 넘길 수 없는 것들이 너무나 많은 것을 볼 수 있었다. 한국의 자동차 산업 및 기계공업, 전자, 통신 산업 등은 그들에 비해 월등하게 앞서가고 있지만 기초과학분야를 비롯한 항공, 우주 과학 등은 우리보다 앞서 있는 것은 전통적으로 생활화된 계량문화에서 오는 것이 아닌가 생각되기도 했다.

일반적인 북경의 시장을 소개해 보면 한국의 명동과 같은 전문상가 거리로 왕부정(王府井)거리를 들 수 있다. 이곳은 내·외국인을 비롯한 대부분의 사람들이 보통으로 물건을 살 수 있는 고급시장이라고 할 수 있겠다. 특히 북경백화점(北京百貨大樓)이 국영상점으로 고급물품을 내국인과 같은 값으로 자유롭게 살 수 있는 곳이며, 공예품도매상이 있어 각종 선물을 쉽게 한자리에서 구할 수 있는 곳이다. 그리고 전문(前門) 시장은 한국의 남대문 시장과 같은 곳으로 값싼 물건이 많이 나와 있고 부르는 값과 실거래 값의 차이가 많은 곳이다. 보통 외국인들에게 부르는 값에서 1/10정도로 흥정을 해도 가능한 곳이기도 하다. 다음으로 서단(西單)시장을 들 수 있다. 이곳은 신흥백화점들이 중심이 되어 새로운 상권이 형성되어진 곳으로 신발 의류 등을 중심으로 수입품들이 많이 거래되는 시장이다. 그외 특수한 백화점들이 곳곳에 세워지면서 새로운 상권을 형성, 급격한 시장경제의 장으로 완전히 변모된 것을 볼 수 있다. 그중 외국인들을 상대로 하는 우의상점(友誼商店)들이 호황을 누리고 있으며 거리마다 거리시장이 상설로 개설되기도 하고 구소련이나 동구권 사람들의 보따리무역을 위한 조양문 시장이나, 골동품 상점으로는 전통적으로 유명한 유리창을 비롯하여 근래에 새롭게 조성된 경송(經松)동구 골동품시장(일요일 새벽시장), 그리고 마을마다 개설되는 새벽의 야채시장, 사탄(沙灘)의 야간시장, 주일 아침마다 개설되는 분야별(화훼, 골동, 기타) 특별시장 등 다양한 형태의 시장이 서고 있는 것을 볼 수 있었다. 뿐만 아니라 자전거행렬이 과다할 정도로 몰려있는 곳을 들여다보면 새롭게 등장된 증권시장에 투자자들임을 알 수 있어 중국인들의 상업문화에 다시 한번 놀랄 수밖에 없었다.

2) 인간중심의 교통문화

북경인이 되기 위한 첫째 조건은 자전거를 타는 것부터 시작된다. 자전거는 중국인들의 필수적 대중 교통수단이다. 북경시내의 교통은 지하철과 공공버스가 대종을 이루고 있다. 공공버스는 휘발류엔진 버스와 무궤도 전기자동차가 있어 거리에 따라 요금을 1전(한국의 10원)에서 4전까지 받고 있다. 지하철은 북경시내를 한바퀴 도는 순환선에 근교를 연결하는 교외선이 하나 있는 단순한 형태로 되어 있다. 일회 승차시 5전(한국의 50원)으로 통일 되어 있고 한바퀴 도는데 40분 정도가 걸린다. 그 외 택시가 있다. 택시는 크기에 따라 요금이 다르다. 소형의 경우 10km에 10원(한국의 1,000원)정도였다. 자가용은 특수한 사람을 제외하고는 아직 일반화 되고 있지 못했다. 다만 단위의 공용자가용이 있어 책임자들만이 자유롭게 이용하고 있었다. 북경거리의 차종은 다양했다. 중국 국내에서 생산되는 고급승용차는 이태리 합작으로 나오는 싼타나와 독일합작으로 나오는 아오디가 있으며 천진 장춘 등에서 자체 상표를 단 각종 차량들이 많이 나오고 있으나 거리에서 가장 많이 볼 수 있는 것은 일제, 닛산, 쏘니 도요다 등이 있었고 소련제를 비롯한 미제 등이 많이 눈에 띄였지만 점차 한국의 현대, 대우, 기아 등의 자동차들이 자주 눈에 들어 올 정도로 늘어나고 있었다.

북경시내의 교통은 자전거로 인해 혼잡했다. 거리는 정방형으로 구분되어 있고 교차로도 입체로 시설되어 교통의 흐름에 가장 잘 맞도록 시설되어 있으면서도 차도와 인도의 구분이 없을 정도로 자전거로 붐비게 통행을 하고 있어 자동차의 흐름은 매우 좋지 않았다. 건널목이나 신호등은 있으나 잘 지켜지지 않았고 교통순경도 있으나마나 할 정도였다. 장안대로 같은 인파가 많은 곳에는 아예 중앙분리대를 철책으로 설치해 놓았지만 큰 효과를 보지 못하고 있었다. 교통의 혼잡내지 무질서한 현상을 보고 중국인 교수들은 "사람나고 차 났지 차나고 사람 났느냐"는 것이었다. 그러므로 길은 사람이 제일 우선이고 다음이 자전거, 그리고 자동차가 가야 된다는 것이었다. 매우 일리가 있는 말이었다. 인간중심적 인본주의사상이 그대로 나타나는 것이라 생각되었다. 지금의 북경시내는 자전거로 2시간대면 관통할 정도로 면적이 넓지 않으니 말이지 점점 확대된다면 출퇴근 교통전쟁은 북경이라고 예외일 수는 없을 것 같았다.

3) 오침(午寢) 휴식의 조용한 북경대학

빨리 빨리의 한국인에 비해 대륙적 대인기질을 내세우는 만만디의 중국인들에게 있어 점심시간은 오침의 휴식을 즐기는 소중한 시간이기도 하다. 정적만이 흐르는 정오의 조용한 북경대학 교정엔 한국인들을 비롯한 외국인들만이 열심히 운동도 하고 산책도 하고 공부도 하고 있어 처음에는 어색하기까지 했지만 워낙 아름다운 공원 같은 캠퍼스라서 그 시간이 정말로 소중하게 여겨질 수밖에 없었다.

북경대학은 청나라 최고 학부이며 교육행정 기관이었던 1898년 12월에 개교한 경사대학당(京師大學堂)이 기초가 되어 1912년 5월 북경대학으로 개명하면서부터 시작된다. 초대총장 엄복(嚴福: 1853－1921)에 이어 민주주의 혁명가인 채원배 (蔡元培: 1868－1962)가 총장을 역임했고, 중국의 현대문학 기초를 확립한 호적(胡適: 1891－1972)등이 교수로 초빙되었다. 중국 5.4운동의 발원지이며, 이대조 (1889－1927), 진독수(1879－1942)교수에 의해 마르크스 사상이 처음으로 받아들여져 연구 확산되면서 당시 도서관에 근무하던 모택동에게 영향을 주어 결국 중국을 사회주의 국가로 변화시킨 근원지이기도 하다. (당시의 북경대학은 현재의 위치가 아닌 사탄 쪽에 있던 것으로 현재에도 사탄 홍루(沙灘興樓)라 하여 모택동이 일하던 건물이 보존되어 있음)

현재의 북경대학 교정은 1918년 미국 선교사들에 의해 설립 되었다가 1952년 하바드 대학으로 옮겨간 연경대학(燕京大學)자리로 원래 청나라 황실의 별장인 원명원(圓明園)에 부속되었던 곳이다. 이 곳은 건륭제(乾隆帝: 재위 1735－1795)가 총애하던 화신에게 하사한 대규모 숲 속의 정원이 있는 숙춘원(淑春園)으로 중국 문물보호구역(문화유적지)으로 지정된 곳이다.

학교 안에는 미명호(未明湖)라는 아름다운 호수가 있고, 호수 안에는 도정(島亭)이란 정자가 있으며, 정자 밑에는 운남성 곤명호의 유람선을 모방 했다고 하는 돌배가 떠 있어 북경대학 사람들의 영원히 변할 수 없는 추억의 상징이 되기도 한다.

호수 동쪽에는 연경대 교수였던 포터(L.C.Porter)씨가 성금을 내어 건축한 버야타(博雅塔)라고 부르는 37m에 달하는 취수탑인 광탑(光塔)이 있어 학교를 찾는 이들에게 인상을 더해준다. 서남쪽에는 중국 공산당을 서방에 긍정적으로 소개하여 유명해진 에드가 스노우(Edgar Snow)의 묘소가 있고, 남쪽으로 등성을 넘으면 초대 주중 미국 대사 레이턴(S. J. Leighton)의 공관이었던 임후헌(臨候軒)이 대숲 속에 자리하고 있어 현재는 외국손님들을 공식 접대하는 귀빈 접대소로 활용되고 있다.

현재의 북경대학은 인문, 사회, 자연, 과학, 법학부로 구성되어 있으며 29개학과 86개의 학부 전공과 90개의 박사과정, 36개의 연구소, 25개의 연구쎈타, 42개의 국가 중점학과, 4개의 국가중점 실험실이 있다. 특이한 것은 학생수나 교지 면적과 같은 통계숫자에 대해서는 구체적으로 밝히기를 꺼려하여 공식적으로 발표된 자료를 찾기 힘들다. 대충 여러 가지 참고자료 및 대화를 통해 볼 때, 북경대학 학생은 약 1만 2천여 명 정도로 알 수 있다. 학부 생이 1만 여명, 석·박사 학위과정에 있는 학생들과 각국에서 온 외국 유학생들을 합하여 2~3천명에 이른다고 한다. 교직원 총수는 1천 5백여 명으로 그 중 교수가 7~8백여 명이 넘는다고 한다. 도서관의 장서가 4백만 권이 넘으며 국내외 잡지가 7천여 종, 17개의 열람실에 2천여석의 열람석이 있고 귀중본을 제외하고 각 분야별 개가식 열람제도를 채택한 중국 내 제일의 도서관을 자랑하고 있었다. 모든 학생이 전원 기숙사에 수용되어 있고, 전 교직원이 같이 교내에 거주하고 있어 수업시간은 오전 7:00시부터 밤 9:00시까지 자유롭게 배정된다.

교내에 극장은 물론 모든 복지시설이 갖추어져 있어 대학이 그대로 거대한 도시를 형성하고 있다. 교내에서의 이동은 거의 자전거에 의존해야 한다. 오전 11:00시만 되면 각 기숙사 학생들은 밥그릇을 들고 식당으로 줄을 선다. 점심이 끝나는 12:00시만 되면 학교는 고요한 정적만 흐르고 움직이는 사람을 볼 수 없다. 오후 2:00시까지 오침시간이 계속된다. 학교뿐만 아니라 중국인들은 어디서나 누구나가 다 오침시간을 갖는다. 공공기관은 모두 사무를 보지 않는다. 처음에는 매우 불편했지만 그것이 그들의 생활 습관임을 안 후부터는 그런대로 이해 할 수 있었다. 개혁 개방 이후 자영업을 하는 경우는 다르다. 그들은 새벽부터 밤중까지 열심히 일하는 모습을 볼 수 있었다.

(5) 가깝고도 먼 나라

중국은 우리와 가장 가까운 이웃에 있어 역사적으로는 매우 긴밀한 관계를 유지 해 오던 나라였다. 반세기의 단절을 넘어 상호왕래가 시작되면서 그동안의 이질적 요소를 극복하고자 하는 노력이 있어왔지만 앞으로 보다 많은 시간이 필요할 것 같이 느껴졌다. 북경을 여행한 거의 모든 사람들은 단기간의 일정으로 화려한 문화적 유산에 마음이 끌려 사회주의적 특징을 망각하기까지 하지만 생활하다보면 그들의 엄격한 통제사회임을 실감할 수 있었다.

북경, 가깝고도 먼 나라의 수도, 하루가 멀다하지 않고 몰려드는 전 세계의 지도자들의 행렬을 볼 때, 앞으로의 세계정세는 물론 경제, 문화 등 북경의 움직임은 새로운 세기를 여는 새로운 흐름의 한 장이 되어 세계인들의 주목을 받게 될 것 같다. 보다 뜻있는 분들의 지속적 관심과 연구를 권해 보면서 중국의 수도 북경탐방을 줄이고자 한다.

- 1995. 8. 25. -

-『서울문화』 제2집, 서울 문화사학회-

3. 'Z' 비자와 'X' 비자

—중국여행기 중에서—

중국을 처음 여행한 것은 한중 수교가 이루어지기 전 1990년 8월
이었다. 당시로서는 중국입국이 어려워 홍콩에서 입국비자를 받아 광주
로 들어갈 수밖에 없었던 때였다. 입국자격도 기업인이나 학자들만으로
제한되어 있어 한국 돈황 학회에서 중국 토로번 학회와 공동연구 겸
돈황 현지답사 목적으로 중국 땅을 처음 밟아 볼 수 있었다. 그렇지만
일단 들어가기 어려운 중국 땅에 들어간 이상 돈황만 다녀 올 수는 없
었다. 우리민족의 시원으로 옛 부터 성산으로 섬겨오고 있는 백두산,
그대로 두고 올수 없다 하여 등정 길에 오르게 된다. 또한 역대로부터
유명한 황성(북경)을 그대로 지나칠 수 있겠는가? 북경에 들러 자금성
과 만리장성은 빼놓을 수 없는 여정이었다. 그러나 그때까지만 해도 미
수교국이란 제한과 완전한 개혁개방이 이루어지지 않고 있어 중국의
실상을 제대로 돌아 볼 수도 없었고, 그들의 생활상을 구체적으로 살펴
볼 수는 전혀 없는 상태였다. 한 예로 지방의 어느 마을을 구경하려
해도 안내의 허가 없이는 불가능 했고,또 어느 지역은 절대로 개방이
않된 곳이라서 볼 수 없다는 것이었다. 그야말로 수박 겉핥기식 관광
일 수밖에 없었다.

그 삼년 후 1993년 7월 국제 비교문학 학술대회가 중국의 남부 호

남성 장가계에서 개최, 초청을 받게 되어 제2차 중국 여행의 기회가 있었다. 이때는 한중수교가 이루어져 서울에서 중국대사관을 통해 입국 비지를 받고 떳떳하게 국제 학술회의에 대표자격으로 입국하게 되었다. 물론 여러 가지 면에서 여행의 편의를 제공 받을 수 있어 3년 내에 한중관계의 급격한 변화를 실감 할 수 있게 되었다. 호남성 장사에서 장가계까지는 무려 7－8시간이나 승용차로 이동해야 갈 수 있는 거리였다. 중국 남방의 조그만 시골 도시들을 수없이 지나면서 제한 없이 돌아 볼 수 있었던 것도 커다란 변화가 아닐 수 없었다.

그리고 세 번째 중국에 들어가게 된 것이 같은 해 1993년 8월 중국 교육부로부터 초청을 받아 북경대학 교환교수로 가게 된 것이었다. 중국 대사관에 비자를 신청 했을 때, 다른 사람들과 달리 'z' 비자를 내 주었다. 북경에 도착 했을 때도 비자의 성격을 잘 모르고 있었다. 그런대 북경대학에는 한국 교수들이 몇 분이 먼저 오셔서 대학 내의 샤우엔(외국인 기숙사)에서 계시면서 연구하시는 분들을 만날 수 있었다. 나도 당연히 외국유학생 기숙사를 배정 해 주리라 생각하고 며칠을 기다려도 나에게는 기숙사 배정이 없었다. 학교 측에 알아 본 결과 비자의 종류가 다르다는 것을 알게 되었다. 기숙사 배정을 받을 수 있는 것은 쉐이저(학자)로 'x' 비자를 받아 입국, 유학생처에 소속된 분들에 한한 것이고 나는 젠져(전문가)로 초청 된 것이기에 학생들만이 거처하도록 되어진 유학생 기숙사에는 거처 할 수가 없다는 것을 알게 되었다.

그 결과로 북경대학에서 발행하는 공작증(신분증)에는 국적만 한국으로 되고 북경대학 교수와 동일한 북경대학 교수신분증을 발급 해 줌으로 중국 어느 곳에서도 북경대학 교수의 대우를 받을 수 있는 특혜를 누리게 되어 생활이나 여행에 대단한 편의를 제공 받기도 했다. 그러므로 중국 내 어디서나 생활 할 수 있는 자유도 누리게 되어 중국인들과 함께 중국인 마을에서 개인 아파트에 살 수 있는 특혜를 누리기도 했다. 외국인들에게는 그들이 지정하는 장소 이외에서 거주하는 것을 사실상 금하고 있기 때문에 중국인들의 실상을 제대로 파악한다는 것은 아직은 쉽지 않은 상태다. 그러나 나에게는 남다른 기회가 주어져 중국인 마을에서 그들과 함께 그들의 방식대로 자전거로 거리를 누비며, 아침시장에 나가 채 거리도 사고, 유티오(꽈배기와 비슷한 빵)와 훈둔으로 아침을 함께 먹으면서 1원(한국 돈 100원정도) 2원짜리를 챙기는 부지런한 젊은이들과 끈끈한 삶의 이야기도 나누고, 기공도 함께 배워 보고 하면서 중국사회의 기층문화와 보다 많은 접촉의 기회를 갖게 되어 정말 중국사회가 무섭게 변하고 있구나 하는 것을 실감하게 되었는지도 모른다.

원래 북경은 중국 12억 인구 중 선택된 사람들만이 살 수 있는 특구 중의 특구였다. 개혁 개방 전에는 북경에 호구(한국의 주민등록과 같은 것)를 얻지 못하면 식량을 배급 받을 수도 없고, 주택 문제도 해결 할 수 없어 들어와 살 수 없는 도시였다. 그러나 이제는 시장경제의 도입으로 돈만 있으면 북경에 호구가 없어도 집도 살수 있고, 먹고, 쓰고, 살아 갈 수 있는 모든 것을 언제 어디서나 쉽게 구할 수 있게 되어 누구라도 들어와 살 수 있게 되었다. 식량 배급제도 같은 것은 아예 없어진지가 오래다. 모든 것을 돈으로 해결 할 수 있기 때문이다.

중국에 불어 닥친 자유경제 바람, 잘 살 수 있다는 젊은이들의 새로운 희망은 고된 일도 마다하지 않으며 새벽시장을 열뿐만 아니라, 돈 버는 일에 혈안이 되어 있다고 해도 과언이 아니었다. 가치관마저 백팔십도로 바뀌어 가고 있는 것을 알 수 있었다. 개혁 개방이후 사유재산이 인정 되면서 자유주의적 시장경제의 맛을 본 젊은이들은 사회주의적 경제가 얼마나 비능률적 생산체제였나 하는 것을 너무나 절실히 깨닫게 된 것 같았다.

그러나 한편으로는 찬란한 문화적 전통위에 새로운 문화의 접목을 시도, 급변이 아닌 점진적 변화를 모색하고 있는 것 또한 특징적 이었다. 이끼 낀 고색 찬란한 기와지붕 위에 최신 인공위성 안테나를 달고 전 세계의 움직임을 방안에서 직시하며, 공중전화 보다는 따가닥(이동전화)이나 삐삐(호출기)가 일반화 되어 있으면서도 승강기에는 안내원이 앉아 있고, 골목마다엔 '치안직반(治安直班)'이란 붉은 완장을 두른 감시원들이 동네를 지키고 있었다. 그러면서 아침이나 저녁, 시간만 있으면 시내 곳곳의 공원에는 남녀노소가 모여 수천 년 동안 전해오는 기공이나 전통무예인 태극권으로 심신을 수련하는가 하면 중국고유의 전통적 악기를 타며 노래를 부르는 것은 어디서나 쉽게 볼 수 있는 광경들이었다. 전통문화의 계승 발전, 그것은 그들의 자존심이기도 했다. 그러기에 그들은 인공위성의 결함까지 기공사의 기로 찾아냈다고 자랑하고 있으니, 정말 알고도 모를 사람들이었다. 전통과 현대의 조화, 중국인들의 깊은 속을 다 헤아려 알기에는 너무나 짧은 세월의 탓이라고나 해야 할지?

중국을 찾는 한국인들의 발걸음은 그치지를 않는다. 북경에 있던 일년 삼백육십오일 동안 하루가 멀다않게 서울에서 온 한국 관광객들을 만날 수 있었다. 또한 서울에서 뵙기 어려운 분들도 쉽게 만날 수 있어 '북경에서 만납시다'하는 것이 일반화된 인사말이라고까지 할 정도였으니 전통의 도시 북경을 비롯한 중국 여행을 권해보고 싶다.

− 2004. 9. 11. −

4. 명사산(鳴沙山)의 낙타방울 소리
―중국 감숙성 돈황 답사기에서―

　　돈황(敦煌)의 하루해는 길기만 했다. 밤 열시가 넘도록 해가 질 줄 몰랐다, 북반구의 한 여름을 실감나게 했다. 중국의 대륙 문이 활짝 열리기 시작한 1990년 여름 한국 돈황 학회에서는 현지답사를 위해 답사 여행 길에 올랐었다. 회원들은 문학, 사학, 의상, 미술 등 국내의 저명한 학자들로 구성되어 있었다. 이상보(李相寶) 박사님도 필자와 같은 전공인 고전문학 분야였기에 더욱 가까이에서 모실 수가 있었다. 선생님은 그 때마다 항상 구수한 말씀과, 건강하고 활기찬 모습으로 우리들을 곧 잘 앞질러 가시기가 일수였다. 정년(停年)을 앞둔 노익장(老益壯)을 자랑이라도 하시듯.

　　돈황(敦煌)은 옛날 동서 교역의 중심지로 동서 문화가 혼합 된 찬란한 문화도시를 형성, 한때 크게 번창 했던 도시였다. 그러나 지금은 모래 속에 파묻힌 폐허 속에서 새롭게 찾아낸 수많은 문화유적들로 우리의 관심을 끌었던 것이다. 돈황의 꽃이라 불리는 막고굴(莫高窟)에는 불후의 명작인 수많은 벽화와 조각들로 꽉 차 있었다.

　　돈황 막고굴의 답사를 마치던 날 저녁 이었다. 우리 일행은 사막(沙漠)을 가로질러 명사산 기슭에 이르렀다. 거기서 들었던 이야기로는

"어느 한 시대 영웅호걸들의 패권 다툼이 한창일 때 용감한 장수들이 있어 많은 군대를 이끌고 이곳에서 적들과 용감히 싸우다, 때마침 불어오는 강한 모래바람에 견디지 못하고 전멸되어, 언제나 바람만 불면 그때 장렬한 최후를 마쳤던 병사들의 외로운 고혼들이 섧고 원통한 울음을 터트려, 그 울음소리는 지금도 바람만 불면 아련히 들려온다."

고 하여 '우는(鳴)모래(沙)산(山)'이라는 말에서 유래되어 명사산(鳴沙山)이라 이름이 붙여진 것이라 했다.

모래가 우는 산이라 하여 이름을 명사산(鳴沙山) 이라 했다고도 하는 모래산. 이제는 병사들의 흔적은 찾을 길이 없고 줄지어 오르는 낙타 등에 이곳을 찾는 방문객들만이 아는 듯 모르는 듯 한 때를 즐기는 관광지로 각광을 받고 있었다.

실크로드(Silk road)를 오가며 동서무역의 길을 텄던 대상(隊商)들의 유일한 수단이었던 낙타(駱駝), 낙타를 타고 그 때를 회상 해 보는 한 순간, 절렁 절렁 울려 퍼지던 낙타 방울 소리는 여행에서의 한 때 피로마저 말끔히 잊을 수 있게 했던 기억을 씻을 수 없다.

또한 명사산의 그 아름다움을 만끽하기 위해 모래산의 등고선(登高線)을 따라 친구들과 연인들이 어울려 손잡고 올라보던 명사산, 맨발로 밟으며 올라갈 때 어머니의 젖가슴보다 더 포근함을 느낄 수 있었고, 애인의 손결보다 더 따스함을 느낄 수 있었던 매끄럽던 모래 톱, 한점 거칠 것 없는 가는 모래는 바람에 밀리고 이슬에 젖으며 세상에서 가장 아름다운 부드럽고 매끄러운 곡선만으로 빚어놓은 대자연의 아름다운 예술품….

명사산 봉우리에서 내려다보던 생명 줄과도 같은 사막 안에서의 오아시스 월아천(月牙川)의 맑은 물, 흘러내리는 모래 따라 마음껏 타보던 모래미끄럼. 맨발로 밟아 보고 온몸을 날려 굴러보고 미끄러져 보던 고운 모래 산, 부드럽고 매끄럽게 능선 따라 돌고 돌아간 곡선미(曲線美)는 하나님의 창조적 신비가 넘치는 곳, 아무리 밟아도 싫지 않은 모래 산, 흘러가는 시간마저 까맣게 잊은 채 어린시절로 돌아가 보았던 추억의 명사산,

이곳에 동서 문물을 실어 나르며 영원한 문화 창조의 꿈을 이뤄 보고자 했던 인류의 발자취 따라 남겨진 돈황의 문화유적들, 수많은 예술품들을 흔적 없이 역사 속에 묻어 놓았다가 새롭게 토해낼 때 현대인들의 가슴을 뭉클하게 했던 것은 명사산 고운 모래의 신비로운 장난이었기 때문만 이었을까?

그 옛날 인류들이 남긴 문화의 큰 발자국을 다시 한번 밟아 보면서 낙타 등에 실려 명사산을 내려 올 때 더욱 환한 웃음으로 우리를 앞장 서셨던 노익장의 젊은 청년 이상보 박사님, 모시고 듣던 명사산의 그 낙타 방울 소리, 지금도 생생히 들려오는 것만 같다.

한 때 삶의 피로마저 잊게 해 주었던 절렁 절렁 명사산의 낙타 방울 소리, 이제는 청년 같으셨던 이상보 박사님께서 정년을 맞게 되셨다 한다. 함께 같은 학문의 길을 걷는 후학으로서 선생님의 활기찬 학문적 열정과 항상 앞서셨던 그 건강한 모습, 명사산에서 듣던 낙타 방울 소리와 함께 오래 오래 기억 되리라 생각 된다.

내내 청년 같은 건강을 누리시옵소서.

－ 1992. 6.　.－
－ 이상보 박사님 정년기념 수필집에－

5. 한국 전통문화와 고려인

—러시아 에까떼리나 대학 초청 문화 특강—

존경하는 에까떼리나 대학 관계자 및 남녀학생 여러분!

그리고 이 자리에 참석해주신 한민족의 피가 통하는 고려인 여러분과 한국문화에 깊은 관심과 한국을 이해하고자 하시는 시민 여러분!

저는 한국의 중심지이며 장차 세계적인 교역도시로 발돋움하고 있는 인천을 대표하는 인천대학교의 교수로 이 자리에 초청을 받아 '한국 전통문화와 고려인'에 대하여 말씀드릴 기회를 갖게 된 것을 대단한 영광으로 생각하는 바입니다.

문화란 인류의 지속적인 삶을 통하여 갈고, 닦고, 다듬고, 쌓아 온 귀중한 업적이며, 조상 대대로 전승되어진 혼이 담긴 삶의 총체이며, 그 흔적인 것입니다. 그러므로 각 민족마다에는 그 민족 나름대로의 고유한 전통 문화가 있으며, 또한 각 도시는 그 도시 나름대로의 문화가 있게 마련입니다. 이것은 바로 그 민족이면 민족, 부족이면 부족, 도시면 도시의 특징을 상징해 주는 척도가 되는 것으로 그 소속 집단만의 긍지와 자부심은 물론 단결과 유대감을 갖게 되는 강한 요소로 작용하게 되는 것입니다. 이것을 문화적 속성이라 할 수 있을 것이며 또한 사회적 기능이라 할 수 있을 것입니다.

우리 한국은 반만년의 찬란한 역사를 지닌 문화 민족입니다. 이웃에 거대한 대륙을 접하고 있으면서도 단일민족(單一民族)의 정통성을 지속해 오면서 우리만의 찬란히 빛나는 전통 문화를 형성 발전시켜 온 세계 어느 곳에서도 찾아 볼 수 없는 자랑스런 문화민족입니다.

우리는 반만년의 유구한 역사를 가진 문화민족으로 그 자랑스러운 문화유산은 이루 헤아릴 수 없이 많습니다. 그 중 대표적인 것을 든다면 아마도 우리말과 우리문자인 한글을 꼽을 수 있지 않을까 생각됩니다. 이것은 전 세계가 하나 되는 현대에 우리를 우리답게 할 수 있는 가장 소중한 문화유산이라 하겠습니다.

왜냐구요?

그 이유는 바로 그 속에 우리 한민족의 얼이 담겨있기 때문인 것입니다.

제가 중국 북경 대학 교환교수로 있을 때 일입니다. 원래 중국은 한족(漢族)과 55개 소수 민족(少數民族)으로 형성된 연합국 형태의 사회주의 국가입니다. 물론 그 중에는 우리 교포 조선족(朝鮮族) - 한족(韓族)이라 하지 않는 것은 중국의 한족(漢族)과 구별하기 위해 - 들을 많이 만날 수 있었습니다. 특히 길림성(吉林省) 연길현(延吉縣)은 조선족 자치주(自治州) - 소수 민족을 우대하기 위한 중국 정부의 방침에 따라 동일 민족이 주민의 60% 이상을 넘을 때 그 지역을 그 민족 스스로 통치 할 수 있도록 하고 있는 중국 중앙 정부의 정책에 따라 구성된 제도 - 로 거리에서부터 모든 간판은 한글로 쓰여 있고 한자를 병기했으며, 통용되는 언어도 거의 한국어였습니다. 언제 어디서든지 한복을 입은 한국인을 쉽게 만날 수 있었고, 택시를 타거나 상점에서 물건을 사거나 일상생활 속에서 거의 중국말이 필요 없을 정도였습니다. 한국말로 한글을 쓰면서 살 수 있는 도시였습니다. 이 곳에서는 오히려 중국인들이 한국말이나 한글을 몰라서는 살아가기 어려운 지역이었습니다. 그러므로 이곳을 여행한 많은 한국인들은 고향에 온 기분이라고 곧잘 말들하곤 한다고 들었습니다.

그런데 북경에서 만난 조선족 중에는 한국어를 하나도 못하는 교포들이 있었습니다. 대개 그들은 비교적 좋은 환경에서 자란 분들이었습니다. 소수 민족들이 쉽게 들어와 살 수 없는 북경에 일찍부터 자리를 잡고 살았던 분들이 대부분이었습니다. 그들은 연변(延邊)이나 동북 삼성(東北三省 : 吉林省, 遼寧省, 黑龍江省)이 아닌 곳에서 자라다 보니 조선족 학교가 없어 중국인 학교에서 교육을 받아 한국어나 한글을 공부할 기회를 갖지 못했던 것입니다. 그러므로 그들은 중국어는 능통해도 한국어를 모르는 사람들이 되었던 것입니다. 그러기에 우리 민족이면서도 이미 우리 민족 같지 않은 중국인으로 변해 있는 것을 볼 수 있었습니다.

이와 같은 일들은 세계 곳곳에서 일어나고 있는 사건이라고 해야 할 것입니다. 한 때 청나라를 세워 중국 대륙을 지배했던 만주족들이 오늘날 그 흔적조차 찾지 못할 정도로 지구상에서 사라져 갔습니다. 물론 없어진 것은 아니지만 거대한 한민족(漢民族)에 흡수되고 말았습니다. 그것은 그들의 고유한 언어와 문자를 계승하지 못하고 한자 문화권으로 흡수되면서 나타난 현상이라 하겠습니다. 우리도 일본에게 국권을 상실했던 시절 언어와 문자를 말살하려는 악독한 음모가 있었던 것을 알 수 있습니다. 만약 우리가 우리 문화를 지키며 우리말과 글을 계승하지 못했었다면 어떻게 되었을까요?

한 국가가 존속하기 위해서는 그 국가적인 차원에서의 전통문화가 있어야 하고, 그 지역의 전통을 살리기 위해서는 그 나름대로의 전통문화(지역적 차원에서)가 있어야 할 것입니다.

문화는 그 전승 방법에 따라 여러 가지 형태로 나누어 생각 해 볼수 있겠습니다. 외형적으로 형태가 나타나고 있는 유형 문화(有形 文化)로부터 형태가 보이지 않으면서 전승자(傳承者)에 의해 전해지고 있는 무형문화(無形 文化)가 있습니다. 뿐만 아니라 민족적 근원질을 형성하고 있는 무의식적 정신유산도 엄밀하게는 그 민족만이 지니고 있는 문화적 요인이라 할 수 있을 것입니다.

그러므로 겉으로 들어나 보이는 문화적 유신으로 한국적 건축물이나 그림, 글씨, 조각, 자기류와 같은 예술품(藝術品)을 비롯하여 전통적인 생활 용품들은 물론 전적(典籍) 등과 같이 오랜 세월을 지내면서 어느 특정인이 아닌 일반 백성들 사이에서 널리 활용되어졌던 것들 중 그 가치가 인정되는 것들을 문화재로 지정 보존하고 있으며, 한편으로 우리들의 삶 속에서 일상적으로 살아왔지만 소멸되어가는 재능들 중 현재에도 그 것을 재현시킬 수 있는 기능을 갖고 있는 것들을 보존하기 위하여 그 보유자를 문화재로 지정(인간문화재)하고 있는 것을 보게 됩니다.

이와 같이 전통적 문화 가치가 있는 것들을 문화재로 지정하여 보존하고 있는 것은 그 민족의 역사적 전통성을 지키기 위한 국가적 사명에서 이루어지고 있는 일이라 할 것입니다. 그러므로 그 기준도 각기 다르게 규정하여 유형문화재와 무형문화재(인간문화재)로 구분하여 보존하고 있으며, 국가가 지정하는 국가 지정 문화재와 각 자치단체가 지정하는 시·도지정 문화재가 있고, 그 가치의 정도에 따라 국보(國寶), 보물(寶物), 기념물(記念物), 문화재 자료(文化財 資料)등으로 구분되고 있기도 합니다.

그러면 우리가 지닌 가장 한국적인 전통문화는 어떤 것들이라고 할 수 있겠습니까? 이 문제의 해답을 한민족의 民俗쪽에서 찾을 수 있다고 봅니다. 즉, 민속이란 그 민족의 민간사회에서 전승되고 있는 잔존문화라 할 때, 국가를 구성하고 있는 국민들의 보편적 생활양식에서 볼 수 있었던 것들로 오랜 세월 속에서 꾸준히 전해 내려온 한국적 주거문화의 대표적인 형태에 속한 온돌 방 문화라든지, 의복문화의 대표적인 형태인 한복 치마저고리라든지, 음식문화의 대표적인 형태인 발효식의 김치, 깍뚜기를 비롯한 된장 고추장 문화는 틀림없는 한민족의 전래적 민속에 의거한 우리의 고유한 대표적 전통문화라 할 수 있을 것입니다. 뿐만 아니라 농경사회의 농경문화를 대표했던 각종 세시풍속 또한 우리의 대표적 민속이며 우리의 대표적 전통문화라 할 것입니다. 이와 같은 것들은 오랜 역사적 전통위에서 민족적인 범위 내에서 문화적 공감대를 형성하여 일반대중들에게 깊이 뿌리를 내린 문화로서 생명력이 강한 잡초와 같은 문화로 우리의 대표적인 전통문화라 할 수 있을 것입니다.

앞으로 우리 한국이 세계적으로 발전되어 나가면서 한국인들이 세계로 진출할 때, 제일 중요한 것은 우리의 문화를 전승 보존해 나가는 길이 무엇보다 가장 시급하고 가장 중요한 문제라 하지 않을 수 없을 것입니다.

러시아에 거주하는 한민족(고려인)들이 한국과 같은 동족임을 증명할 수 있는 것도 바로 우리의 고유한 전통문화를 지니고 있으면서 그 문화적 정체성을 잃지 않고 있다는 점을 들어 쉽게 확인될 수 있게 될 것이다. 그러므로 그 민족의 고유한 전통문화는 그 민족의 동질성을 보존해 주는 가장 중요한 역할을 하고 있다고 생각합니다. 아무리 문하적인 발전을 보이고 세계화 된다 해도 그 나름대로의 민족문화유산만이 그 민족을 그 민족답게 한다는 것을 다음과 같은 예에서 쉽게 찾을 수 있었습니다.

북경에 있을 때였습니다. 북경은 전 세계인들의 관심이 집중된 중국의 수도입니다. 북경에서의 생활을 통해 북경 곳곳을 관광하다가 세계공원(世界 公園)이란 곳을 관광한 일이 있습니다. 북경 중심가에서 약 40km쯤 떨어져 있는 곳이었습니다. 매우 잘 가꾸어진 현대적 관광 단지였습니다. 전 세계의 유명한 명소들의 건축물이나 조각품들을 매우 정교하게 축소해서 실물과 꼭 같이 만들어 놓은 훌륭한 관광 단지였습니다. 그야말로 세계를 한바퀴 도는 것과 같은 기분을 내게 하는 멋진 장소라 생각했습니다. 입구에서부터 그리스 신전을 비롯하여 파리의 에펠탑은 물론 영국의 버킹검 궁…등등

그런데 이곳에서는 중국인이 아닌 외국 관광객들은 많이 찾아보기가 어려웠습니다. 왜 그랬을 가요? 북경에는 너무나 많은 명소들이 많이 있었습니다. 황제가 살았던 자금성(紫錦城)을 비롯하여 세계적인 불가사의라 하는 만리장성(萬里長城), 하늘에 제사를 지냈던 천단(天壇), 지하 궁전으로 알려져있는 명십삼릉(明十三陵)……등 이루 헤아릴 수 없을 정도의 중국을 대표할 수 있는 문화 유적들이 산재해 있어 온 세계인들은 이에 주목하다 보니 그들 나름대로 새롭게 조성해 놓은 인위적 관광물에는 관심을 돌릴 여지가 없었던 것이 아닌가 생각됩니다.

새로운 21세기를 향해 발전하고 있는 한국, 여러분이 찾아오셨다고 생각 해 봅시다. 그 때 꿈에도 그리며 조상들의 남겨준 그 정신적 고향에서 만나는 것은 모두 서구화된 아니 세계화된 건물들과 세계화된 사람들만 있으며 우리의 고유한 전통문화를 찾아 볼 수 없다면 모스크바의 한 거리나 뉴욕이나 동경의 한 모퉁이에 서 있는 것과 무엇이 다르겠습니까? 발전된 한국이나 세계적으로 성공한 우리 한민족들에게서 우리의 문화적 전통이 사라진다면 여러분은 아마도 영원한 이방인으로

러시아인으로 남고 말지 않겠습니까? 우리의 문화적 전통을 지키고 보존하는 것은 우리민족의 영원한 발전을 위해서 우리들이 함께 노력할 중요한 의무이며 사명이라 할 것입니다.

먼 이국땅에 러시아 삶의 뿌리를 내리신 고려인 여러분!

처음 이주 역사 속에서 피눈물 나는 어려움을 참고 이기신 여러분, 이제는 한국이 세계적으로 도약하고 있습니다. 조국의 발전을 다함께 기원하면서 전통문화의 계승을 통한 민족 공동체의식을 더욱 새롭게 해 주시기를 간곡히 바랍니다.

여러분들의 장래에 놀라운 행운과 건강과 그리고 가정에 크신 행복을 기원하면서 끝까지 경청해 주신 모든 분들께 감사를 드립니다.

－ 1998. 6. 23 －
－ 러시아 에까떼리나 대학(모스크바)에서 －

6. 일본 경마를 돌아보고

－선진 경마 참관기 중에서－

서울 마주 협회의 야심 찬 계획의 일환으로 각 조별 활동의 활성화를 위한 설문 조사 결과 그 동안 열심히 활동해 온 34조와 28조가 우수 조로 선정되어 제1차적으로 선진 경마 참관의 영예를 누리게 되었다. 세계적 수준의 국민 레저로 자리 매김 해 가고 있는 일본 경마의 현장을 돌아 볼 수 있는 기회를 갖게 된 것은 매우 의미 있는 일 이었다.

마주 들의 선진 경마 참관은 한국 경마 발전을 위해 마주 들로서는 꼭 필요한 일이었다. 우리는 보다 효과적인 참관을 위해 일행 중에서 장천석 마주님과 이영숙 마주님을 고문으로 모셨고, 김현래 마주님(34조)과 신홍균 마주님(28조)을 운영 위원으로, 마사회 최봉식 과장님을 총 간사로 모시고 그 외 한광세 마주님(협회 이사)을 비롯한 권미세, 김덕애, 김우식, 박상선, 박치문, 이승균, 민영길 마주님과, 우리들의 말을 잘 관리해 주시는 신우철 조교사, 최상식 조교사 등 모두 필요한 부서를 맡아 제1차 선발팀이라는 대단한 자부심과 긍지로 매사에 한 치의 소홀함도 없이 일사불란한 움직임과 적극적인 협조로 단기간 동안 가장 효과적으로 계획된 일정을 차질 없이 마치게 되었다는 점, 정말 자랑하고 싶다.

한국 경마의 새로운 전기를 마련한 개인마주제의 실시는 일천한 역사만큼이나 마주 누구라도 경마에 대한 전문적 지식을 자랑하기에는 이르다. 그러므로 우리 마주들은 모두 초년생답게 처음부터 일본 경마에 호기심으로 가득 차 있었다.

첫째 날 첫 번째로 찾아간 곳은 동경에 있는 관동 지방의 경주마를 관리하는 미호 트레이닝센터(miho training center)였다. 우선 그곳의 시설과 규모 면에서 놀라지 않을 수 없었다. 총면적 65만 6천여 평의 부지에 123동의 마방으로 2300여두의 경주마를 수용할 수 있으며, 주요 시설로는 5개의 모래 주로(走路)와 2개의 잔디 주로, 그리고 오르막 주로 1개와 실내 수영장 및 종합 진료소를 갖추고 있었다. 그 안에는 1500세대 5000여명에 이르는 경마 관계자들이 거주하고 있어 은행, 학교, 슈퍼마켓, 병원 등이 갖추어진 하나의 소도시를 형성하고 있었다.

말은 항상 움직이며 뛰지 않으면 경주에서 우수한 성적을 올릴 수 없다는 평범한 진리에 비추어 볼 때, 말이 움직이고 달릴 수 있는 충분한 시설은 필수적인 것이라 생각되었다. 그리고 숙달된 조교로부터 올바른 조교를 받게 함으로 보다 빠르고 강한 경주마를 기대 할 수 있다는 것을 알게 되었다. 경마에 훌륭한 경주마를 출주시킴으로 보다 많은 경마 팬들의 관심을 불러 일으켜 팬들의 사랑을 받도록 하기 위한 것이라는 것도 알게 되었다. 또한 트레이닝센터의 조교 주로는 모래 주로와 잔디주로 그리고 우드칩 주로 등이 있어 말들이 그 특성에 맞게 조교 받을 수 있으며, 평지주로(平地走路)만이 아닌 오르막 주로가 있어 지구력 훈련과 같은 특수한 조교에도 적절한 코스를 만들어 놓고 있었다. 이렇게 그 말의 특성에 맞는 주로 선택이 가능하게 하여 트레이닝센터로서의 완벽을 기하고 있음을 볼 수 있었다. 물론 이와 같은 거대한 시설은 모두 일본 중앙 경마회(JRA)가 전액 투자하여 설치하고 마주들은 자유롭게 이용할 수 있게 하고 있었다. 그러므로 보다 좋은 말들을 마음 놓고 맡겨 조교를 의뢰할 수 있겠다고 생각되었다. 이와 같은 거대한 시설과 관리 운영은 일본 중앙 경마회(JRA)가 맡고 있어 경마 팬들로부터 들어온 경마 수입이 전적으로 경마 산업과 관련된 일에만 재투자될 뿐, 경마와 관계없는 일에는 전혀 쓰이지 않고 있어 경마 산업은 자연 발전할 수밖에 없다는 평범한 진리를 다시 한번 생각해 보게 했다.

다음으로 들른 곳은 동경 경마장이었다. 일본은 경마의 역사에 비해 경마 열기 또한 대단한 나라였다. 온 국민이 모두 경마 팬인 것 같았다. 그러므로 경주마에 대한 관심도 대단했고, 경마 인구 또한 대단했으며, 배팅 액수도 대단하여 세계 제일을 지향하고 있음을 알 수 있었다. 일본 경마는 중앙 경마회(JRA)가 주관하는 경마와 지방 경마회에서 주관하는 지방 경마로 대별되고 있었다.

우리 일행은 동경 경마장을 찾아갔다. 기다리고 있던 오카모도 경마장 장이 나와서 우리 일행을 맞이했다. 그는 환영사에서 2002년 월드컵의 한일 공동 개최에 대해 언급하면서 경마인 들의 격의 없는 우의를 강조했다. 이에 단장으로서의 답사를 통해 최초로 일본에 말을 전해 준 것은 3세기경 백제로부터였음을 상기시키고, 문화적 교류의 시대적 변천 속에 진실 된 마음과 마음이 통할 수 있는 새로운 세기의 새로운 문화 발전에 공동으로 노력할 것을 강조하면서 일본 경마 문화의 눈부신 발전을 치하했다.

이어서 그들이 자랑하는 시설물들로 재결실, 검량실, 예시장, 마주관람대, 특별 관람대 등을 모두 공개해 주어 돌아보니 최신 전자 장비들을 총동원한 시설물들로 자랑할 만한 것들이었다. 마침 우리가 찾아간 동경 경마장에서는 경주가 없었다. 그러나 많은 경마 팬들이 가족들과 함께 나와서 배팅도 하고 넓게 펼쳐진 푸른 잔디밭을 바라보면서 주말을 즐기고 있었다. 그들은 그 시간 다른 경마장에서 시행되고 있는 경주를 방송 중계를 통해 관람하면서 여유 있게 베팅을 하며 경마를 즐기고 있었다. 일본 경마는 잔디주로에서 시행되고 있어 잔디 보호를 위해 경마장을 순번으로 순회하면서 실시하고 있다고 했다. 아쉬운 것은 직접 경기가 시행되고 있는 현장을 생생하게 참관할 수 없었던 점이었다. 주로가 텅 빈 경마장에 찾아와 화상경마를 즐기는 경마 팬들의 모습에서 일본 국민들의 새로운 경마 인식을 읽을 수가 있었다.

그들은 경마가 사행이나 투기가 아니었다. 보고 즐기려는 레저 문화의 일부였다. 야구장에서 야구를 보며, 축구장에서 축구를 보면서 자기가 좋아하는 선수에게 응원을 보내면서 즐기는 것과 다를 것이 없었다. 경마장에서 출전 마들의 박력 넘치는 스피드는 어떤 운동경기에서도 볼 수 없는 스릴 넘치는 게임으로 자기가 찍은 명마들에게 보낼 수 있는 응원은 현대인들의 쌓인 스트레스를 마음껏 풀어 볼 수 있는 기회로 그들에게 정착되어져가는 경마 문화가 아닌가 생각되었다.

일본은 경제적으로 세계 강국이다. 금요일 오후만 되면 한 주일의 일을 끝마치고 주말을 즐기기 위해 거리로 몰려나오는 인파가 무서울 정도이다. 토요일과 일요일을 마음껏 즐기려는 젊은이들을 비롯한 대부분의 사람들은 먹는 것, 입는 것, 쓰는 것, 모두를 풍요롭게 만끽하며 분출되는 욕구를 충족시켜 줄 대상을 찾아 헤매고 있음을 볼 수 있다. 그들에게 경마는 정말 멋진 레져문화의 꽃이 된다. 보다 빠르고, 박력 있는 명마들의 질주, 그것은 보는 이들로 하여금 가장 멋지고 통쾌한 순간을 만끽할 수 있는 오락이 아닐 수 없는 것이다. 그러므로 국가적인 차원에서 거국적으로 경마는 권장되고 있어 경마 산업의 발전을 가져오고 있음을 볼 수 있었다.

2차대전에서 패망한 일본으로서는 그 많은 기마부대의 마사관계자들을 처리할 길이 없어 그 인력과 기술을 경주마 생산 체계로 전환했다는 일설에도 일리가 있는 것 같았다. 경마는 일본인에게만은 온 국민적 레져문화로 자리를 확실히 잡았다고 볼 수 있었다. 또한 경마로 인한 일본 경제 순환도 대단할 것으로 생각되었다. 특히 그들이 자랑하는 고라쿠엥 장외(場外) 발매소는 5층 빌딩 전체가 발매소로 수십만 명이 동시에 입장하고 동시에 배팅할 수 있는 잘 갖추어진 시설이었다. 교통도 가장 편리한 지역에 위치하고 있어 전철역에서 곧바로 발매소로 통하는 길이 있어 수십만 명이 동시에 오고 갈 수 있어 몰려오는 고객들로 항상 길을 꽉 메우고 있었다. 뿐만 아니라 가정에서도 전화와 컴퓨터 통신망을 통해 쉽게 배팅할 수 있어 앞으로는 전 국민이 가정에서 텔레비전의 중계를 통해 자유롭게 경마를 즐길 수 있게 될 것이라 했다.

다음으로 방문한 곳은 북해도에 있는 일본 내에서도 가장 유명한 센다이 육성 목장이었다.

일본은 경주마를 자체에서 생산 공급하고 있었다. 특히 북해도에는 1971개소의 경주마 생산 농가가 있어 일본 경주마 생산의 84%를 점하고 있다. 그중 가장 대표적인 경주마 생산 목장으로는 우리가 들른 샤다이(Shadai)목장을 곱을 수 있다. 이곳은 마주들의 공동 출자로 이룩된 경주마 생산 목장으로 그 시설이나 넓이에서도 자랑할 만하지만 이 목장이 보유하고 있는 종부마들로 백억이 넘는 세계에서 제일가는 명마들이라는 점이었다. 대표적인 것들을 들어보면 노던 댄서(Northern Dancer)계통의 카나다 산 노던 타스터(Northern Taste)를 비롯하여 미국 산의 썬데이 싸이렌스(Sunday Silence)와 자국 산 릴 샤다이(Real Shadai) 등 수많은 명마를 보유하고 있어 1회 교배 시 종부료만도 수천 만 원을 호가하고 있다고 한다. 이렇게 생산된 명마들은 일본은 물론 세계의 경마계에 새로운 강자로 떠오르고 있었다.

한편 일본 경종마협회(JBBA)에서 운영하는 정내종마장(靜內種馬場)도 참관했다. 이곳은 일본 중앙 경마회(JRA)에서 전액 투자하여 소규모 목장 운영자들을 위한 종부마를 제공해 주는 공익 종마장이라 할 수 있는 곳이었다. 그러나 이곳에도 백억이 넘는 이름난 명마들은 얼마든지 있었다. 유명한 것들을 들어보면 1980년대 구주 최강 마인 댄싱 브레이버(Dancing Brave)를 비롯하여 오페라 호우서(Opera House), 킹 글로리우스(King Glorious), 크리스털 그리터즈(Crystal Glitters) 등이 있어 1회 교배 시 역시 수천 만 원의 종부료를 받고 있다고 했다.

말은 그 혈통을 중시한다. 세계적인 명마를 수백억 원 대에 구입하여 자마를 생산하면서 세계적인 명마 육성의 꿈을 실현해 나가고 있는 것을 볼 때, 머지않아 일본의 경주마 육성 사업은 세계를 깜짝 놀라게 하지 않을까 싶었다.

그 외로 둘러본 곳으로는 역대 명마들의 혈통, 전적, 상금 현황 등이 전시되어 있어 일본 경마의 어제와 오늘을 알 수 있게 하는 경마 박물관(Racing Museum)과 경주마에서 퇴역한 후에도 사람들을 위해 끝까지 봉사할 수 있다는 것을 보여 준 말 공원(Horse Park), 경주마 생산 농가들과 마주 들과의 연결 고리 역할을 하는 경주마 경매장, 경주마의 성장 단계에 맞도록 조교하고 있는 경종마 육성 조교장 등이었다. 이와 같은 시설들을 돌아보면서 일본의 경마 문화는 이제 경마 산업을 창출하여 일본 경제의 큰 흐름이 되고 있음을 볼 수 있었다.

한국 경마, 우리가 꽃피워야 할 새로운 문화임에 틀림없다. 이를 위해서는 한국 마사회를 비롯한 마주 들과 조교 협회 그리고 경마를 즐기려는 경마 팬들이 다함께 노력해야 할 것이다. 말은 역사적으로 가장 오랜 세월 동안 인간과 친하게 지내 온 살아 있는 동물이라는 점에서 주로를 달리는 경주마만을 생각하기 전에 그 말의 생산과 조교와 경주, 그리고 퇴역 후의 활용 방안 등이 심도 있게 논의되어야 할 것으로 생각되어 다음과 같이 정리해 보고자 한다.

첫째, 말의 생산 체계를 갖추어야 하겠다. 보다 나은 경마를 위해서는 훌륭한 경주마의 생산이 필요조건이다. 훌륭한 국산 마의 생산은 생산 농가의 수익을 높일 수 있을 뿐만 아니라 불용지의 목장화를 촉진하여 국토의 균형적 발전을 꾀할 수 있어 경마 산업의 활성화를 꾀할 수 있을 것으로 생각된다. 이를 위해서는 경마 주체인 한국 마사회는 경마 수입의 상당 부분을 투자하여 시범 종축장을 조성하고 혈통 좋은 종부마를 구입하여 공급해 줌으로 외국산 마에 뒤지지 않는 경주마를 국산 마로 대체시키는 노력이 있어야 할 것이다.

둘째, 말의 경주 능력을 향상시켜야 하겠다. 생산된 마필은 과학적으로 육성하고 조교해야 하겠다. 말은 살아 움직이는 동물이다. 그 말의 특성에 맞게 훈련하지 않으면 안 된다. 다양한 트레이닝센터를 건립하고 숙달된 조교들을 상주시켜 경주 능력 향상에 최선을 다할 수 있도록 해야 한다. 이 일 역시 한국 마사회의 몫이라 생각된다. 경마 수입을 경마 이외에 소비하지 말고 경마 산업에 재투자하는 길만이 경마 발전에 초석이 될 것이라 생각된다.

셋째, 새로운 마문화의 창출이 있어야 하겠다. 말은 경마용으로만 생각해서는 안 된다. 인간과 가장 친화력이 있는 동물로 경마 이외의 다방면에 활용될 수 있는 방안이 연구되어야 할 것이다.

넷째, 경마 인식의 전환이 있어야 할 것이다. 경마장은 돈을 걸고 하는 도박장으로 잘못 인식하는 사람들이 많다. 건전한 레저문화로 박진감 넘치는 경기에 흥미를 갖는 새로운 인식이 필요하다고 본다. 도박으로 생각하고 많은 돈을 거는 사람은 그 자신의 헛된 욕망의 덫을 하루

빨리 벗어나 명마들의 박진감 넘치는 레이스에 새로운 관심을 갖고 경마장을 찾는 경마 팬들이 되었으면 하는 바램이다.

　일본 경마의 현장, 그것은 하루아침에 이루어진 것이 아니었다. 또한 특정인의 노력만으로 이루어진 것도 아니었다. 관계자들의 헌신적인 노력과 온 국민의 전폭적인 지지에서 서서히 국민적 레져 문화로 정착되었음은 우리에게 시사하는 바가 컸다.

－ 1995. 9. －
－ 서울 마주협회 제1차 선진경마 참관단 단장으로서－

7. 계림의 아름다운 경치와 홍콩의 선진경마를 돌아보고

마주의 꿈은 언제나 최고의 명마(名馬)를 소유하는 것이다. 새아침 밝은 태양이 떠오르면 과천 벌을 넘어 세계적 준마(駿馬)의 마주로 우뚝 설 수 있기를 바라는 마음으로 우리 34조에서는 세계적으로 유명한 경마문화를 찾아 답사여행을 계속 해 오고 있다. 지난 연말에는 홍콩경마를 시찰하고 중국의 빼어난 관광지인 계림(桂林)을 다녀왔다.

계림은 산수(山水)의 아름다움이 빼어날 뿐만 아니라 볼만한 구경거리가 많은 곳이었다.

어둠이 찾아오기를 기다려 우리 일행이 버스에 몸을 싣고 찾아간 곳은 계림 시내에 있는 저강 가였다. 강 가운데에 대나무를 엮어 만든 뗏목 배 위에는 배를 젓는 어부가 검고 목이 길며 부리가 큰 가마우지 새 몇 마리를 뱃전에 묶어 놓고 기다리고 있었다. 우리가 탄 배가 가까워지자 어부는 가마우지들의 발목에 묶은 끈을 풀어놓기 시작했다. 발목이 풀린 가마우지들은 서로 경쟁이나 하듯 강물 속으로 뛰어들어 뗏목 배 앞에 밝게 빛나는 가스 등 불빛을 따라 고기를 낚는 억척스런 삶의 현장을 연출 해 보여주고 있었다.

안타깝게도 목을 길게 올려 빼며 어부가 타고 있는 대나무로 엮은 뗏목 배에 기어 올라오는 가마우찌 입에는 커다란 물고기 한 마리가 물려 있었다.(목에 매놓은 줄 때문에 큰 고기를 삼킬 수 없어 괴로워하며 배 위로 올라온 것이다) 뗏목 배에 노를 젓던 어부는 태연하게 가마우지의 목을 잡고 입에 걸려 있는 커다란 물고기 한 마리를 빼내어 바구니에 담고 다시 물 속으로 던져 넣자 잠수 해 들어가 또 같은 방법으로 물고기를 물고 나오는 것이었다.(이와 같은 장면은 그 동안 여러 차례 소개된 한국의 방송국들이 방영한 프로를 통해서 익숙하게 보아온 것들이라 신기해하는 사람은 없었다) 현장을 보면서 느끼는 감정은 달랐다. 마치 악덕 업주에게 착취당하는 근로자들을 보는 것과 같았다. 자기의 소득을 송두리 채 빼앗기면서도 그래도 목에 걸린 것을 빼내 주는 주인이 고맙기라도 한 듯 다시 강물에 뛰어들어 고기 잡는 일을 계속하고 있는 것이 안타깝게만 느껴졌다.

또 잊지 못할 기억에 남는 곳이 있다면 웅호산장(熊虎山莊)이었다. 하루해가 서산에 기울어지고 있는 오후 네 시경 맹수들에게 먹이를 주는 시간이라 했다. 안내원의 지시에 따라 들어가 보니 모두가 호랑이를 사육하고 있는 맹수우리들이었다. 철조망으로 가려진 길을 따라 맹수들을 가깝게 지켜보면서 맹수우리를 지나자 동물 쇼를 하는 공연장이었다. 예쁘게 차려 입은 조그만 원숭이가 조련사의 손을 빠져 나와 제멋대로 놀다가 강제로 잡혀가기도 하고, 원숭이들이 두발로 자전거를 타고 경주를 벌리기도 했다. 곰들이 두발로 걸으면서 자전거 경주를 벌릴 뿐만 아니라 공중에서 오토바이를 타고 외줄 타기를 하는 묘기를 보이기도 했다. "재주는 곰이 부리고 돈은 중국인이 챙긴다."고 하는 속설과 같이 비싼 입장료를 내고 역시 재주부리는 곰을 구경하다 보니 동물 쇼의 마지막 하이라이트는 호랑이가 직접 동물을 사냥하는 야성(野性)의 실현 장이었다. 검은 물소 한 마리가 죽음의 순간도 모른 채 나무 밑에서 한가히 거닐다 호랑이 밥이 되는 처참한 광경을 보게 하는 것이었다. 한쪽에서 달려드는 호랑이를 본 검은 물소는 어디로 피해야 할지를 몰라 이리 뛰고 저리 뛰다 호랑이의 날카로운 발톱과 사나운 어금니에 뒷덜미를 잡혀 사활(死活)을 건 최후의 혈투를 벌리다가 그대로 쓰러지는 아찔한 순간이었다. 아무리 동물들의 먹이사슬이라 해도 물소의 처참하게 죽어 가는 모습에 가슴이 찡해 오지 않을 수 없었다. (동물의 왕국 프로에서 익숙하게 보아왔던 장면이지만) 실지 상황을 접하게 되니 삶을 향한 처절한 물소의 몸부림이 가슴 아프게 느껴지는 것은 같은 생명체이기 때문이었을 것이다.

중국의 계림(桂林) 하면 삼만 육천 봉이 넘는 빼어난 산봉우리들과 그 사이를 그림같이 흐르고 있는 맑은 물줄기로 아름다운 선경(仙境)을 이루고 있어 그 누구도 감탄하지 않을 수가 없는 곳이다. 그 중에 관암동굴(冠岩洞窟)은 이강(離江)의 한 줄기에서 들어갈 수 있는 거대한 자연 동굴이지만 종유석으로 된 석순은 물론 기기묘묘(奇奇妙妙)한 장관을 이루고 있는 모습은 거대한 지하 예술품 전시장이었다. 동굴 안에는 강물이 흐르고 있어 배를 타야했고, 또 기차(모노레일)를 타고 달려가기도 했으니 지하 도시를 여행하는 기분이었다. 중국을 대국이라 하지만 땅 속 동굴마저 이렇게 클 수가 있단 말인가? 정말 불가사의(不可思議)한 일이다. 우리나라에도 이런 거대한 동굴이 숨어있지 않을까? 기대해 보고 싶다.

계림(桂林)을 관광하기 전 우리는 홍콩(香港)의 선진 경마를 관람했다. 홍콩은 영국의 지배 하에 있었기 때문에 영국식 경마문화가 그대로 도입되어 발달한 도시였다. 홍콩을 여행한 모든 분들은 해양공원(海洋公園)을 관광하지 않은 분은 없을 것이다. 그곳을 갈 때마다 듣는 것은 이곳을 개발하고 운영하는 것이 바로 홍콩의 마주(馬主)들 모임인 쟈키클럽이라는 것이다. 뿐만 아니라 홍콩의 중요한 사회사업(社會事業)기관은 거의 모두가 쟈키클럽에서 설립하여 운영하고 있어 경마를 통해 얻어진 모든 이득이 사회에 환원되고 있다는 것이다. 쟈키클럽에서 경마를 운영하면서 모든 이득금으로 사회를 위해 봉사하기 때문에 가장 존경받는 분들이 바로 쟈키클럽 회원들인 마주들이라는 것을 알 수 있다.(마주와 마사회가 분리되어 있는 우리와는 차원이 다른 것을 알게 된다) 이것이 바로 홍콩 마주들의 사회적 위상을 말해 주는 것이며, 선진경마(先進競馬)를 시행할 수 있는 제도적 장치임을 알 수 있게 하는 것이다.

역사와 전통의 홍콩 경마장(競馬場)을 시찰하기 위해 우리 일행은 경마가 있는 시간에 샤틴경마장(沙田馬場)을 찾았다. 그곳은 시내에서 좀 떨어진 곳으로 많은 사람들이 대중교통을 이용하고 있었다.(땅이 좁아 넓은 일반 주차장 시설이 없었음) 경마가 시작되기를 기다려 1, 2, 3 경주를 관람했다. 파란 잔디밭을 힘차게 달려오는 준마들에 제각각 응원을 보내며 즐길 때 정말 의외의 말들이 1, 2착 하며 수백 배의 상금이 터졌다. 예상 마들의 적중률이 떨어질 뿐만 아니라 경주마들의 실력 차가 거의 없는 상태에서 경마가 이루어지고 있어 보는 이들에게 더욱 박진감 넘치는 경마의 현장이었다.

이렇게 즐거운 시간을 갖게 된 것은 34조 마주들만의 특별한 인연 때문이다. 일본(日本) 경마시찰 때에도 제1차로 선발되어 동경으로 북해도 까지 다녀오면서 삭막한 북해도의 바닷가에서는 아무도 생각해 내지 못할 정도의 아이디어 하나만으로 캠프화이어를 즐기며 제각기 노래솜씨를 자랑하느라 오디션을 보기도 했던 기억은 잊을 수가 없다. 그리고 두 번째 여행으로는 영국(英國)의 아스콧 경마장에서 엘리자베스 여왕 배의 특별경주를 보면서 우아한 여왕의 모습과 함께 시대유행을 창조해 내는 모자패션은 물론 경마장의 평화롭고 자유로우며 활기찬 영국인들의 풍모에서 신사도적 경마문화를 함께 체험해 볼 수 있었던 것은 또한 잊을 수 없는 추억으로 남아있다. 외국의 선진 경마문화를 직접 체험해 볼 수 있는 것은 마주로서 즐거운 활동 중에 하나다. 이것은 34조에 속한 하나의 조직체 속에서 서로를 위해 조그만 희생은 감수하면서 더 큰 인간적 유대를 유지해 왔기 때문이었다. 여행(旅行)을 함께 한다는 것은 경마를 통해 우승열패(優勝劣敗)의 경쟁에서 잠시 벗어 날 수 있는 좋은 기회였다. 여행을 즐기다 보면 서로가 친구가 되어 나이 순서에 따라 형님 아우가 되기도 하고, 배 뚱보는 포임마로 변하기도 하고, 더 뚱하게 되면 쌍포마로 변하기도 하여 전문적인 말에 대한 생태학(生態學)도 논의되고, 역시 혈통을 중시하는 명마(名馬)의 이야기가 나오게 되면 갑자기 더러브렛이 화두에 오르기도 하고, 종유석의 기기묘묘한 모양을 보면서 한국에 많은 자손을 퍼트린 종모마 지지미의 물건 같다는 등 말에 대한 전문적 상식들이 늘어가는 것도 정말 재미있는 일이었다.

새해가 밝았다. 새로운 희망이 차고 넘치는 한해가 되기를 바란다. 남북문제가 풀려서 통일의 날이 가까워지고 한국의 위상이 날로 향상되어 평화와 풍요가 차고 넘치는 축복이 모두에게 있어지기를 간절히 바란다.

특별히 새해에는 정다운 이웃들이 모두 명마를 소유하게 되고, 함께 즐기며 살아가는 훈훈한 인간다운 사회를 만들어 말(馬)만을 자랑하기보다 가마우지의 쇼를 함께 보며 즐길 수 있었던 것 같이 모두가 정다운 친구가 되기를 간절히 바라고 싶다.

― 2003. 1.   . ―
―『달리는 말』 제83호, 서울 마주협회―

8. 러시아 탐방기

―추억을 먹고 사는 마음이 넉넉한 러시아인들―

(1) 방문단원과 방문일정

위기는 기회라는 말이 있다. 한국경제가 어렵다고 좌절만 하고 있을 수는 없다. 온 국민들이 한 푼의 달러라도 아끼기 위해 노력하고 있는 현실 속에서 선뜻 나선다는 것이 망설여지기도 했지만, 그렇다고 움츠리고만 있을 수는 없는 일이라 생각되어 민간외교 차원에서 무한한 잠재력과 교류협력의 가능성이 큰 러시아의 방문 길에 오르게 되었다.

방문단원으로는 지성한 마주협회 회장을 중심으로 이영숙 (한국 여성 경제인 연합회 전 회장), 원홍순(기업인), 마주와 나, 그리고 중국 교포 기업인 김 원선 사장이 동행했고, 총무를 맡아주었던 송인석(단국대 이사장 비서) 선생이었다. 이렇게 여섯 명으로 구성된 단원들은 다 각기 다른 방문 목적이 있었다. 지성한 회장은 '군과 정치'라는 논문을 발표하고 박사학위를 받는 일이었고, 이영숙 마주는 러시아 제국을 완성시켰던 에까떼리나 여황제와 함께 비운에 가신 한말의 민 황후를 모시고 추모미사를 드리는 일이었으며, 원홍순 마주는 상호교역을 위한 시장조사였고, 나는 에까떼리나 대학 초청을 받아 한국 문화특강이 목적이었다. 그리고 함께 동행 했던 중국 교포 기업인 김원선 사장은 한국 측의 중계로 중·러 무역을 트려는 것이었으며, 단국대학교 송인석 선생은 학생 및 교수의 상호 교류방안을 모색하기 위한 것이었다. 어느 것 하나 미룰 수 없는 우리의 시급한 과제들이라 생각되었다. 그러나 이와 같은 개인적 목적 외에 우리 네 사람의 마주들은 러시아의 경마현황과 마필 생산 및 훈련 등에 관한 것을 알아보려는 것이 가장 큰 공통된 관심사였다. 그러므로 여행기간도 상당히 여유 있게 3주쯤 잡았었지만 현지의 사정으로 인해 1998년 6월 20일부터 7월 5일까지 2주간으로 단축, 모든 일을 잘 마무리 짖고 돌아오고 이영숙 마주만 사업상 우랭고이를 방문한 뒤에 돌아오기로 했다.

(2) 말의 모든 것을 보여주는 루불료브 우스펜시브 경매장

러시아 사람들은 말을 생산하고 길들이고 경매하는 곳을 '말 공장'이라고 했다. 우리를 안내해주며 통역을 맡아 준 안내원은 우리들에게 오늘은 말 공장을 견학하게 된다고 했다. 처음에는 이 말이 이해가 되지 않았다. 그들이 말하는 말 공장은 바로 말을 생산하고 육성하여 경매를 하는 곳이었다. 모스크바의 서북쪽 고르키 10지역에 위치한 이곳에는 낡고 허름한 경매장 건물이 있었다. 앞마당에는 마상이 세워져 있고 건물 벽에는 사람과 말이 어우러진 아름다운 조각물이 붙어 있었으며 건물 안에는 넓은 모래 장과 경매를 진행하는 진행 석과 구매 인들이 마필을 관찰하수 있는 관람석으로 되어 있었다. 말을 끌고 들어 온 마부들은 모래 장 중간에 서서 말고삐를 잡고 걷게도 하고 뛰게도 하면서 관중들에게 수차례 반복하여 보여 줌으로 그 말의 모든 것을 자세히 관찰할 수 있게 하고 있었다. 경매는 매년 정해진 일정한 기간에만 이루어지며 전국적으로 많은 구매자들과 생산자들이 모여서 성황리에 이루어진다고 했다. 이곳에는 러시아에서 생산되는 여러 종류의 종빈마들을

보유하고 있어 차례대로 보여주었다. 그러나 경주마의 대표적인 더러브 렛 종은 찾아볼 수 없었고 승마용 명마가 주를 이루고 있었다. 승마훈련장이 함께 있어 장애물 경주 등 승마훈련에 주력하고 있었다. 그리고 이곳에서 자랑하는 러시아 특유의 3두 마차의 승차가 인상적이었다.

(3) 우리가 만난 세계적 권위의 말 박사들

소련이 붕괴되었지만 미·소양대 강국으로서의 위치에 걸맞는 문화적 전통은 러시아의 어느 곳에서나 쉽게 찾아 볼 수 있었다. 경마와 관련된 자료를 수집하기 위해 찾아간 곳은 러시아에서 마필 생산에 가장 권위 있는 찌미라셰프 국립 농업대학이었다. 이 대학의 역사는 100년이 넘었으며 국가 우수대학으로 평가를 받은 유명한 대학으로 말 관계학과가 설치되어 있었다. 소련이 붕괴되기 전까지만 해도 국가의 적극적 지원 하에 마필에 대한 충분한 연구와 생산, 육성, 보급 등을 원활히 할 수 있었으나 현재로서는 국가적 지원이 거의 없이 모든 것을 자체적으로 해결해야 하기 때문에 어려움이 많다는 것이었다. 사료 공급마저 해결되지 못하고 있는 어려운 실정이고 보니 우수마 생산을 위한 종빈마의 확보는 생각도 할 수도 없다는 것이었다.

그러나 이 대학의 말 관계학과에는 평생 동안 마필관련 학문연구에 헌신해 오신 말 박사이신 노교수님을 만날 수가 있었다. 그의 해박한 지식은 현재의 러시아 실정으로는 그 빛을 발하기 어렵게 되어 있었으나 우리에게는 너무나 필요한 분이라 생각되었다. 세계 경마사로부터 말의 육종학에 이르기까지 어느 것 하나 귀담아 듣지 않을 수 없었다. '우수한 종빈마를 확보하지 못한 마필생산은 차라리 몽고말이나 타는 것이 좋을 것이다.' 라는 질책에 귀가 번뜩했다. 다음으로 찾아갔던 이파드롬 경마장에서도 부 경마장장으로 일하고 계신 말 박사님을 쉽게 만나 볼 수 있어 화려했던 과거의 향수가 곳곳에 배어 있는 것을 느낄 수 있었다.

(4) 경마장의 합작운영 제안하기도

제일 관심을 갖고 찾아간 곳은 모스크바 내의 최대 경마장으로 알려진 이파드롬 경마장이었다. 웅장하고 우람한 겉모습과는 달리 내부는 낡아있었고 관리도 제대로 되고 있지 못하였다. 경마는 마차경주였으나 50여 년간 빠짐없이 배팅을 했다는 노신사를 만날 수 있어 그의 지난 경험을 설명들을 수 있었다. 1930년대를 전성기로 사회주의 국가건설에 따라 경마는 쇠퇴해지기 시작하여 마차경주만 남았으며 명마들도 사라져 갔다는 것이다. 그러므로 경마장 주변의 넓은 조련장이나 마방들은 모두 아파트로 개발되었고 경마인구도 급속하게 줄어 현재는 운영에도 어려움을 겪을 정도라는 것이었다. 마침 경마장 책임자는 출장중이라서 만날 수없었고 젊어서는 세계적 승마선수로 활약했던 부책임자 말 박사를 만날 수 있어 경마장의 현황에 대해 간단한 설명을 들을 수 있었다. 그는 경마장의 매출액이나 입장객 수를 정확하게 제시해 주지는 못했으나 현재에 운영이 대단히 어려운 형편이라면서 그 동안의 경마장을 거쳐 간 명마들에 대한 장황한 설명에 시간을 잊을 정도였다. 물론 개인 마주는 없었다. 입장객들은 배팅에도 관심 있었지만 필드 가에서 고기를 굽는 냄새와 함께 술도 팔고 있어 삼삼오오 모여 서서 경주하는 말들을 보면서 즐기는 모습이 여유가 있어 보였다. 배팅 하는 방법이 우리와 달라서 쉽게 맞출 수가 없어 몇 차례 시도해 보았지만 허사였다. 배당률이 극히 낮아 투기성이 적은 것, 또한 특징이라 할 수 있었다.

경마장을 떠나려 할 때 말과 함께 평생을 바치며 경마장 운영을 실질적으로 책임 맡고 계신 경마장 부책임자 말 박사께서 조심스럽게 한·러 합작운영을 제안하는 것이었다. 그의 신중하면서도 사려 깊은 태도에 검토해 보겠다는 지회장님의 답변에 그는 합작에 필요한 기초 자료를 책임자(경마장장)와 상의해 작성해 주겠다고 약속했다. 결국 우리가 비행장에 나왔을 때 그는 서류뭉치를 들고 나타났다. 그가 젊은 시절 미국에서 우승기념 선물로 받아 20년 이상 타던 애마가 엊그제 죽었다고 눈물을 글썽이면서…, 한·러 합작 경마장 운영 한번쯤 연구해 볼 만한 일이라 생각되었다.

(5) 한국의 정치·문화에 높은 관심 보여

러시아 국립 국방 부속 역사연구소에서 지성한 회장의 '군과 정치'라는 정치학 박사학위 논문 발표회가 있었다. 러시아 군의 전·현직 장성 및 영관급 박사들로 교수직을 겸한 심사 위원원들의 날카로운 질문공세는 강대국의 과거와 현재, 미래를 보는 것 같았다. 군사문화와 일반문화는 양립할 수 있으나 음양의 조화를 이루듯 상호보완적 입장에서 중용지도를 지켜나갈 때 국가발전에 이바지할 수 있다는 요지의 발표에 따라 질문의 요지는 한국 경제발전에 끼친 군사문화의 역할에 보다 많은 초점이 모아졌다. 러시아의 현재 상황 타개책으로 군사문화 역할의 중요성을 검증 해보려는 것이 아닌가 하는 느낌을 받았다. 러시아 군부의 핵심을 이루고 있는 연구소 교수들의 날카로운 질문에 나타나는 그들의 높은 학문적 식견에 다시 한번 놀라움을 금할 수 없었다. 박사논문 발표에 이어 명예 교수증 수여식까지 겸하게 되어 한·러 문화교류에 새로운 장이 열리게 되어 앞으로 더욱 긴밀한 협력의 계기가 될 것이라 기대되었다.

에까떼리나 대학의 초청을 받아 준비해간 '한국 전통문화와 고려인'
이란 한국문화 특강도 매우 성공적이었다. 이 대학은 18세기 27세의
젊은 독일여성으로 황제의 자리에 올라 34년간 장기간 통치를 통해 대
러시아제국의 최대 번영기를 누렸던 에까떼리나를 기념하기 위해 설립
된 최초의 러·독 합작의 사립대학으로 마침 기말고사 중이었다. 그럼
에도 불구하고 교내에 남아있던 많은 학생들이 강당을 꽉 메운 가운데
우리 일행을 환영해 주었고, 한국문화 특강에 전원 참석하여 한국문화
의 우수성에 신비감을 표하기도 했다. 대단히 보람 있는 일이었다. 정
치나 경제적 측면에서뿐만 아니라 우리문화를 이해시킴으로 러시아의
젊은이들이 한국에 대해 보다 깊은 관심과 새로운 세기의 동반자적 상
호이해 과정이 먼 장래를 내다 볼 수 있는 최대의 민간외교란 점에서
더욱 큰 의미가 있다고 생각되었다.

(6) 교회사에 기록될 민황후와 에까떼리나를 위한 추모미사

러시아의 극동정책은 부동항을 갖고자 하는 것으로 한국이 세계열강
들에 의해 개방의 압력을 받고 있을 때, 일본과 겨루다 패망한 상처의
역사가 남아있다. 특히 구한말 고종황제께서 일본세력을 피해 러시아
공사관으로 피신했던 아관파천은 우리 역사의 한 고비를 넘는 중요한
계기가 된다. 뿐만 아니라 민 황후께서는 항상 친러 정책을 펴 오시다
가 일본 낭인들에 의해 살해된 비운의 황후가 되고 만다.

이영숙 마주께서는 민 황후의 영정을 봉안하시는 일은 물론 민 황후
의 원을 풀어드리기 위해 남은 생을 받치겠다는 결심을 보이시던 중
금번 방문 길에 고종황제와 민 황후, 그리고 순종황제의 어진(영정)을
모시고 러시아에 들어갔다. 그리고 러시아의 에까떼리나 여황제의 어진

을 함께 모시고 서울 명동성당에서 신부님 세분을 특별히 초청하시어 러시아의 심장부 모스크바에 있는 카도릭 성당에서 에까떼리나 여 황제 및 고종황제와 민 황후, 순종황제의 추모미사를 올렸다. 집전하신 최석우 신부님은 한국 교회사 연구소 소장님으로 명동성당 소속 신부님이셨고, 보조 신부님으로는 변우찬(한국 교회사연구소 상임이사), 최성우(서울대교구 사무처 차장, 전산정보실장)님이셨다. 민 황후나 고종황제께서 생전에 그렇게 믿었던 러시아였지만 패전으로 인한 비운에 한이 서린 땅에 어진을 모시고 들어감으로 혼령으로라도 러시아 땅을 밟을 수 있게 한 최초의 사건이었다. 열강의 각축장이 되었던 한국 땅의 민 황후와 대러시아 제국을 완성시킨 에까떼리나 여황제와 어떤 인연이 있었는지 역사적 수수께끼만 같았다.

한·러 수교 이래 한국의 신부님들께서 러시아의 심장부 모스크바에서 고종황제와 민 황후를 모시고 들어가 정식으로 추모미사를 집전한 것은 카토릭교회의 역사에 한 페이지를 장식함은 물론 국가적으로도 뜻 깊은 일이라 생각되었다.

(7) 선진과 자유, 변해가고 있는 시민의식

우주비행을 세계에서 최초로 실시했던 선진 문명국이었던 소련, 이제 최초의 우주비행사 가가린의 이름을 딴 '가가린 명 우주비행사 양성 쎈타'를 방문할 수 있었다. 12년간 우주공간에 떠있는 우주정거장 미르호와 수차 우주를 왕복한 우주선의 도킹, 세계인을 놀라게 했던 소련만의 자랑이 아니었던가? 미르호의 모형과 우주왕복선의 실물이 전시된 현장에서 현역장성 부소장의 설명을 들으면서 옛 소련의 첨단과학 기술의 놀라운 발전상과 함께 인간의 무한한 가능성을 실감했다.

그런가 하면 아르바트 거리시장의 자유분방한 젊은이들과 세계에서 모여든 관광객들에게서 변해가고 있는 시민의식을 쉽게 찾을 수 있었다. 이곳을 찾는 호기심 넘쳐하는 세계의 젊은이들, 거리를 꽉 메운 러시아의 전통문화 편린들, 동서 문화가 뒤섞여 서구문화에 길들여져 가는 러시아의 젊은이들(맥도날드점 앞에 줄서고 거리에서 콜라를 마셔가며 영어로 대화하는 등), 화려했던 과거의 향수를 달래며 제자리를 잡지 못하고 있는 현재의 모습들을 보면서 변화를 예감케 하는 미래를 느낄 수 있었다.

틈나는 시간에 들를 수 있었던 이름 있는 곳들로는 보크온바이아 전승기념관, 성다닐로프사원, 크레믈린궁, 역사박물관, 동방예술박물관(이영숙마주의 우리전통복장 기증품 전시장), 모스크바 대학, 신·구아르바트 거리시장, 벼룩시장, 스라리실크 써커스장, 모스크바강 유람선 승선, 그리고 상띠 뻬떼르부르그의 페트르드웨레스 여름궁전, 헤르메라쥐 예술박물관 등은 정말 세계적인 문화의 보고로 모두 인상적이었다.

러시아는 변하고 있었다. 우리가 묵었던 고로키 지역(레닌의 별장이 있는 곳) 오진쏘버 별장에서 만난 민간인들은 친절했고 또 그 지역을 찾는 상류층 사람들의 생활은 대단히 부유했다. 주말 저녁 난데없는 불꽃놀이 축포가 터졌다. 주말을 별장에서 보내는 어느 가정의 아이들을 위한 생일축하 축포라는데 놀라지 않을 수 없었다. 그러나 우리를 경호해준 세 명의 경호원들(현역 대령 포함)의 경직된 태도에서 조직사회의 이해하지 못할 부분을 읽을 수 있어 러시아 사회의 양면을 보는 것 같았다. 분명 그들은 옛 소련의 추억에서 벗어나지 못하고 있음을 느끼면서 세르메치에보 공항의 에어로후롯 비행기에 몸을 실었다.

― 1998. 7. 10 ―

―『달리는 말』 제32호, 서울 마주협회 ―

9. 원조(元祖) 야생마(野生馬)를 찾아라

─야생마를 찾아 떠났던 몽골여행─

(1) 떠나자! 마문화(馬文化) 탐방!

마주제가 시작 된지도 10년이 지났다. 초기 제1차 마주, 경마에 대한 지식이 없었던 때, 처음으로 시도된 것은 일본의 선진경마 시찰이었다. 그 후 영국의 아스콧 경마장, 불란서의 상띠 경마장, 호주, 뉴질랜드, 홍콩, 모스크바 등 각국의 경마문화 탐방은 계속되었다.

최고의 클럽문화를 창출해 보겠다던 마주 협회, 각 조의 활발한 활동을 통해 이루어지던 테마여행은 사정이 달라지면서 이번에는 마주 로터리클럽(Rotary Club)이 중심이 되어 몽골을 다녀 올 수 있었다. 함께 했던 대원으로는 클럽회장 민영길 마주를 비롯하여 방영섭 마주와 오송자 사모님, 유근상 마주와 최덕희 사모님, 이용대 마주와 김문선 사모님과 따님 이선희씨, 그리고 정규진 마주, 조승민 마주와 필자 우쾌제 마주가 "떠나자! 마문화(馬文化) 탐방!"을 외치며 즐겁고 유익한 시간을 보낸 추억의 시간이었다.

(2) 웬 각료회의?

우리가 찾은 곳은 몽골(Mongolia)의 수도 울란바타르(Ulaanbaatar)였다. 원래 몽고는 러시아와 중국 사이에 있는 중앙아시아의 심장이며 한 때 징기스칸(ChinggisKhaan)시대에는 세계를 정복할만한 강대국이었지만 뒤에 청나라에 정복당했다가 1921년 중국으로부터 독립되어 소련연방으로 있다가 1990년 소련의 해체와 함께 몽골 민주공화국으로 전환된 나라다.(현재 내몽고는 중국에 속해 있으며 몽고 자치주로 남아 있다)

국토는 한국의 17배(1,566,500평방km)에 해당하며 인구는 250여만 명으로 수도 울란바타르에 69만여 명이 살고 있다. 기후는 겨울에 섭씨-35도, 여름에는 +25도로 온도차가 심하며 강우량(연평균 100~200mm)이 적어 목초가 자라는 정도로 자연 방목생활을 하고 있다.

우리가 첫날 묵었던 호텔은 영빈관이었다. 바로 대통령 궁이 옆에 있어 자유롭게 산책도 할 수 없는 제한된 공간(보초들이 곳곳을 지키고 있었음)으로 잘 갖추어진 고급카펫이 깔린 응접실과 회의실에서 시간을 보내며 계속 각료회의(?)만 진행해야만 했다. 그리고 다음날부터는 여행자에겐 절해고도(絶海孤島)와도 같은 영빈관에서 나와 시내의 특급호텔인 징기스칸 호텔(전에 한국 대통령께서 묵으셨다는)로 옮겼지만 때아닌 폭우로 정전(지하실에 물이 차서-몇 시간 후에 불이 들어왔지만)사태가 일어나 촛불을 밝혀야 했다. 몽골의 예로는 '귀한 손님이 비를 몰고 온다'고 하여 대단한 환영을 받았지만 불편을 감수해야만 했다.

역사박물관, 자연사박물관, 마지막황제의 고궁, 사찰 등 볼만한 곳이 많았다. 거리에는 한국산 자동차들이 길을 꽉 메우고 있어(적어도 80%정도는 될 것 같았다)낯설지 않았다. 상가나 선전탑 등에서는 많은 한국의 간판들을 볼 수 있었다. 몽골에서는 한국을 "솔롱고스(무지개 나라)" 라 하니 이상적 발전 모델을 한국에서 구하고 있는 것 같았다.

광활한 초원에서 징기스칸 군대의 외침이 들리는 듯, 몽골의 침략을 받아 39년간 강화도천도(遷都)로 저항했던 고려시대, 이제는 우리의 선

진적 문화로 몽고대륙을 누빌수는 없을지 열띤 각료회의(?)라도 열어야
만 할 것 같았다.

(3) 타키! 타키! 타키(원조 야생마)를 찾아라!

우리 민족은 원래 태어날 때부터 궁둥이에 퍼런 멍이 있는 몽골리안
으로 분류되어 원조(元祖)를 몽고에서부터 찾고 있는 것이 인류학자들
의 견해다. 더욱 관심의 대상은 몽골에 방목되고 있는 원조(元祖) 야생
마(野生馬) '타키(Takhi)－몽골어로－였다. 학명(學名)으로는'프르즈발스
키(Przewalski Horse)'로 유전학적으로 매우 중요한 야생마의 원조라 했
다. 원래몽골에서는 흔히 볼 수 있었던 것이었지만 육질이 좋아 식용으
로 포획되기 시작하여 멸종위기에 처한 것을 독일 등 외국에서 같은
혈통을 찾아 울란바타르 서쪽 95km 지점에 후스텐노르(Hustai National
Park)에 방목하기 시작하여 140여두로 증식되었다고 한다.

'타키! 타키! 타키를 찾아라!' 수십km에 달하는 초원을 달리며 몇 굽
이 산을 넘으면서 어제의 테를지 국립공원에서 말을 타고 달리며 허르
헉으로 몽골 전통요리를 즐기던 때와는 달리 긴장된 순간, 망원경으로
타키 찾기로 하루해가 다 갔다. 워낙 광활한 초지 위에 적게는 3－4
두, 많게는 10여두 씩 무리를 지어 군집생활(群集生活)을 하며 아침에
는 물가에 내려와 물을 먹고, 낮에는 산으로 올라가며, 색깔은 희거나
연한 갈색으로 눈에 잘 띄지를 않아 운 좋은 사람만이 만나게 된다는
설명이었다. 야생마 타키를 찾는 것은 허사였다. 연구소에 들려 야생마
타키의 생태를 VTR로 보고 돌아 올 수밖에 없었다.

무한한 초지와 광활한 자연이 그대로 살아 숨쉬는 곳, 초지를 따라
이동하며 겔(이동식 주택)에서 원시의 유목생활을 즐기며 살아가는 몽

고인들, 이제는 문명의 옷을 한국인들에 의해 입혀 볼 때가 되었다. 한국의 발달된 새로운 문화를 전해 줄 때가 되었다. 문화영토(文化領土) 확장을 시도해 보는 것이 지나친 기대나 과욕은 아닐지?

－2003. 7. 27－
－『달리는 말』 제90호, 서울 마주협회－

10. 신라 마지막 왕의 고뇌에 찬 선택

–경순왕릉(敬順王陵)을 다녀와서–

한여름의 무더위도 말복을 지나면 좀 누그러지는 법인데 금년은 웬일로 철을 잊었는지 조금도 물러설 줄을 모른다. 8월 중순을 지난 오늘도 시원한 냉방 버스 안에서까지 자꾸만 부채에 손이 가는 것은 나만의 버릇만은 아닌 것 같았다.

이 시대를 살아가는 우리들에게 문화 유적지 답사는 온고지신(溫故知新)의 역사적 교훈을 통한 새로운 지혜를 얻기 위한 소중한 기회가 된다고 생각되어 회를 거듭할수록 참가의 열기가 더해 가고 있는 것을 알 수 있다. 서울 문화사학회 답사가 98회에 이르던 날, 구파발 지하철역에서 3대의 관광버스에 꽉차게 모인 회원들은 다른 날과 달리 구석기 문화 유적 발굴 현장과 함께 일반인들이 쉽게 찾아 갈 수 없는 경기도 연천군 백학면 고량포의 민통선(민간인 통제구역–휴전선 남방한계선 근접 지역) 내에 있는 신라 경순왕릉을 참배하게 된다는 데서 많은 기대감에 부풀어 있었던 것 같다.

원래는 지난달 답사 계획으로 추진된 것이었지만, 금년 7월은 이 지역에 근래에 보기 드문 집중호우로 제방이 무너지고, 농경지가 침수되고, 가옥이 물에 잠겨 삶의 터전을 잃게 되었으며, 심한 곳에서는 산사태로 인해 많은 인명 피해가 나는 등 말할 수 없는 자연 재난을 당하는 바람에 답사 계획이 세 번 씩이나 연기되었기 때문에 그랬었는지도 모른다.

이곳은 군사 작전 지역에 위치하고 있어 우리는 경순왕릉 입구에 도착하여 한참을 기다려야만 했다. 얼마 후 이 지역의 방위를 책임지고 있는 젊은 육군 중위가 경계 근무를 서는 초소 병사들을 인솔하고 우리가 타고 간 버스를 호위하여 왕릉에 도착할 수 있도록 안내했다. 그리고 그는 이곳의 전술 전략적 가치와 답사 상의 주의할 점 등을 설명하고, 경순왕릉에 대한 역사적 유래까지 자세히 안내해 주었다. 대한민국의 젊은 초급장교, 그는 역시 이 곳 최전방의 방위 임무를 띠고 있으면서 문화 유적에 대한 깊은 이해와 상세한 지식을 갖고 찾아오는 이들에게 친절하게 안내해 줄 수 있다는 것은 장차 용맹한 용장만이 아닌 우리 문화를 이해하고 사랑할 줄 아는 지장으로 다시 한번 돌아보게 했다.

경순왕 그는 분명 신라의 임금이었다. 신라의 옛 서울 경주에는 시내 곳곳에 산 같은 왕릉들을 어디서든지 쉽게 찾아 볼 수 있다. 그런데 그 많은 신라 왕릉 중에 유독 경순왕릉만 이곳 경기도 땅 한적한 곳에 있어야 했겠는가?

왕릉의 입구 안내판에는 '경순왕의 성은 김(金)이요 이름은 부(傅)로 신라 제46대 문성왕의 6대손이며 이찬 효종(孝宗)의 아들이다. 927년 후백제 견훤의 침공으로 경애왕이 죽은 뒤 왕이 되어 935년 왕 건(王建)에게 나라를 물려줄 때까지 9년간 재위하였으며 978년(경종3년)에 죽었다. 왕이 서거하자 시호를 경순(敬順)이라 하고 왕의 예로서 장례를 모시고 능을 조영(造營)하였으나 오랫동안 잊혀져 오다 조선 영조 때에 찾게 되었다. 신라의 왕릉 가운데 경주 지역을 벗어나 경기도에 있는 유일한 신라 왕릉이다'라고 했다.

이것으로 볼 때, 중요한 몇 가지 사실이 확인된다.

첫째, 그는 신라의 분명한 왕손으로 정통성 있는 신라의 임금이었다. 그러면서도 역대 조상들이 묻혀 있는 경주에 묻히지 않고 이곳에 묻혀 있는 것은 특별한 의미가 있다고 생각되었다. 우리의 일상적 관행은 전통적으로 죽어 조상의 발밑에 묻히는 것이었다. 이것은 이생에서 조상들의 유업(遺業)을 받들어 충실히 이행하다가 죽어 후세에 다시 조상들을 만나 전과 같이 영생을 누려 보고자 하는 의식의 반영이었기 때문이라 생각된다. 그런데 경순왕은 대대로 물려받은 나라를 제대로 다스리지 못하고 천년 사직을 고려 왕건에게 넘겨주었으니 무슨 면목으로 조상을 뵙겠느냐 하는 속죄의 뜻에서 경주로 내려가지 못하고 이곳 경기도의 한 구석에 묻히게 된 것이 아니었을까 생각해 보게 된다. 물론 나라를 내어 준 입장에서 누가 그를 경주까지 모시려 하는 이가 있었을까 하는 것도 생각해 볼 수 있는 일이겠다. 경순왕의 대를 이어 왕위에 올라야 했던 왕자(마의 태자)는 아버지 경순왕의 뜻을 따를 수 없어 마의를 입고 금강산에 들어가 평생을 그 안에서 지내며 나오지 않았다 했으니 더욱 그렇게 생각해 볼 수도 있겠다.

둘째, 그는 후백제 견훤의 침공으로 경애왕이 살해된 후 왕이 되어 나라를 다스리다 고려 왕 건에게 넘겨주어 전쟁을 피하고 백성의 희생을 막은 신라의 마지막 임금이었다는 것을 알 수 있었다. 경기도 연천군 일대가 옛 삼국 시대부터 많은 전략적 요충지로 그 흔적들이 남아 있는 것을 볼 수 있었는데 역시 현대판 만리장성인 휴전선 철조망이 이곳을 지나고 있어 직접 대하게 되니, 그대로 역사를 거슬러 올라간 것만 같았다. 한반도의 좁은 땅덩이를 서로 갈라놓고 세력 다툼을 하던 것은 오늘의 일만이 아닌 역사적 사실이었다는 점에서 다시 한번 경순왕의 크고 넓은 뜻을 헤아려 보게 되었다.

찬란한 문화와 평화로운 서라벌에 먹구름이 일기 시작한 것은 후백제 견훤의 침공으로 경애왕이 살해되면서부터였다. 물론 당나라 군사를 끌어들여 같은 민족이요 이웃나라였던 백제를 멸망시키고 잔인하리만큼 문화적 흔적을 파괴시켰던 신라로서는 언제라도 감당해야만 했던 피할 수 없는 복수의 칼날이 아닐 수 없었을 것이다. 경애왕이 살해되고 왕위에 오른 경순왕, 그는 외세의 힘을 빌어 나라를 지켰던 조상들의 위업을 놓고 얼마나 많은 고민을 했을까 하는 것은 현재로서도 헤아리기 어려울 것 같다. 수없는 중신(重臣)회의도 열었을 것이며, 가족회의도 열었을 것이다. 그리고 끝까지 반대하는 태자(마의)를 설득해 보기 위해 얼마나 많은 고민을 했겠는가?

싸움도 한번 해 보지 않고 나라를 그대로 송두리 채 넘겨준다는 것은 세계 역사상 상상도 못할 일이 아니겠는가? 권력을 잡기 위해서는 얼마나 많은 백성들의 피를 흘리게 하고 또 그것을 뺏고 빼앗기는 일들은 이 지구상에 전쟁이라는 참혹한 상황을 연출해 내고 있지 않은가? 그런데 왜 경순왕은 유독 전쟁 한번 해 보지도 않고 그리 쉽게 나라를 넘겨주고 말았을까? 국력이 다하는 날까지 최후의 일각까지 단 한사람까지라도 끝가지 버티고 싸웠다면 신라는 그렇게 쉽게 멸망하지는 않았을 것이다.

여기에서 잠깐 눈을 돌려보면 미국의 남북전쟁에서 영웅으로 추앙받는 인물로 남부군의 리 장군을 생각하게 한다. 미국을 여행해 본 이들은 누구라도 들리게 되는 알링턴 국립묘지에서 한 복판 중심 언덕 위에 세워진 하얀 색깔로 칠해진 리 장군의 기념관을 보며 안내자의 설명을 들을 때, 과연 그는 명분 없는 전쟁으로 국민들을 희생시키고 파멸하는 것 보다 투항하여 새로운 미국을 건설하려 했던 그의 용기에 박수를 보내며 머리를 숙였던 것을 기억할 수 있을 것이다.

오늘의 미국 건설에 큰 공로자로 남아 있는 것을 알 수 있었던 것을 생각할 때, 경순왕의 결단은 백성들과 그 동안 이루어 놓은 문화적 업적을 그대로 계승시켜 민족문화의 영원한 발전을 기대한 최후의 참기 힘든 고뇌에 찬 결단이었을 것이다. 그러므로 찬란했던 신라 문화의 유물들이 오늘까지 남아 전하게 된 것이 아닌가 하는 점에서 정말 그의 큰 뜻을 다시 한번 생각하게 해주고 있었다.

셋째, 그는 죽은 후 경순(敬順)이라는 시호(諡號)를 받아 왕으로서의 최후를 마치게 되고 능을 조성하게 되었음을 알 수 있게 된다. 나라를 고려에 넘긴 그는 서라벌이 아닌 개성에서 살아야 했을 것이다. 물론 일국의 왕으로 나라를 다스리던 그로서는 어떤 예우에도 만족하지는 못했을 것이지만 그의 묘비를 보면 천수를 누린 것 같다. 그가 죽은 후 경순이란 시호도 신라가 아닌 고려에서 받은 것이고 보면 그로서는 불운한 일생을 살다 간 왕이라 하지 않을 수 없겠다.

그러나 조금만 다른 각도에서 역사를 본다면 사정은 다를 것이다. 나당 연합군에 의해 멸망된 백제의 경우를 보자. 대소 신료들은 물론 의자왕의 비참한 최후는 말할 것도 없고, 부소산 낙화암 전설의 꽃다운 삼천 궁녀들의 죽음은 패전국의 참상을 말해 주는 것이 아니고 무엇이 겠는가? 그러므로 중국과의 교류를 통해 삼국 중 가장 찬란한 문화를 꽃피웠던 백제 문화는 여지없이 파괴되어 그 흔적을 찾을 길이 없고 다만 출토 문화에 의지하거나 왜국에 전파된 일본의 고대 문화를 통해 편린이나마 보게 되는 것 정도가 아닌가 생각된다. 전쟁에서의 패망국의 최후가 어떻다는 것을 경순왕은 너무도 잘 알고 있었던 것 같다. 그러므로 왕의 자리보다는 백성들과 종묘사직을 위하고, 그 동안 이루어 놓았던 문화적 업적을 위해 신라의 왕이 아닌 고려의 신민으로 평생을 살았던 것이 아닌가 생각해 보게 된다.

넷째, 오랫동안 잊혀져 오던 경순왕릉을 조선 영조(英祖) 때에 묘비를 새로 세우고, 왕릉을 정비한 것은 역사를 알고, 문화와 전통을 중시하는 영민한 지도자의 시대정신을 알게 해 주는 것으로 생각된다. 왕릉 옆 비각에 글자를 판독할 수 없을 정도로 마모가 심한 옛 비석이 있는 것으로 보아 원래부터 있었던 묘비가 유실되고 영조 대에 새로 세운 것임을 알게 해 준다.

역사는 냉정한 심판이 따르게 되는 법, 그 시대의 가치관이나 시대정신에 따라 평가도 달라지게 되는 것을 볼 수 있으니 아마도 국가에 충성을 강조했던 군주정치 하에서 나라를 송두리째 받친 경순왕은 평가 절하되어 경멸 내지는 기억에서 사라지고 말았었던 것 같다. 그러므로 오랜 세월 동안 잊혀진 채 버려져 오게 되어 묘비마저 유실된 것이 아니었을까 생각된다.

그러나 조선 후기 영민한 영조 대왕께서는 경순왕의 큰 뜻을 헤아린 분이 아니었을까 생각된다. 그러므로 역사적 단절을 뛰어 넘어 새로운 묘비를 세워 묘역을 단장하고 왕릉으로서의 면모를 갖출 수 있게 한 것이라 생각된다. 동일한 역사적 사건이라 해도 그것을 보는 안목에 따라 달리 해석할 수 있을 것이다. 역대 왕조들이 돌보지 않던 경순왕릉을 새롭게 단장한 영민 했던 영조의 큰 뜻 또한 우리는 다시 한번 생각해 보게 한다.

경순왕릉, 현재로서는 자유롭게 찾기 힘든 고랑포의 한 산기슭에 말 없이 누워 계신 신라의 마지막 임금님의 무덤, 우리는 이곳을 돌아보고 무엇을 느끼고 또 무엇을 배워야 했던가?

차창 가에 비끼는 8월의 따가운 햇살을 받으며 옆자리에 앉은 사학과 교수님과 두 가지 문제를 제기해 보았다. '고려 건국에 끼친 경순왕의 역할과 역사적 재평가'나 아니면 '경순왕의 애국 애족적 사상 고찰' 등을 논문으로 써서 그의 역사적 위치를 다시 한번 재확인 평가해 볼 필요가

있지 않겠느냐는 것과, 남북 분단의 현실에서 경순왕의 위대한 업적을
북쪽으로 보내어 평화 통일의 전범으로 보여주는 것은 어떻겠느냐는 것
이었다. 물론 여담으로 나누어 본 말들이었지만 정말 북쪽에 경순왕의
위업을 알려 평화 통일을 앞당겼으면 하는 소망 가득할 뿐이다.

- 1996년 8월 18일 제 98회 답사를 마치고 -
-『서울 문화』 제1집에 수록, 서울문화사학회 -

11. 효는 인류의 보편적 가치

―『심청전』의 배경지 백령도에 세워지는 심청각(沈淸閣)―

백령도는 우리나라 서해 바다의 휴전선 최북단에 있는 군사적 요충지로 잘 알려진 섬으로 이 섬에 심청각이 건립되고 있다. 옹진군에서는 여러해 전부터 고소설 『심청전』의 관련지로 백령도를 비정하고 그 동안 많은 학자들에게 의뢰하여 그 사실 여부를 확인하는 작업을 거쳐 사업을 착수, 진행한지가 오래 된 것을 알 수 있었다.

특히 금년 여름에는 심청각 건립 기념으로 코리아엔젤스 예술단을 초청하여 대대적인 주민 위문 겸 홍보를 위한 대공연을 갖기로 되어 있었다. 이를 안 필자로서는 두 가지 의미로 이에 동행하게 되었다. 그 하나는 옹진군이 인천광역시로 편입되었으니 인천 지역사회의 문화 행사라는 점에서 관심을 갖지 않을 수 없는 일이었으며, 또 하나는 백령도와 고소설 『심청전』과의 관계를 학회적 차원에서 검토해야 된다는 의미가 있었다. 그래서 이 방면에 조예가 깊은 한국 고소설 학회 회장단과 인천대 지역사회 연구소 연구 위원들을 모시고 심청각 건립 현장을 돌아보게 되었다.

백령도(白翎島)는 원래 그 모양이 고니처럼 생겼다 하여 '고니섬'이라 했고, 한자로 고니곡(鵠)자를 써서 '곡도(鵠島)'라 하던 것을 따오기가 흰 날개를 펴고 공중을 나는 형상과 같다 하여 '백령도(白翎島)'라 했다는 기록이 남아 있는 곳으로 황해도(黃海道) 해주(海州)와 마주하고 있으며 행정구역으로는 장연군(長淵郡)에 속했던 곳이다. 그러나 8.15해방과 함께 장연군의 백령면 만이 38선 이남에 속하게 되어 경기도 옹진군(甕津郡)에 편성되었다가 6.25동란으로 옹진반도(甕津半島)마저 휴전선 이북으로 미수복지구가 되자 군청을 인천으로 옮기고 서해에 남아 있는 도서(島嶼)만으로 옹진군을 편성하여 경기도에 속했다가 행정구역 변경에 따라 인천광역시로 편입된 지역으로 장산곶이 한눈에 들어오며 황해도 해주지방도 멀리 바라다 보이는 곳이다.

이 곳은 역사적으로 볼 때 삼국 시대부터 중국을 왕래하던 중요한 뱃길임을 알 수 있는 곳이다. 『심청전』의 근원설화로 보는 『삼국유사』의 거타지(居拖知) 설화 배경을 이곳으로 보고 있는 학자들이 있는 것만 보아도 쉽게 알 수 있는 일이다. 그렇게 본다면 백령도와 『심청전』과의 관련설은 분명해 진다. 또한 이를 증명해 줄 수 있는 것들로는 이곳 백령도에 나타나는 지명들이다. 그 예로 북동쪽에 위치한 임당수라는 바닷길과 동남쪽 바다 위에 솟아 있는 연화암을 들 수 있겠다. 임당수라 하는 바다의 물길은 지금도 수심이 깊고 물살이 빨라 위험한 곳으로 알려지고 있어 예로부터 잘 알려진 곳이었음을 알 수 있다.

그러므로 임당수를 중심으로 한 이야기 중에서 심청의 이야기는 상당한 설득력을 갖고 전해 오는 이야기였을 가능성이 높다. 고소설 『심청전』에 나오는 남경장사 선인들이 장사차로 북경을 오가며 들렀던 지역은 황해도 해주 땅이었을 것이며, 이 때마다 백령도 북동쪽 임당수 바다의 물길은 그들에게 대단한 두려움과 공포의 해로(海路)로 어린 소녀를 제물로 바쳐 해신(海神)을 위로하지 않으면 뱃길이 무사하지 못했던 것으로 알려진 것이 아니었던가 생각된다.

이때 마침 황주 도화동에 심학규라 하는 맹인의 딸 심청이 효성이

지극하여 안맹하신 부친의 눈을 띄우려고 남경장사 선인들에게 공양미 삼백석에 몸을 팔아 살신성효(殺身成孝)한 이야기가 많은 사람들에게 크게 감동을 주었음은 물론 유학을 숭상하던 당시 사회에 효의 전범 (典範)으로 널리 찬양을 받아 소설화된 것으로까지 비약시켜 볼 수 있겠다. 물론 모든 전설은 부단히 사실화하려는 노력을 보이는 것이지만 이렇게 『심청전』의 근원 설화에 입각한 전설화 작업도 문학의 특성상 큰 무리는 아닐 것이라 생각된다. 눈먼 아버지의 눈을 띄우려고 몸을 판 이야기의 주인공 심청이의 부모 위한 효성, 그 어디에서 예를 찾아 볼 수 있겠는가? 출천대효(出天大孝) 심청이의 지극한 효심을 어찌 하늘인들 무심 했겠는가? 임당수에 제물 되어 바다에 몸을 던지니 용궁이 야단난다. 출천대효 심청이를 하나도 상치 않게 잘 모셔 오라는 분부가 내려지니 용궁 병사들 앞을 다투어 모셔 드린다. 그 곳에서 지내는 동안 모친을 상봉하게 되고, 역대 열녀 귀부인 모두 만나 뵙고 연꽃으로 환생하여 연화봉에 우뚝 솟아 새롭게 태어나 황후의 자리에까지 오르게 되어 아버님의 눈을 뜨게 한다는 이야기는 정말 감동적이지 않을 수 없다.

이 같은 내용에 따라 이곳 백령도를 돌아보면 임당수 물길 따라 서남쪽으로 돌아가면 연지동과 화지동이 합한 연화리(蓮花里)가 있어 연못에는 지금도 연꽃이 가득히 피어 있는 것을 보게 된다. 이것은 『심청전』에 나오는 연꽃으로, 심청이 환생한 것을 기리는 뜻에서 상징적으로 연지(蓮池)를 조성하고 그 연지에서 피어나던 연꽃이 현재에도 소담하게 피어난 것이 아닌가 생각하게 해 준다. 또한 백령도 남동쪽에는 바다 한 가운데 연꽃 모양의 바위가 우뚝 솟아 있는 것을 보게 된다. 이 곳 사람들은 이 바위를 연화암(蓮花巖) 또는 연꽃바위라 하고 있는데 이것은 심청이 연꽃으로 다시 환생한 곳이라 말하고 있어 역시 『심

청전』 이야기의 내용들을 사실적 증거물로 형상화시키고 있는 것들이
아닌가 생각하게 해 주고 있는 곳이기도 하다.

백령도에는 이렇게 곳곳에 『심청전』과 관련된 전설을 지닌 지명이나
형상물들이 많이 남아 있어 고소설 『심청전』과의 깊은 관련을 맺고 있
다. 이곳에 심청각을 건립하는 의미는 역시 소설 속의 상상적 세계를
현실로 형상화해 보고자 하는 의도가 있는 것이라 생각되어 그 의미를
깊게 해 주고 있는 것이라 말 할 수 있겠다.

심청각은 백령도를 대표할 수 있는 문학적 형상물로 자리매김할 필
요가 있겠다. 앞으로 백령도를 찾는 이들에게는 반드시 심청각을 들를
수 있도록 해야 할 것은 물론 인천 문화의 한 뿌리로서 심청의 효사상
은 강조되어 부족함이 없는 인천의 정신이 되었으면 하는 바람 그지없
다. 문학작품은 인간의 상상의 세계에서 창조된 이상의 세계이다. 그러
면서도 세계 도처에는 문학적 상상의 세계를 형상화한 유명한 도시나
지역들이 얼마든지 있는 것을 알 수 있다.

중국 생활을 통하여 장강(長江)을 여행해 본 일이 있었다. 장강에 배
를 타고 밤낮 며칠간을 내려가며 강 언덕을 지나면서 보고 듣게 되는
것은 항상 중국 소설 『삼국지연의』에 나오는 유명한 명소들뿐인 것 같
았다. 이것은 중국 역사의 큰 흐름이 장강을 통해 형성된 것에서도 연
유하지만 우리로서는 이국 만리의 명소들을 어찌 가히 기억할 수 있었
겠는가? 소설 『삼국지연의』가 더욱 유명하게 만들어 놓은 것임을 누구
도 부인하지 못할 것이다.

유럽을 여행해 본 사람들도 한결 같이 말하는 것은 유명한 대 문호들
의 고향이거나 아니면 작품의 배경이 되고 있는 지역들이 한결같이 유명
한 관광 명소가 되어 세계인의 발길을 모으게 하고 있다는 것이 아니었
던가. 한국을 찾는 이들에게 우리는 무엇을 보여주고 어떤 정신을 그들에

게 심어 주어 후일에도 자손 대대로 다시 찾고 싶어 하게 할 것인가?

산천의 아름다움도 우리의 자랑거리라 하겠지만 세계를 돌아볼 때 한국의 자연보다 얼마든지 더 아름다운 자연은 있을 수 있는 것이다. 세계에서 유일한 한국의 자랑거리, 볼거리, 들을 거리를 만들어 정말 한국은 훌륭한 나라라고 하는 인상을 심어 주어야 하지 않겠는가? 그러기 위해서는 우리만이 가지고 있는 우리의 자랑거리를 보고, 듣고, 느끼게 해주어야 할 것이다.

문란해져 가는 성윤리를 바로잡기 위해서는 끝까지 정절을 지킨 열녀 춘향의 『춘향전』을 형상화시킨 전라도 남원을 소개하면 될 것이요, 자식이 부모를 살해할 정도로 험악해진 가정 윤리의 근본을 바로 세우기 위해서는 출천대효 심청의 『심청전』을 형상화시킨 백령도를 소개할 수 있는 날이 오게 될 것을 크게 기대 해 보면서 인천 공항의 개항과 함께 인천광역시 전체가 효행의 도시로 변해지기를 바라는 마음 간절하다.

－ 1996. 8. 20 －
－ 한국 고소설학회 회장단 일행과 함께 －

12. 새로 입주한 세브 한인교회

—선교의 현장을 돌아보고—

큰 딸, 미애에게!

어제는 수요일이라서 세브 한인교회를 찾아가기로 했다.

지난번에 왔을 때 갔던 교회는 오순절 신학대학을 빌려서 하고 있던 곳이었고 이제는 어엿한 독립 건물이 완성된 교회로 이사를 했기 때문에 새롭게 찾아가야만 했다. 마침 박 지덕 담임 목사님의 핸드폰 전화를 알고 있었기에 전화로 통화를 해서 새로 이사 간 교회의 위치를 물어 보았지만 지리에 밝지 못한 세브시내의 위치를 알 길이 없어 걱정을 하고 있었단다.

다만 아얄라 라고 하는 자주 들리던 백화점 근처라는 것만 알고 배석진 아저씨하고 미리미리 아얄라 백화점에 가서 맛있는 점심(한국식 떡과 같은 것과 곰국 같은 음식)을 사 먹고 거기서 다시 찾아가기 위해 시간을 좀 보내며 백화점 구경을 하다가 오후 쯤 되어 목사님께 전화를 걸었더니 같은 백화점에 와 계신다고 장소를 지적 해 주시는 바람에 쉽게 찾아 만날 수가 있었단다. 만나고 보니 한국에서 사업을 하겠다고 찾아온 젊은 친구와 사업을 소개하기 위해 백화점에 와 계신다고 하더구나. 계제에 사업에 대한 이야기도 들었는데 서울에서 보석상을 하는 아줌마(교회 임원)가 이곳에 와서 몇 개 도시에 보석상을 냈는데 세브에 있는 가게를 남에게 맡기고 보니 관리하기가 어려와 한국 사람에게 넘기려 한다는 것이었다. 한국에서 성공한 사람이 외국에서도 성공하는 것이지 한국에서 실패한 사업가는 외국에서도 성공 할 수 없다는 것을 알았다. 이곳 세브의 아얄라 백화점내의 보석상을 인수하려는 젊은이도 한국에서 보석상으로 성공한 사람으로 국제적 진출을 위한 발판을 마련하기 위해서 시작 해 보려는 것이었고 하더구나.

목사님의 봉고차를 배 교수와 함께 타고 찾은 곳은 새로 지은 세브한인교회로 대지는 그리 넓지 않았지만 아얄라 백화점에서 100여 미터 밖에 떨어지지 않은 도심지역에 호텔들이 신축되고 있는 길가로 매우 좋은 장소였고, 건물은 3층으로 한국식 창문까지 잘 살려서 예쁘게 지어진 교회였단다. 1층과 2층 절반은 대예배실로 꾸며져 있고 옆에는 식당과 주방까지 잘 갖추어져 있더구나. 그리고 3층은 모두 목사님 사택으로 거실, 서재, 침실 등 넉넉한 공간에 현지인으로서 관리인들이 각층에 배치되어 있어 교회를 깨끗하게 청소도 하고 관리를 하고 있더구나(인건비가 저렴하고 충성심이 강한 현지인들을 관리인으로 고용한 것 같았다)

건축에 대한 설명을 들었는데 처음에 토지를 구입할 때는 평당 5만 원 정도로 값싸게 사서 건축비도 저렴하게 총 3억(한국 돈)원 정도로 시작 했는데 그동안 물가가 상승되어 직영으로 했어도 약 4억 원 정도가 들었다고 하더구나. 그 정도로 그런 빌딩을 준비 랄 수 있는 것은 이곳의 저물가 덕택인 듯 했다. 현재로서는 1.5배 정도 오른 것 같다고 하더구나. 배 석진 아저씨와 이야기 하던 중 해외 단기선교 차 군산대학 교수였던 분이 학생들을 데리고 와 있다가 그날(어제, 28일) 막 떠났다더구나 하루만 먼저 찾았더라도 배 교수 친구를 또 한사람 만날 수 있었는데 그들은 만나 보지 못했단다.

한국어 교육 프로그램에 대해 이야기를 했더니 교회가 앞으로 한국어 교육 프로그램을 설치하고 필리핀에서 한국으로 결혼해 가는 신부들이나 한국으로 근로자 및 유학을 희망하는 자들을 위해 교육을 해 볼 계획이라 하여 아빠가 생각하고 있던 것과 매우 유사한 생각을 갖고 있는 것을 알 수 있었단다. 교사로서는 이곳에 선교사로 나와 있는 사모님들 중에 국문과 출신이 있어 활용 해 보려는 생각을 갖고 있다고 하여 거기에 더해서 한국어 교사 양성프로그램을 만드는 것이 더욱 효과적일 것이란 의견을 나누고 차후 서로 연구하여 협력하기로 했단다. 계획으로는 한국인 학교도 설립하여 이곳에 나와 있는 교민들의 자녀 교육프로그램도 생각을 하고 있다고 하더구나. 역시 할 일은 많은 것 같았다.

그리고 아빠가 준비해 가지고 왔던 S.D.A Eiiementry School에서의 한국어교육 프로그램 문제는 전에 약속이 되었던 교장선생이 유럽 여행 중이라서 부교장과 다시 만나 의논을 해야 하기 때문에 금요일 점심시간을 약속해서 함께 만나서 어떤 프로그램을 어떤 방식으로 적용해 볼 수 있는지 다시 의논해 보기로 했단다. 그 외에도 대학이나 중, 고등학교에 한국어 프로그램이 가능한지를 더 탐색 해 보고 실천 가능한 프로그램을 개발 해 보도록 하기 위해 여러 가지로 모색 중이란다.

그러기 위해서는 이곳에 사회단체를 등록해야 본격적인 활동이 가능할 것 같아서 서 교수와 배 교수 그리고 아빠랑 셋이서 기와집을 여러 채 지었다 부쉈다 해 본단다. 우선 작명을 잘 해야 모든 사업의 절반을 성공하는 것이라서 그 명칭을 무엇으로 할까 하고, 이렇게 저렇게 논의를 하고 있는데 문화교육봉사프로그램 으로 하면 어떨 가 생각도 해 봤다 영어로는 'Culture Education Service Plan'으로 한국문화를 가르치는 봉사단체로 하면 어떨가 하는 이야기를 많이 했단다.

이제 S.D.A Elementary School에서 실험이 가능하면 이번에 다만 몇 칠 간이라도 실험을 해 보고, 다음 겨울 방학 때는 본격적으로 적용해 보려 한다.

이곳 날씨는 생각했던 것처럼 더웁지는 않구나, 서울과 비슷한 날씨인데 매일 한두 차례씩 소나기가 내려 대지가 촉촉하고 시원하게 식혀주기 때문에 사람들은 하나도 불편 해 하지 않고 살아가고 있는 것을 보게 되는구나. 4월과 5월이 이곳에서는 여름이고 6월부터는 가을로 접어들었다고 하는 구나 거리에서 어떤 이들은 긴 팔 옷을 입고 다니기도 하는 것이 눈에 띠는데 우리로서는 초여름의 더위 정도로 느껴져 아무런 불편을 모르고 살고 있단다.

음식은 소식이 이곳 사람들의 습성인데 아빠는 국을 좋아하여 이곳 사람들의 식성대로만 먹는 것은 좋지 않아서 국을 파는 곳을 자주 찾아가서 국물 있는 음식을 사서 먹었더니 배도 편하고 건강도 이상이 없단다. 국물은 여러 가지가 있는데 우족 탕과 비슷한 것도 있고, 닭 국물도 있고, 조개 국을 비롯하여 생선국 등 다양해서 마음대로 골라 먹을 수가 있구나,

아빌리안 이라고 하는 공설 운동장에 다니며 조깅을 할 수 있고, 그 곁에는 수영장이 있어 수영복을 가지고 왔고, 수영 모자는 하나 구입했는데 아직 수영은 해 보지 못했단다. 배 석진 아저씨는 골프를 치러 가자고 하시는데 한국에서도 안친 골프를 이곳에서 칠 수가 있을지? 아직 생각 중인데 허리에 부담이 가는 운동이라서 삼가려고 한다.

한국에는 장마 비가 계속되고 있다고 하니 건강에 모두 유의하기 바라며 수한이 시험에 꼭 합격되기를 간절히 빌고 있으니 성공하기 바란다. 조그만 일에서의 성취는 큰일을 이루는 기초를 만들어 주는 것이 됨으로 하나도 실패라고 하는 것은 사전에서 빼어 버릴 수 있게 되기

를 바란다. 그러나 하나만 있는 것은 아니니 항상 예비적인 여유를 두고 실망하는 일도 있어서는 안 된다는 것을 알기 바란다.

하나님은 우리가정을 사랑 해 주고 계신다. 그 사랑을 받기만 하면 되는 것이니 아무 염려 말고 믿으면 그대로 이루질 것이다. 확신하는 마음과 살아있는 영의 기백은 바로 우리의 힘이 될 것이다. '내게 능력 주시는 자 안에서 못할 일이 없다'고 하셨다. 모든 일에 능력을 받아 다 이루어 질 것을 확실히 믿기 바란다.

엄마의 건강 하루속이 회복되어 실로암 물가에서 눈을 씻고 밝음을 받았던 하나님의 역사가 나타나 더욱 광면한 세상을 즐겁게 살아갈 수 있게 될 것을 또한 확신해 보자. 모두모두 잘들 있거라. 아빠도 잘 있다 가겠다.

내내 건강과 하나님의 크신 축복 안에서 하는 일들이 다 잘 되리라 믿는다.

안녕히 잘들 지내기 바란다.

- 2005. 6. 30. -
남태평의 한가운데 필리핀
세브랜드의 세브시티에서

- 가족을 생각하며 사랑하는 아빠가 -

13. '보올'이라는 섬을 다녀와서

―필리핀에서의 섬 여행 답사기―

둘째 딸, 미옥에게!

 어제(6월 27일, 월요일)에는 세브랜드에서 뱃길로 두 시간 정도 가는 보올이라는 섬을 여행했다. 서 교수의 주선으로 그곳에 사는 원주민 가정을 방문하고, 그 섬에 유명한 관광지를 다녀오는 계획이었다. 배 시간이 오전 8시경이라 해서 아침 운동도 간단히 하고 부두로 나가보니 보올에 가는 코스는 여러 가지가 있는데, 우리가 가는 곳의 배는 9시에나 떠난다고 하여 배표를 사고 한 시간 이상을 부두의 터미널에서 기다렸단다. 배표는 컴퓨터로 매표가 되어 이름과 좌석번호까지 찍혀 나오는 고급 형 선박으로 뱃삯도 상당히 비싸더구나. 배는 물위를 미끄러지듯 운행이 되는데 정말 조금만 나가도 곳곳에 조그만 섬들이 점점이 떠 있어 다도해를 실감나게 하더구나.

 멀리 가까이 나타나는 섬들에는 점점이 보이는 낚싯배나 어부들의 움막 같은 초가가 있는가 하면 멋진 별장들도 눈에 들어오기도 하고, 물빛은 동남아 여행에서 보았던 파아란 옥빛 그대로 맑은 바다 물이었단다. 배안에는 에어컨이 틀어져 있어 더위 같은 것은 전혀 느끼지도 못한 채, 두어 시간 동안 지그시 눈을 감고 피로를 풀기도 하고 멀리 가까이 나타나는 조그만 섬들을 카메라에 잡아보기도 했지만 카메라는 빛의 예술이라서 옆 광이 될 때는 검으스름한 그림자만 나타나, 지우고 찍고 몇 번씩 반복하기도 해 보았지만 쓸만한 것 몇 장을 건지기가 어렵더구나. 배안에서는 간간이 들려오는 소리가 한국말이 많아서 처다 보면 젊은이 쌍쌍이 앉아 있는 것은 신혼여행 온 풋내기 부부들이었고, 그렇지 않으면 둘씩 셋씩 무리 진 젊은이 들은 방학을 맞은 대학생들 같았단다.

항구에 배가 닿자 많은 사람들이 피켓을 들고 호객행위에 정신이 빠질 정도였고 몇 사람씩 따라 붙어 흥정을 하는 사람들과 바닷가에 늘어선 코코넛 장사들은 그대로 볼만한 풍경이었단다. 우리 일행도 섬 여행을 위해서는 교통수단을 흥정해야 하는데 여러 차례 이곳을 방문했다는 서 교수가 알아서 에어컨도 잘 나오고 편안하게 쉬면서 다닐 수 있는 소형 봉고차를 한대 흥정하여 몸을 싣고 달리기 시작하니 부두와는 먼 거리에 전혀 섬 같은 기분을 느끼지 못할 정도로 꽤 큰 것을 알 수 있었단다.

도시로 들어가니 대학도 있었고, 쇼필몰이 있어 내려서 몇 가지 물건을 흥정해 보니 값은 꽤 싼 편인데 운영하는 방법은 서양식으로 서울에서와 다름이 없었다. 대단한 서양 자본들의 상행위를 느끼게 했다. 역시 가는 곳마다 사람들이 많이 모여 들고 장사가 될 만한 곳은 서양이나 일본과 같은 외국자본과 선진적 운영기법으로 움직이고 있는 것을 실감할 수 있더구나. 섬을 가로질러 초대된 가정으로 가는 도중에는 반정부군이 가끔씩 출현하여 여행객들을 납치하고 흥정을 벌린다는 거의 밀림지역과 같은 곳도 지나게 되어 으시시한 기분도 느꼈지만 빠르게 달려가는 노련한 운전수의 솜씨는 잠간사이에 통과하게 되고 원주민 가정들을 방문해 볼 수 있었단다.

가난은 행복의 기준이 아니라는 것은 이곳 사람들의 생활을 보면서 실감 할 수 있더구나. 우리 기준으로 보면 정말 가난해서 살맛이 없을 것 같아도 천연의 자연 속에서 아름다운 꽃들을 가꾸며 방이나 거실 부엌 화장실은 빈민가에 가깝지만 7,8명의 자녀들을 길러서 모두 도시로 내 보내어 돈을 벌어 오게 하면서 그 씨앗인 손자들을 할아버지 할머니가 되어 키우고 있는 모습은 이곳 사람들에게는 바로 사람이 재산이란 것을 실감 하게 하더구나. 특이한 것은 그렇게 어려운 형편에 살면서도 고양이를 키우고 있더구나(라이프스타일이 침대생활이라서 가능한 것으로 알 수 있었다)

두 가정을 방문해 보았는데 한 가정은 조그만 소도시에 위치하고 있으면서 부부가 함께 해로하는 가정 이었고, 한 가정은 밀림 속에 2층 누다락과 같은 집에서 남편이 없이 자녀만 8명을 키워내고 막내만 데리고 홀로 사는 가정인데 매우 빈곤 해 보였다. 그래도 정갈하게 가꾸어 놓고 사는 모습은 한국에서 홀아비 게춤에는 서캐가 서 말이고, 과부 게춤에는 동전이 서 말이라는 말처럼 알뜰하게 살아가는 모습을 볼 수 있더구나.

이곳의 날씨는 아침저녁에는 시원하고 낮에는 매우 더웁다고 하는데 아직은 실감을 못했지만 꼭 4시나 5시경에 갑자기 쏟아지는 소나기는 더위를 식혀주고 쾌적한 온도를 유지해 주고 있어 사람들이 살아가는 것이 아닌가 싶구나. 이날도 어김없이 오후가 되니 갑자기 소나기가 쏟아져 대지를 식혀 주고 초목이 무성하게 자라도록 하고 있더구나.

이곳의 유명한 관광지로는 초콜릿 힐이 있다고 하여 찾아가 보니 중국의 계림지방과 같이 조그만 산봉우리들이 수백 개가 펼쳐져 있는 것이 신비로울 정도였는데, 그 곳에는 유독 큰 나무들이 없고 잔챙이 풀들만 자라고 있더구나. 그런데 그 풀잎들이 계절에 따라 색깔이 변하는데 가장 아름다운 계절에는 수 백 개의 작은 산봉우리들이 모두 초콜릿 빛으로 변한다하여 초콜릿힐이라는 이름이 붙여졌다고 하더구나. 관광객들을 위해 전망대를 만들어 놓았음으로 관망대에 올라 사방을 돌아보고 사진을 몇 장 찍고, 다시 부두로 온 것은 해가 서산마루에 뉘 엿뉘엿 넘어가고 있는 시간이었다.

배가 뜨자 바다는 칠 흑 같은 어둠으로 덮이고, 멀리서 깜박이는 불빛만이 간간이 들어오고 있어 눈을 붙이고 비몽사몽간에 두 시간 이상을 지내고 나니 다시 숙소가 있는 세브랜드 세브시티에 돌아오게 되었단다.

무공해의 섬을 여행해서 그런지 오늘은 여행자답지 않게 피로가 가시고 제대로의 생활 리듬을 회복한 것 같아서 오후에는 S.D.A. Elementary school을 방문해서 한국어 프로그램에 대하여 의논 해 보려 한다. 가능하면 대전에서 함께 온 배 석진 아저씨도 이 프로그램에 참여 시켜보려 한다. 가능 여부는 아직 알 수가 없구나. 운동하고, 휴식하고, 독서하고, 사색하고, 컴퓨터 하며 자유롭게 시간을 지낼 수 있으니 그런대로 보람 있는 시간을 지낼 수 있을 것 같아 좀더 시간을 갖고 여러 가지를 생각 해 보려 한다.

너희들 모두가 건강하고 하는 일들이 다 잘 되고 정말 보람 있게 살아간다면 그것이 아빠에게는 큰 힘으로 작용해서 즐거운 생을 살아 갈 수 있으리라 생각된다. 수한이 병역 문제, 수미 취업문제 미옥이, 미영이 결혼문제 이런 것들이 다 잘 풀어지도록 항상 하나님께 온 가족이 함께 뜻을 모아 기도하자구나. 꼭 이루어 주실 것으로 생각한다. 특별히 엄마의 건강을 위해서 너희들 모두가 간절한 마음으로 기도하기 바란다. 눈이 밝아지는 놀라운 역사가 반드시 나타나리라 믿는다.

더운 여름 아빠가 나와 있는 동안 모두들 잘 지내기를 바란다. 안녕!

$-$ 2005. 6. 28 $-$

태평양의 한가운데 필리핀의

세브랜드 세브시티에서

$-$ 너희들 모두를 사랑하는 아빠가 $-$

14. 새벽에 도착한 필리핀 세브 막탄 공항

－세브랜드 세브시티에 도착해서－

아들, 수한에게!

서울에서 밤11시 50분에 이륙한 필리핀 항공기는 다음날 아침 4시경에 필리핀 세브랜드 막탄 공항에 미끄러지듯 안착하면서 잠깐 눈을 붙였던 단잠을 몰아 버리고 말았단다. 마침 행운이 있어 어제 인천 공항을 출발하는 세브행 PR489편 비행기에서는 비즈니스 클래스로 자리를 바꿔주는 바람에 편안하면서도 여러 가지 씨비스를 받아가며 올 수 있었으니 행운이라 하지 않을 수 없었단다.

숙소에 도착하니 한국시간으로는 새벽 5시로 이곳은 한 시간의 시차가 있어 4시경에 짐을 풀 수가 있었다. 먼저 와 계시던 군산대학 서준창 교수께서 자리를 예약 해 놓았기에 남은 밤이라도 편안히 쉬기 위해 자리에 들었더니 정말 꿀 같은 단잠으로 골아 떨어져 다음 기상 시간에는 거뜬한 몸으로 일어 날 수가 있었단다.

기내에서는 야식으로 생각했던 밤참이 아닌 정식 저녁식사가 나와서 많이 먹을 수가 없어 맛만 보았지만 그래도 배가 불러 아침을 아홉시가 넘어서나 먹었어도 배가 고프지를 않더구나.

집에서 출발한 것은 2일째지만 이곳에 온 것은 새벽시간에 도착했으니 첫날이 시작되었다. 주일날인데도 늦게 일어나고 보니 교회는 나갈 수가 없어, 짐을 모두 정리하고 이곳 생활을 시작하는 준비로 하루를 보내게 되어 오후쯤 되어서야 피시 방에 나올 수 있어 간단히 소식을 전한다.

남혁이 메일이 있다고만 했지 주소를 알 수 없어 미애 천리안으로 보내니 잘 열릴지 모르니 연락해서 열어보고 일단 아빠에게 남혁이가 메일을 보내도록 하거라. 그러면 내 메일창에 주소를 저장 해 놓고 있으면 언제나 함께 메일을 보낼 수 있을 것이다. 출발하기 전 공항에서 남혁이 전화를 받고 그 이야기를 했지만 오늘 열어보니 들어와 있지 않아서 그대로 못 보냈다고 전해 주기 바란다.

앞으로 재미있는 일이 있으면 그때그때 메일을 띠울테니 함께 들 읽어 보고 엄마에게 친절하게 읽어 주기를 바란다. 서 교수 말에 의하면 내일(월)은 어떤 섬에 가게 될 것 같다고 하여 그대로 따라 갈 가 한다. 지방 여행도 많이 해 보았으면 하지만 마음대로는 할 수 없어 자유롭게 언어를 소통 할 수 있을 때까지 언어 연습을 할 수 있는 기회를 만들어 보고 한국어도 가르쳐 보며 편안하면서도 자유롭고 즐거운 시간이 될 수 있게 되도록 노력 해 보려고 한다.

모두들 더운 여름에 건강하게 지내는 것이 제일이다. 아빠도 그렇게 지내려고 한다. 음식도 필리핀 식은 소식으로 조금씩 먹는 것이 이곳 사람들의 생활이니 거기에 적응함으로 건강식이 될 수 있을 줄로 알고 있다.

하나님의 크신 축복이 우리가정 모든 식구들에게 함께 해 주실 줄 믿고 특별히 수한이 병역문제가 잘 해결되어지기를 간절히 빌면서 이곳에 온 모든 일들이 다 잘 되어질 줄로 믿고 함께 즐겁고 보람된 여름이 되기를 기원한다. 모두들 잘 있거라. 안녕!

－2005. 6. 26.－

－필리핀 세브랜드 세브시티에서 아빠가－

Ⅴ. 회고와 전망

1. 익자삼우(益者三友) 손자삼우(損者三友)

-박종호 교수 정년기념 문집 원고에서-

호(浩)야!

쾌(快)야!

하면서 어려울 때 힘이 되어 주었던 나의 가장 친한 벗 박종호 교수가 정년을 맞아 기념 문집을 내겠다는 원고 청탁 전화를 받았다. 그리고 며칠 후에 그의 제자로부터 한통의 메일을 받았다.

보내 온 메일에는 우리의 영원한 친구이자 늦게 시단에 등단한 노시인 양태의 친구가 쓴 '박종호는 누구인가' 하는 제목의 장문의 글이 들어 있었다. 50여 년을 함께 지냈던 가장 친한 벗 박종호에 대한 그동안 나도 몰랐던 내용들이 자세히 적혀 있어 그 글을 읽다 보니 '정말 대단한 친구 이었구나!' 하는 감탄과 함께 옛 날로 돌아가 한참동안 회상에 잠기지 않을 수가 없었다.

항상 나는 대학 강단에서 학생들에게 '대학에서는 존경하는 스승을 한 분 만나는 것과, 밤새도록 건전한 토론을 할 수 있는 친구를 한사람 사귀는 것이 인생을 성공 하게 하는 길이다.'라고 하면서 언제나 박종호 친구와 젊은 시절 밤새는 줄도 모르며 토론 했던 날들을 떠올리곤 했다.

내가 처음으로 박종호 친구를 만난 것은 공주의 일락산(옛 이름은 월락산) 기슭의 옛 사범학교에서였다. 당시에는 병역 특혜는 물론 국비

장학생으로 특차 모집하는 사범학교는 아무나 들어갈 수 있는 곳이 아니었었다. 전 도내에서 우수한 인재 100명 정원으로 높은 경쟁을 뚫고 뽑히고 보니 그 기는 하늘을 찌를 듯 했고, I.Q지수는 당시 최고가는 일류 학교를 훨씬 뛰어 넘고 있어 소위 일류 학교를 누구도 부러워하지 않았었다. 이렇게 선발된 인재들은 한 학급에 50명씩 A. B반으로 편성 되었는데 1학년 때는 박종호와 같은 반이 아니었기에 특별한 우정을 키울 기회가 없었다. 2학년이 되면서 새롭게 반 편성이 될 때, 한 반이 된 것이 대단한 인연이 된 계기였다.

그 때 우리학교에서는 모든 학급이 고유명사로 반 이름을 정하고 각 학급에서는 학급에 맞는 학급의 노래로 급가를 만들어 교내 방송을 통해 전교에 울려 퍼지게 하는 것이 커다란 자랑이었었다. 나는 학급회(Home Room)부실장으로 학급의 명칭을 정해야 했다. 이때 우리 학급의 명칭을 <혜성(彗星)>으로 하자고 제안(提案)한 것이 바로 박종호 친구였다. 나는 그 이름을 상징으로 해서 급가 <혜성가>를 지어 당시 음악 선생님이셨던 김용래 선생님께서 곡을 붙이시고, 담임 선생님이셨던 손재수 선생님께서 노래를 불러 녹음을 해 놓고, 학교 방송을 통해 교내에 계속 울려 퍼져 나가게 했었다.

"금강수 비단물결 아롱진 곳에…"로 시작된 우리 학급의 급가는 끝에 가서 후렴구로 "…빛나라 그 이름 혜성 혜성 혜성"으로 끝나게 했으니 박종호 친구가 작명한 <혜성>을 계속 외쳐 부르며 2학년과 3학년의 2년간 꿈 많은 고등학교 시절을 살아왔던 것이다.

지금 생각 해 보아도 대단한 감명을 받았던 것만은 틀림없는 일이었다. 보일 듯 말 듯 사라졌다가 어느 날 갑자기 나타나는 <혜성>처럼 온 천하를 비쳐 보자던 약속을 가슴에 앉고 평생을 살아가는 것이 우리 친구들의 길이 아니었나 생각된다.

다음으로는 내가 전교 문예부장을 맡았을 때였다. 그해가 바로 4.19 가 일어나던 1960년 봄이었으니 모든 학교의 학생활동이 자유롭게 만 개(滿開)하고 있던 때였다. 모든 학생활동을 자치적(自治的)으로 처리 해 나가는 원년(元年)이었던 것이다. 전교 학생회 회장을 신 동무 친구 가 맡고 있어 문예부에서 학교 신문을 발행하기로 학생회장과 협의를 끝내고, 함께 일할 친구로 박종호를 추천해서 세 사람이 학교 신문을 만들게 되었다. 고등학교 수준에서 학생들 스스로 학교신문을 만드는 일은 그리 쉬운 일은 아니었다. 때로는 밤을 새워가며 원고를 직접 쓰 기도 하고, 때로는 모아진 문학작품을 가려 뽑기도 하면서 시간 가는 줄 모르며 밤낮 없이 바쁘게 학교신문 발행에 온 힘을 쏟아야만 했다.

그러던 어느 날 웃지 못 할 사건이 벌어졌다. 아마도 여름밤이었던 것 으로 기억된다. 학교의 시설 중에 가장 좋은 곳이 교장실이었기에(당시 호랑이 교장으로 이름났던 김 성식 교장 선생님 시절, 후에 충남 교육감 역임) 우리 세 사람은 밤늦게 일하다 보니 교내에서 가장 편안한 교장실 에서 학교 신문 편집 작업에 몰두 하게 되었다. 작업이 끝나고 보니 교 장실에 모기가 많이 들어와 있어 걱정이 되었다. 꾀를 낸 것이 교장실 불을 끄고 옆에 있는 교무실에 불을 켜 모기를 몰아낼 생각으로 먼저 교 장실 불을 끄고 교무실로 나왔다. 교무실로 나와서 불을 켠다는 것이 그 만 전등 스윗지 옆에 붙어 있는 싸이랜 스윗지를 올린 것이었다.

이게 웬일이야! 한 밤중에 학교 싸이렌이 갑자기 울리니 집에서 주 무시던 선생님들은 물로 교장 선생님도 얼마나 놀라셨는지 학교에 무 슨 큰일이라도 일어났나 해서 전화가 걸려오기 시작하는 것이었다. 고 등학교 3학년 시절의 일이지만 어린 가슴을 달랠 길이 없어 책임자로 서 얼마나 당황 했었는지, 그 기억은 지금도 생생하기만 하다. 박종호 친구와 맺어진 두 번째 잊을 수 없는 추억이라 할 것이다.

그 후 우리는 졸업을 하고 각각 직장으로 헤어져야 했다. 박종호 친구는 나보다 생년월일이 1년 빨라서 5.16혁명정부가 내세웠던 '병역 미필자는 공무에 임할 수 없다'는 규정에 따라 교보(1년 임기)로 군에 입대하게 되고, 1년 아래였던 나를 비롯한 많은 친구들은 군과는 관계도 없었던 여학생들과 함께 군 미필이라는 이유만으로 임시교사로 발령을 받거나 그대로 대기 상태로 기다리다가 다음에 제대하는 친구들을 위해 자리를 내놓는 어처구니없는 어려운 시절을 지내면서 세월은 흘러만 갔다.

몇 년이 지난 후 우리는 군 생활을 모두 마치고 다시 현직을 가지고 있으면서 만나게 되었다. 박종호 친구는 그의 고향인 우성의 모교에서 교편을 잡고, 나는 공주에서 가까운(통근 거리) 영정이라는 곳에서 교편을 잡고 있을 때였다. 매일 아침 박종호 친구가 근무하는 우성을 지나서 내가 근무하는 학교를 가게 되고, 오후에는 다시 박종호 친구가 있는 우성을 지나서 퇴근을 하게 되었다. 이때부터 우리는 또 옛 우정을 살려 다시 만나기 시작 했다.

우성에서 만나면 우성 냇둑 길을 걸으면서 시간을 보냈고, 공주에서 만나면 우리 둘만의 조용한 지성의 오솔길(공산성 북쪽 한강 가의 오솔길)을 걸으며 시간 가는 줄 모르고 앉아서 세상 이야기에서부터 인생철학은 물론 문학, 정치, 경제, 문화 등 모든 분야를 두루 섭렵하면서 논하다 보면 하루해가 저물기를 한두 번이 아니었다. 내가 읍내 학교로 전근이 되자 박종호 친구가 읍내에 나오는 기회가 많아지게 되었고, 공산성에 있는 우리들만의 지성의 오솔길은 더욱 사용빈도가 높아만 갔다.

그러던 어느 이른 봄 오후 시간이었다. 그동안 대학 진학 준비를 열심히 하고 있던 박종호 친구가 대전에 있는 야간대학에 입학을 하고, 내가 근무하는 학교에 들러서 대학 소식을 전해 주었다. 선망의 대상이었던 대학 진학, 지금 빨리 대전에 나가서 학교 당국자를 만나보면 기회가 있을지 모른다는 말을 남기고 돌아갔다. 그 말에 나도 희망에 부풀어 가슴이 뛰고, 한시도 참고 견딜 수가 없었다. 학교에는 조퇴 신청을 해 놓고, 그 길로 대전에 있는 대학으로 달려갈 수밖에 없었다. 학교 책임자를 찾아 만나고, 추가 시험이 있으니 응시하면 기회를 얻을 수 있다고 하는 약속을 받고, 마음속으로만 준비했던 대학 추가 시험에 응시하여 학적을 얻게 되었으니 친구 따라 장에 간 것이 아니라 친구 따라 대학에 간 격이 되었다.

둘이서는 100리길이 멀다 않고 학교 수업이 끝나면 공주에서 만나 대전으로 통학 길에 오르곤 했다. 그 때만 해도 공주 대전간의 길은 비포장도로로 덜커덕거리는 차안에서 책을 펼쳐 읽으며 낮에는 선생님, 밤에는 대학생으로 주경야독(晝耕夜讀)을 몸소 실천하면서 2년을 다녀야만 했다. 그렇게 한 것이 후일 인생의 길을 바꾼 계기가 되었으니 친구가 아니었더라면 아마 지금의 상황과는 매우 다른 삶을 살았을 것이 틀림없다.

주경야독으로 대학을 마친 후, 박종호 친구는 그 길로 계속해서 서울로 진학(편입)하여 공부를 계속 했지만 나는 그럴 형편이 못되어 다시 현직에 머물러 있으면서, 결혼도 하고 자녀도 두며 지내고 있었다. 하지만 그래도 친구의 서울에서의 이야기는 언제나 최고의 관심사였고, 또 그 당당하게 대학생으로 생활하는 모습은 선망(羨望)의 대상이 아닐 수 없어 또한 나를 자극하는 기회가 되었다.

누구도 생각하기 어려운 직장생활 10년을 채우고 다시 용기를 내서 (요즘으로 말하면 철 밥통과도 같았던 직장을 하루아침에 때려 치고) 원점으로 돌아가 대학 3학년에 편입학 하는 대 용단을 내리고, 대학 생활을 다시 시작 하게 된 것은 친구와의 유대가 아니었더라면 불가능한 일이었을 것이라 생각된다.

늦게 배운 도둑질은 밤새는 줄도 모른다고 했다. 내가 원했던 대학 생활이 시작되고, 전공도 내가 원하는 것으로 다시 시작하고 보니, 당시로서는 대단한 만학(晩學)이었지만 정말 보람을 느끼며 새 길을 가는 것만 같았다. 하지만 졸업할 무렵에 느껴지는 감정은 달랐다.

이 세상에서 대학을 나오지 않은 사람이 어디 있나? 서울 남산에 올라가서 시내를 향해 돌을 던져보라. 돌에 맞는 사람마다

"대학 졸업 했습니까?" 하고 묻는다면 모두

"아니오."라고 대답할 사람은 하나도 없을 것만 같았다.

대한민국 남자로서 대학을 나온다고 하는 것은 대단한 것이 아니라 보통의 일이라 생각되었다.

그 다음으로 할 수 있는 일은 바로 대학원(大學院)에 진학하는 것이었다. 대학원에 진학하되 지방대학이 아닌 서울에 있는 소위 일류 대학에 진학해서 그 누구와도 겨루어 볼 수 있었으면 하는 바램이 마음속에서 용솟음쳐 오르기 시작했던 것이다. 그래서 서울에 있는 소위 일류 대학 대학원에 진학을 하고 보니 대학원에서 석사(碩士)만이 아닌 박사(博士)도 할 수 있다고 하는 자신이 생기게 되고, 그 길로 박사도 되고, 대학 강단에 서는 교수가 되기에 이르게 되었던 것이다.

이번에는 내가 대학원에 진학했다고 하는 말에 박종호 친구가 크게 고무되어 지방학교에서 교편을 잡다가 다시 서울로 뛰어 올라와 대학원에 진학을 하고 이어서 박사과정을 밟으면서 오히려 나보다 먼저 박사학위(博士學位)를 받는 영광을 누리기도 했다.

내가 먼저 대학 강단에 진출하자 또 한번 고무되어 곧 이어 대학 강단에 진출하여 오늘과 같이 대학 강단을 지키다가 명예로운 정년(定年:

停年이 아닌 정해진 나이라는 의미로)을 마지하게 되었으니 회고(回顧) 겸 축하(祝賀)를 드리지 않을 수가 없다.

대학 교수로 있으면서는 그의 독특한 지역개발(地域開發)에 관한 이론은 내게도 큰 도움을 준 일이 있었다. 내가 봉직하던 대학에서 보직으로 지역사회(地域社會) 연구소장(研究所長) 직을 맡은 일이 있었다. 당시 지방자치(地方自治)제가 실시되던 해였으니 아직 이론의 정립이 덜 된 상태에서 박종호 친구의 특별한 지역개발 학이야 말로 대단한 호응을 받을 수 있었고 내게는 천군만마(千軍萬馬)와 같은 힘이 되어 주었던 기억이 또한 생생하다.

그 후에도 우리는 서로 만나면 밤이 새도록 세상사에 관한 문제라든지, 살아가는 지혜(智慧)라든지, 종교면 종교, 정치면 정치, 경제면 경제, 문화면 문화, 그 무엇 할 것 없이 격의 없는 토론에 밤이 새는 줄 모르는 때가 한두 번이 아니었다.

그러다보니 안팎(內外)으로 모두 친하게 지내면서 이제 세계가 좁다 하고 구라파는 물론 그리스, 터키 등 시간과 기회만 있으면 가족 동반으로 누비고 다니게 되어 어느 동기간 보다 더 친밀 해 졌다고 하겠다. 끝도 한도 없고 변하지 않는 우리의 우정(友情)은 정말 자랑스럽게 영원히 간직하고도 남음이 있을 줄로 확신한다.

우리 선조(先祖)들께서 즐겨 배우고 읽으셨던 『동몽선습(童蒙先習)』에 보면 친구는 같은 유형의 사람(朋友 同類之人)으로 유익한 벗도 셋이(益者三友)있고, 해로운 벗도 셋이(損者三友)있다고 했다. 유익한 벗으로는 우직(友直)하며, 우량(友諒)하며, 우다문(友多聞)이라 했으니, 벗이 곧고 강직하며, 벗이 믿을 수 있으며, 벗이 많이 알면 도움이 되는 친구라 했다. 이에 반해서 우편벽(友偏僻)하며, 우선유(友善柔)하며, 우편영(友偏佞)이면 해로운 벗이라 했으니, 벗이 치우치고 괴벽하며, 벗이 착하고 부드러우며(주관이 없는 자), 벗이 치우치고 아첨하는 자는 해로운 벗이라 했다.

이에 비추어 본다면 박종호 친구의 강직(剛直)함과 믿음직스러움(友諒)과 많이 아는 것(多聞)은 그야말로 전형적인 도움이 되는 친구(益者)였음을 솔직히 고백하지 않을 수 없겠다. 더구나 벗끼리는 서로 잘못이 있으면 꾸짖으면서 앞으로 나아가는 것이 친하게 되는 원리라 했으니, 우리 둘 사이에는 언제나 선의(善意)의 경쟁을 하면서 세상사는 이치를 터득했고, 더욱 앞으로 나아가는 일에 게을리 하지 않았기에 후세의 그 누구에게서라도 평가(評價)를 받고 싶은 그런 벗으로 영원히 남을 것이라 굳게 믿고 싶다.

앞으로 정년 이후에도 우리는 또 다른 계획을 실천 해 낼 수 있는 선의의 경쟁자로 한층 차원 높은 우정(友情)을 영원히 간직 하고 싶은 마음 간절할 뿐이다.

내내 무궁 무진 했던 G.M.C.(박종호의 애칭)의 힘을 계속 발휘 해 주기를 간절히 바라면서 더욱 건강(健康)하고 왕성한 새날을 살아가기를 기원하는 바이다.

− 2006. 4. 16 −
부활절 저녁에 믿음의 성경을 전해 주었던 벗
− 우쾌제(禹快濟)쓰다 −

2. 구강에 내려온 한 마리의 고고한 학이어라

―구강(鳩江) 배석진(裵錫鎭) 박사 회갑논문집 축사―

　구강(鳩江) 배석진(裵錫鎭) 박사의 회갑을 진심으로 축하합니다.

　충청북도 영동군 양강면 구강리(九江里)의 조용하고 평화로운 마을에 고고한 한 마리의 학이 내려와 넓은 한밭 벌에서 비상(飛翔)하기까지 어언 60여년이 흘러 이제는 서해를 향해 날개를 치며 오르는 모습을 볼 때, 정말 장하고 벅찬 감회는 이루다 형언 할 수 없습니다.

　구강 배석진 박사와의 만남은 우연이 아니었습니다. 지금부터 30여년 전 우리 모두가 정말 힘겨워 했던 60년대였다고 기억됩니다. 당시는 이 민족 모두가 경제 재건과 민족중흥을 내세워 힘겹게 살아가던 시기였던 것입니다. 그러나 뜻있는 젊은이들은 당시의 어려웠던 현실을 기회로 삼아 만학(晩學)의 길이라도 용기 있게 나섰고, 생활의 고통도 두려워하지 않고, 주경야독(晝耕夜讀)의 어려움 속에서도 형설의 공(螢雪之功)을 이뤄내고 말겠다던 의지가 오늘의 구강 배석진 박사를 있게 한 것이라 생각됩니다.

　돌이켜 볼 때 이렇게 만난 우정(友情)은 서로를 위로하며 격려를 아끼지 않았던 당시의 상황을 잊을 수 없게 됩니다. 장래의 꿈을 서로 이야기했고, 밤새는 줄 모르는 토론은 새로운 미래를 설계하게 했고, 그 결과는 넘치는 힘으로 나타나 끝없는 지식의 욕망을 채우기 위해 다음단계로 또 다음단계로 옮아가면서 학문의 최고 경지인 박사학위를 받기까지의 지칠 줄 모르는 행진을 계속 해 왔다고 생각할 때 회갑이라고 하는 한 매듭을 지나게 되니 정말 축하 하지 않을 수 없게 됩니다.

세월은 유수와 같다더니 이제 구강 배 석진 박사께서 갑년(甲年)을 맞는다고 기념논문집에 하서(賀書)를 부탁 해 왔으니 정말 세월이 빠른 것을 실감하게 됩니다. 젊음이 넘치던 청년들이었는데 이제는 옛 어른들의 말씀대로라면 모두들 옹(翁)자가 하나씩 붙어 배옹(裵翁)이 되었다고 생각 할 때, 정말 실감이 나지를 않습니다. 특히 구강 배 석진 박사는 박사학위를 받았다고 축하연을 열고 논문을 보내 온지 불과 2년 전이었으니 더욱 그렇게 느껴 질 수밖에 없는 것이 아닌가 생각됩니다. 아마 갑년의 나이가 아니었더라면 그 지칠 줄 모르는 학문적 욕망은 어디까지 뻗쳐 나가게 될지 아무도 모르는 일이었기 때문입니다.

특히 구강 배 박사께서 연구한 법학(法學)이야 말로 우리사회의 근간으로 법치국가(法治國家)의 기본이라 생각 할 때 가장 중요한 것이라 생각됩니다. 그렇지만 한 가지 잊어서는 안 될 것이 있으니 법치(法治)는 말치(末治)라는 점입니다. 법치보다 예치(禮治)가 위에 있다고 하는 점과 그 위에 덕치(德治)가 있다고 한 공자님의 말씀은 정말 오늘날 모든 것을 법대로만 하면 된다고 생각하는 분들이 함께 음미 해 볼 만한 것이라 생각되어 부쳐 봅니다.

끝으로 건강과 행운과 학운이 항상 함께 하셔서 배우고 익힌 모든 학문적 지식과 늘 인자하시고 평화로운 모범적 인품으로 살아오시는 한 마리의 학 같은 자세가 많은 학생들은 물론 친지들과 동학 후학들에게 그대로 나타나 커다란 영향을 끼칠 수 있게 되기를 진심으로 기원합니다.

구강(九江) 마을에 내려온 한 마리의 고고한 학(鶴) 같은 구강(鳩江)

배석진(裵錫鎭) 박사의 회갑을 진심으로 축하(祝賀)하며, 벗된 한 사람
으로서 더욱 더 행복하시기를 바라는 마음을 담아 하서(賀書)에 대신
하고자 합니다.

인천 대학교 국어국문학과 교수
문학박사 우쾌제

3. 『장한몽』에서 볼 수 있는 사랑과 돈의 문제

―월간 『한국인』 서평에서―

대지를 뚫고 솟아나는 푸른 새싹 같이, 어려운 한국 경제도 국제 통화 기금(IMF)의 관리에서 벗어나 새로운 희망의 꽃을 피울 수 있는 저력을 찾기 위한 지혜를 모아 볼 필요가 있다고 생각된다.

그 동안 잘 나가던 우리 경제가 하루아침에 거꾸러지기 시작하여 날마다 수많은 실업자들이 거리로 몰려나오고, 부도가 난 회사의 사장들은 가족들과 함께 동반 자살이라고 하는 끔찍한 사건들을 저지르고 있는 현실에서 한때 우리의 심금을 울렸던 신소설 『장한몽』에 나타난 인간과 돈의 관계를 생각 하면서 이 시대적 상황과 견주어 다시 한번 그 의미를 짚어 볼 필요가 있겠다.

1910년대 암울했던 이 사회에 돈만으로 모든 것을 해결할 수 없다고 하는 것을 보여준 조중환(趙重桓)의 『장한몽』은 당시 일본에서 인기를 모으고 있던 오끼자(尾崎紅葉)의 『곤지키야샤(金色夜叉)』를 번안하여 『매일 신보』에 연재한 신문소설(1913. 5. 13―10. 1.)로 전편(상)이 발표되자, 그해 8월 유일단(唯一團)에 의하여 신파극으로 공연되는 등 장안에 많은 화제를 불러일으키게 된다. 그 후 속편(중·하권)이 다시 연재(1915. 5. 25―12. 26)되어 3권 2책으로 유일서관(唯一書館)에서 단행본으로 간행, 독자들의 많은 사랑을 받았던 작품이다.

이 작품의 내용을 보면 주인공 이수일이 일찍이 부모를 여의고 부친의 친구였던 심 택의 집에서 자라나 고등학교까지 마친 뒤 일본 유학 길을 떠나기 전, 그 집 따님이었던 심순애와 혼인을 약속하게 된다. 그런데 그해 정월 보름날 순애는 외삼촌댁에 인사차 다니러 갔다가 친척들과 함께 어울려 윷놀이를 하게 된다. 이때 일찍이 일본에 유학하여 경웅의숙 이재과를 졸업하고 집에 돌아와 있던 김중배를 소개받는다. 이후로부터 순애의 마음은 가난뱅이 수일에게서 점점 멀어져, 돈 많은 부잣집 아들 김중배의 다이어 반지에 마음을 빼앗기고, 눈물을 흘리며 애원하는 수일과 이별을 고하고, 세상의 금전만을 생각하며 김중배와 평양에서 대례를 지내고 함께 살게 된다.

그러나 항상 마음속에는 수일을 잊지 못하고 있던 중, 술로 날을 보내는 김중배와 갈등이 일기 시작하여 그와 헤어질 것을 결심하고 대동강에 투신자살 하려다가 수일의 친구인 백낙관에게 구출된다.

한편 이수일은 순애와 헤어진 후 타락의 길로 접어들어 고리대금업자 김정연의 서기로 들어가 오직 돈 버는 일에만 몰두하다가 주인이 화마로 죽고 그 유산을 물려받게 되어 큰 부자가 되고, 김중배는 돈만을 내세워 작첩하는 것만을 일삼다가 은행은 파산지경에 이르고, 채권자들로부터 지방법원에 사기 취재 범으로 기소되기에 이른다. 이때 몇 차례의 죽음을 각오했던 심순애는 결국 이수일에게서 용서를 받고, 다시 태어난 사람과 같이 길일을 택하여 혼인을 성취하고, 부창부수 하는 모범적 가정을 이루어 세상에서 공익사업에 힘쓰는 것으로 끝을 맺는다.

이 작품에 나타나는 주인공 이수일과 김중배는 돈이라고 하는 매체를 중심으로 심순애와 삼각관계를 형성, 혼인 약속까지 했던 수일은 순애를 돈 많은 중배에게 빼기고 마는데서 돈과 인간과의 관계를 생각 해 보게 하는 작품이다. 원래 김중배의 생각 속에는 조선의 구습으로 부모가 정하여 주는 아내는 얻지 아니하고, 친히 눈으로 보고 지덕도 있거니와 용모도 아름다운 여자를 택하여 아내를 삼고자 하는데, 문벌과 학식을 보기보다 차라리 얼굴이 어여쁜 사람을 취코자 했던 사람이었다. 그러므로 고모 김 소사 댁에서 심순애를 한 번 본 뒤로는 소원을 성취했다고 좋아했으니, 자기의 재력을 총 동원하여 한 여인의 마음을 사로잡으려 했던 것은 인지상정이었을 것이다. 그러나 돈으로 환심을 샀던 김중배와 심순애의 결혼은 행복 할 수만은 없었음을 알 수 있다.

한눈에 반한 김중배는 순애에게 다이아몬드를 비롯한 많은 물질로 그녀를 유혹하기에 이르니, 순애 역시 중배의 부요함을 한번보고 싶지 않았는데 계속되는 물질 공세에 끌려 연약한 여자의 마음이 움직이게 되어, 결국은 중배에게로 넘어가지 않을 수 없게 된다. 순애가 중배에게로 마음이 쏠린 것을 안 이수일은 달빛 어린 대동강 가 부벽루에서 순애를 달래보고 꾸짖고 원망도 해 보았지만 한번 물질에 눈이 어두워진 순애의 마음은 돌릴 수가 없었다.

그 후 수일은 그만 울분에 찬 마음을 가눌 길 없어 점점 타락의 길로 접어들게 되고 급기야는 고리 대금 업자 김정연의 서기로 들어가 오직 돈 버는 일에만 몰두하기에 이른다. 그러던 중 고리 대금 업자 김정연이 화마로 죽게 되자 전도사가 되었던 그의 아들 김도식으로부터 '우리 아버지께서 개심 하시지 못한 대신에 형이나 마음을 고쳐 자시고 정당한 일을 하여 주시면 하나님께서라도 노형을 도와주실 터이요 나의 유한되는 마음도 얼마큼 적어질 터이니 아무쪼록 회심하시오' 라고 하면서 돌아가신 부모의 혼령을 좋은 곳으로 천도하고, 그의 유족을 구원하는 생각으로 빚 놀이를 그만 하는 조건으로 '우리 아버지가 가지고 계시던 재산을 모두 노형을 줄 것이니 그것을 자본으로 하여 가지고 세상에서 유익한 사업을 하여 주시면 내 마음이 얼마나 기껍겠소’라고 하며 전 재산을 수일에게 물려주게 되어 그의 많은 유산으로 갑자기 큰 부자가 된다.

그러나 순애는 부벽루 아래에서 눈물을 흘리며 수일과 이별하고 세상의 금전만을 생각하며 부모의 선동에 따라 처음 사랑을 내던지고 김중배와 평양에서 대례를 지내고 함께 살고 있었으나, 항상 이수일을 잊지 못하고 있던 중 김중배의 술주정이 점점 더 심해지게 된다. 그러자 그의 마음속에는 ‘이미 재물도 원치 않고, 영화로움도 반갑지 아니하며, 다만 뉘우치는 것은 전일 어린 마음으로 부귀라 하는 생각이 가득하였을 때요, 바라는 바는 소식이 돈절한 이수일의 안부뿐으로 갈등이 일기 시작하여, 술을 권하는 김중배에게서 벗어나 ‘수일씨의 얼굴은 다시 보지 못하더라도 일직이 자처라도 하여 수일씨에게 향한 의리라도 세울 것이요, 이 몸도 정결하게 지하로 돌아갈 것’을 생각하면서 결국은 대동강에 투신자살 하려다가 수일의 친구인 백 낙관에게 구출된다. 그 뒤 몇 차례의 죽음을 각오했던 심순애는 결국 이수일에게서 ‘지금은 순애씨가 죽은 사람이나 다를 것이 없소, 죽은 사람에게 무슨 죄가 있겠소. 당신은 벌써 용서를 받은 사람이니 인제는 안심하고 예전 순애씨가 다시 되어 주오.’ 라는 말과 함께 ‘김중배에게로 시집갔던 순애는 이미 죽어 없어지고, 지금 여기 나와 한가지로 있는 순애는 다시 부활하여 결백한 순애인고로 죄도 없고, 허물도 없어진 심택씨의 딸로 피차에 우리가 서로 사랑하던 심순애가 다시 되었음’을 이르면서 길일을 택하여 이성지합에 백복지원을 이루게 된다.

그리고 순애와 헤어진 김중배는 돈만을 앞세우며 김산은행 평양 지점장의 중임을 맡았으나, 품행을 단정히 가지지 못하고 화류계에 출몰하여 그곳 기생 옥향을 첩으로 삼고자 하다가 여일치 못했고, 또한 본성이 불량하여 은행을 빙자하고 여러 사람의 금전을 소용 하였으므로 채권자 등이 이 사실을 탐문한즉, 은행은 이미 파산지경에 이르고, 부채는 기생을 작첩한 이후로도 수십만 원에 달하였으므로 여러 채권자들이 김중배의 행위를 미웁게 여겨 사기취재범으로 당시 지방법원에 기소하게 된다.

이렇게 돈은 있다가도 없는 것, 없다가도 있는 것, 사람은 행실이 올바라야 하며 생각이 올바라야 한다는 것을 우리에게 일깨워 주고 있다. 돈만을 보고 따라갔던 심순애와 김중배의 결합은 실패할 수밖에 없었으며, 돈으로만 모든 것을 해결하려 했던 김중배 역시 실패 할 수밖에 없었던 것을 볼 때, 우리 사회가 아무리 어려워져도 오직 돈만으로 모든 것을 해결하고자 하는 생각은 버려져야 될 것이다. 돈을 벌고 모으는 일도 중요하지만 무엇에 어떻게 쓸 것인가 하는 것이 더 중요한 것이 아닌가 생각되어 이수일이 함께 일했던 김병연의 아들 김 도식 전도사의 값진 부탁이 우리의 마음에 살아나기를 간절히 바랄 뿐이다. 이 시대의 어려움에 처한 우리 모두는 물질적 가치에 대항할 수 있는 사랑의 힘을 다시 한번 깨닫는 기회가 되었으면 한다.

— 1998. 7.   . —
—『한국인』 제192호, 사회발전 연구소—

4. 새로운 출발의 신호탄으로 생각하며

―일위(一葦) 우쾌제(禹快濟) 교수정년 기념논총 봉정식 답사-

오늘 이 자리를 만들어 주신 강재철 동아시아 고대학회 회장님!

축사를 해 주신 전 단국대학교 총장 윤홍로 교수님과 연변대학교 한국학 연구소 소장님이신 소재영 교수님!

축시를 써주신 시인 강기옥 선생님과 축시를 낭송해 주신 최용기 국립국어원 국어진흥부장님!

그리고 이 자리를 빛내 주시기 위해 참석 해 주신 내외귀빈 여러분!

동학 및 동료교수 여러분!

저에게 지도를 받았던 석, 박사 졸업생 여러분!

자리를 지켜주신 재학생 여러분!

학술대회에 논문을 발표해 주신 발표자 및 토론자 그리고 사회와 진행을 맡아 주셨던 학회 관계자 여러분!

먼 길을 마다않고, 참석해 주시고 강평을 해 주신 울산의 이수봉 교수님!

특별히 일본문학에 대해 발표 해주신 일본학자 여러분!

서울 정동교회 민 용식 장로님 및 전도사님을 비롯한 교우 여러분!

국제 로타리 3640지구 다크호스클럽 조승민 회장을 비롯한 회원 여러분!

서울 역사문화포럼 박경룡 회장을 비롯한 회원 여러분!

멀리 대전에서 참석해 준 공주 문화대학 임청산 전 학장과 친구여러분!

일일이 거론하지 못한 중, 고등, 대학교 동문 여러분!
인천 향토문화사학회 회원 여러분!

화환을 보내주신 인천대학교 전 총장이셨던 동아일보 김학준 사장님
을 비롯한 서울 마주협회 오경의 회장님!
아름다운 화분을 보내주신 서울 정동교회 송기성 목사님을 비롯한
청주 선사문화연구원의 이융조 원장님과 소서노 학회 차옥덕 이사장님!
축전을 보내주신 백범 기념사업회 신용하 회장님을 비롯한 회원 여러분!
오늘 저녁 만찬을 초청 해 주신 인천대학교 박호군 총장님!

모두 모두에게 감사를 드립니다.

금번 이 행사는 저에게는 분에 넘치는 일로 감당할 수 없는 감격의
순간입니다.
그러나 물러 설 수 없는 정년이라고 하는 한 순환의 시간은 나를 그
대로 멈춰 서게 하지는 않을 것이기에 어쩔 수 없는 자리였지만 많은
분들이 함께 오서서 축하해 주심에 더욱 감격의 눈시울이 뜨거워집니다.
특히 이 자리에서 축사를 해 주신 저의 은사이신 윤홍로 교수님의
'새 출발의 계기가 되기를!'하는 제목의 말씀은 정년을 새로운 출발의 시
작으로 생각하게 하는 중요한 가르치심으로 받아들이겠습니다. 그리고

"울타리를 뛰어 넘은 말처럼, 더 넓은 세상을 향해서 자유롭게 달릴
수 있게 되기를 바란다."

는 격려의 말씀 따라 더 넓은 세상으로 나래를 펴 보고 싶습니다.

또한 축시를 써서 낭송 해 준 제자들도 한결같이 새로운 시작을 축하하는 뜻을 담아내고 있으니 정년은 역시 '가는 세월의 순환 원리일 뿐' 앞으로 할일이 많다는 것을 가슴 가득히 느끼게 되었습니다.

이 자리에서 봉정 받은 논총 3권 :

1. 『동아시아 고대학』(학술논문집, 제15집),
2. 『경기해안 도서와 동아시아』 학술총서(1),
3. 『동아시아의 공간관』 학술총서(2).

저에게는 더 없이 소중한 자산으로 생각하고 자손대대 물릴 수 있도록 잘 간직하겠습니다.

저는 원래 고려 말 성균관 좨주로 중국으로부터 수입된 정주성리학의 단초를 열어 주역을 처음으로 풀어 강해했고, 단형시조의 형식을 처음으로 창안해 낸, 역동 우탁(禹倬)의 후손으로, 조선 후기 가선대부 호조참판 겸 동지의금부사 사원(思元)의 현손으로 태어나 조부 때까지만 해도 부유한 시골 천석구니 향반으로, 현재 과거시험 답안지인 시권과 고조, 증조의 문집이 가장되어 있어, 한국학 중아연구원과 국사편찬위원회에 마이크로필름으로 보존처리 되어 있습니다.

그러나 한 때, 국가와 사회의 급격한 변화 속에서 너나 없는 어려운 형편에서 살아왔지만 가문의 전통과 부모님의 엄격하신 교육을 몸소 받으면서 자랐기에 비굴하지 않으며, 정정당당하게 살아가는 정신을 유산으로 받았다고 자부합니다.

그러므로 항상 공자님께서 가르치신 "수신제가치국평천하(修身齊家治國平天下)"를 기본으로 삼고 살아 왔습니다. 교육자가 가정을 제대로 다스리지 못하고 강단에 설 수 있겠습니까? 교육자는 수신이 근본이고, 선생(先生)은 먼저 난 사람이란 뜻으로 교육하기 전에 모범을 보임으로 지식을 행동으로 실천하는 자입니다.

그럼으로 교육은 기본을 바로 세우는 것입니다. 40여 년 간의 오직한길, 교육자의 길만 걸어오면서 '길이 아니면 가지 않는다' 는 원칙주의에 충실 하고자 노력 해 온 것도, 성인들의 훌륭한 가르침을 알고 실천하려 했기 때문이었습니다.

이제 대학 강단을 공식적으로는 떠나는 시간이 다가 옵니다만 아직 건강이 나에게 주어져 있고, 정렬이 남아 있어, 나름대로 새로운 길을 개척 해 보려 합니다.

그동안 인천 대학과 인연을 맺고 지내온 일들 중에 잊을 수 없는 일이 많습니다. 무엇보다 연구 년을 맞아 최초로 중국 북경대학(北京大學)에 교환교수로 나가 있었던 일과 필리핀의 세브랜드 세브시티의 세브 국립사범대학(Cebu Normal University of Philippines)에 교환교수로 나가 있었던 일은 저의 삶의 한 매듭과도 같은 일이었습니다.

뿐만 아니라 젊은 시절 40대에 학교의 중요 기관인 도서관장 직을 맡아서 도서관 전산화 위원회를 만들어 전산화시기를 앞당기게 했고, 신축계획을 수립할 수 있도록 했던 일이라든지, 지역사회 연구소장 직을 맡아서 인천지역 문화 연구에 앞설 수 있었던 일, 학교의 중요한 업무를 다루는 교수평의회 의장직을 수행 했던 일, 기독교수회 회장 직을 맡아 학원의 복음화를 위해 일 할 수 있었던 일, 그리고 마지막으로 인천대학교 국립화 추진위원장직을 맡아 2년여 동안 노력 했던 일, 인천학 연구원을 설립하고 명예원장 직을 맡았던 일 등은 새로운 일을 구상하는데 커다란 도움이 될 것으로 생각 됩니다.

이후로는 '현실은 꿈으로 돌아가고, 남은 것은 보람으로 간직' 할 뿐, 나를 필요로 하는 곳이 어디라고 자신 있게 말할 수는 없을 것 같습니다.

제 인생에서 어려운 고비마다 지켜 주셨던 하나님의 부르심에 순종하는 마음으로, 높은 곳에서 인간의 몸을 입으시고 강림하셨던 예수님의 사랑을 본 받아, 항상 낮은 곳으로 임하는 자세로 봉사의 삶을 살아 보려 합니다.

지역사회가 나를 부르면 지역사회로 달려 갈 것이며, 나를 필요로 하는 대학이 있다면 그리로 달려 갈 것이며, 세계 어느 곳이라도 나를 필요로 해서 부르는 곳이 있다면 언제 어디라도 달려 갈 것입니다.

특히 한국문학을 전공한 사람으로 한국문화의 우수성을 살려내어 세계화시키는 작업은 우리들의 과제로 후손들의 새로운 터전을 만들어 낼 수 있는 길이라 생각되어, 이 일에 앞장 서 보고자 합니다.

우리가 창조해낸 문화 중 세계적으로 인정받는 최고의 문화는 <한글>입니다. 국문학 교수로 평생을 지내 온 것이 계기가 되어 <한글>문화의 세계화 사업에 일익이라도 담당 할 수 있을 것이라 생각되어 그동안 영어권 대학에서 한국어 강좌를 열고 <한글>문화 보급을 시험한 지 몇 년이 되었습니다. 교재 개발이나 시스템 구축 등, 이제 시작 단계에 들어섰습니다. 많은 분들의 동참이 필요한 부분입니다.

외국에서의 한국문화에 대한 관심은 대단합니다. 한국을 '생동하는 꿈의 나라(Korea is Dream land)' 로 생각하고 한국으로 몰려오고 있습니다. 대단한 위력이 있음을 실감했습니다. 앞으로도 계속해서 여력이 있는 한, 이 일을 한 단계 끌어 올리는 데 앞장 서 보려 합니다.

선교와 교육, 이것이 남은 날의 사명이라 생각하면서 최선을 다해 삶을 마무리 할 때까지 열심히 노력하며 살아가려 합니다.

제가 오늘이 있기까지 저를 가르쳐 주셨고 이끌어 주셨던 은사님들!
학회에서 함께 해 주셨던 동료 학자 여러분!
그리고 주변에서 저를 지켜보아 주셨던 친지 및 내외 귀빈 여러분!

강단에서 가르침을 받았던 졸업생 및 재학생 여러분!
모두 모두에게 다시 한번 감사의 말씀을 드립니다.

모쪼록 '이 학회의 발전이 곧 나의 발전'이라는 일념으로 모든 분들께서 협력하여 새로운 시대에 맞는 새로운 학회로 거듭나면서 새로운 시대의 견인차 역할을 하기에 부족함 없는 학회로 발전시키는 일에 힘을 합쳐나갑시다.

내내 건강하시고 하시는 모든 일들이 다 잘되시는 하나님의 크신 축복이 항상 함께 하시기를 기원합니다.

감사합니다.

정년기념 논총 봉정식을 마치면서

2007년 6월 30일 오후 4:00시
인천대학교 인문관 410호 합동강의실

第30回 東아시아古代學會 學術發表大會 및

一葦 禹快濟 敎授 停年記念論叢 奉呈式

◎ 日時 : 2007年 6月 30日(土) 09:00
◎ 場所 : 仁川 大學校 人文館 410號

09:00－16:00 東아시아古代學會學術發表大會
16:00－17:00 停年記念論叢 奉呈式
論叢 I 『東아시아古代學』(學會誌, 第15輯)
論叢 II 『京畿海岸島嶼와 東아시아』(學術叢書1)
論叢 III 『東아시아의 空間觀』(學術叢書2)
17:00－18:00 總長招請 晩餐

東아시아 古代學會

(140－714) 서울特別市 龍山區 漢南洞 山 8番地 檀國大學校 文科大學 國語國文學專攻 內 姜在哲敎授 研究室

電話 (02)709-2336 / E-mail: jaechul19@hanmail.net(會長) sjy0724@yahoo.co.kr.(總務) 핸드폰 011-9751-3998 FAX (02)799-1019

第30回 東아시아古代學會 學術發表大會 및

일위(一葦) 우쾌제(禹快濟) 敎授 停年記念論叢 奉呈式

日 程 表

日時 : 2007年 6月 30日(土) 09:00
場所 : 仁川 大學校 人文館 410號

09:00－09:30 會員 接受 및 登錄

  09:10－09:30　　　　開會式　　　　　　　　　　　司會 : 金權泰(서울敎大)
　　　　　　　　　　　　開會辭　　　　　　　東아시아 古代學會 姜在哲 會長
　　　　　　　　　　　　歡迎辭　　　　　　　　仁川 大學校 朴 虎 君 總長

〈제1분과 오전－1〉

　　　　　　　　　　　　　　　　　　　　　　　　場所: 人文館 407號
　　　　　　　　　　　　　　　　　　　　　　　　司會: 趙顯卨(서울大)

09:30－09:50 文武王陵의 思想－平和와 護國　　　發表 : 나가타 마사하루(서라벌大)
09:50－10:20　　　　　　　　　　　　　　討論 : 徐榮敎(忠南大) 申明淑(放通大)
10:20－10:40 處容과 鐘馗의 比較 研究　　　　發表 : 林香蘭(中國 四川 外國語大)
10:40－11:10　　　　　　　　　　　　討論 : 鄭亨鎬(中央大) 崔　埈(漢陽大)
11:10－11:30 〈諺三國誌〉 下篇의 變改 樣相 研究　　　發表 : 李殷奉(仁川大)
11:30－12:00　　　　　　　　　　討論 : 李祥賢(成均館大) 許元基(建國大)

〈제2분과 오전－2〉

　　　　　　　　　　　　　　　　　　　　　　　場所 : 人文館 413號
　　　　　　　　　　　　　　　　　　　　　　　司會 : 尹永水(京畿大)

09:30－09:50 額田王に与えた渡来文化の影向　　　發表 : 額賀澄江(驪州大)
09:50－10:20　　　　　　　　　討論:朴相鉉(慶熙사이버大) 齊藤麻子(明知大)
10:20－10:40 本居宣長의 死生觀　　　　　　發表 : 야마구치 가즈오(長安大)
10:40－11:10　　　　　　　　　討論 : 李權熙(檀國大) 李相俊(仁川專門大)
11:10－11:30 『萬葉集』에 나타난 音 象徵語 考察　　　發表 : 黃圭三(瑞逸大)
11:30－12:00　　　　　　　　討論 : 李知洙(德成女大) 崔聖玉(龍仁大)
12:00－13:00　　　　　　　　　　　中 食

〈제1분과 오후-1〉

場所 : 人文館 407號

司會 : 金善子(延世大)

13:00-13:20　中央아시아 高麗人의 口傳說話에 대하여　　　　　發表 : 李福揆(西京大)
13:20-13:50　　　　　　　　　　　　　　　　　　　　討論 : 李有鎭(安養大) 洪泰漢(慶熙大)
13:50-14:10　韓國 悲劇小說의 起源的 樣相　　　　　發表 : 林香蘭(中國 四川 外國語大)
　　　　　　　神話에 나타난 悲劇的 世界相과 說話的 展開　　發表 : 金昌鉉(成均館大)
14:10-14:40　　　　　　　　　　　　　　　　　　　　討論 : 崔明煥(江原大) 洪允姬(延世大)
14:40-15:00　『南征八難記』의 異本 研究　　　　　發表 : 金松竹(仁川大)
15:00-15:30　　　　　　　　　　　　　　　　　　　　討論 : 李明賢(中央大) 趙祥祐(檀國大)

〈제2분과 오후-2〉

場所 : 人文館 413號

司會 : 金榮洙(檀國大)

13:00-13:20　許筠 散文의 性格　　　　　　　　發表 : 金愚政(檀國大)
13:20-13:50　　　　　　　　　　　　　　　　　　　　討論 : 宋赫基(高麗大) 元周用(成均館大)
13:50-14:10　高句麗語 語根의 語頭子音 削除와 韓國語의 쌍둥이 語幹

發表 : 清水紀佳(順天鄕大)

14:10-14:40　　　　　　　　　　　　　　　　　　　　討論 : 金沂宣(安養大) 崔起鎬(祥明大)

〈總評 및 閉會〉

場所 : 人文館 410號

司會 : 宋宰鏞(檀國大)

15:30-15:50　　　總評　　　　　　東아시아 古代學會 顧問 李 樹 鳳
　　　　　　　　閉會辭　　　　　　東아시아 古代學會 名譽會長 朴 湧 植
15:50-16:00　　　記念 撮影　　　　　　　　參加會員 全體

一葦 禹快濟 敎授 停年紀念論叢 奉呈式

場所 : 仁川 大學校 人文館 410號

司會 : 李 泰 喜 (仁川 大學校)

略歷 紹介　　　　　　李 殷 奉 (仁川 大學校)
論叢 奉呈　　　　　　東아시아 古代學會 姜在哲 會長
花環 및 紀念品 贈呈
祝辭　　　　　　　　檀國大 前 總長·名譽敎授 尹 弘 老
激勵辭　　　　　　　仁川廣域市 市史編纂委員會 前 委員長 文學評論家 金 良 洙
祝詩 朗誦　　　　　　國立 國語研究院 國語振興部長 崔 溶 寄
答辭　　　　　　　　仁川 大學校 敎授 禹 快濟

晚　饗————仁川大學校 朴虎君 總長 招請晚餐————————參席者

Ⅴ. 회고와 전망　321

* 찾아오시는 길

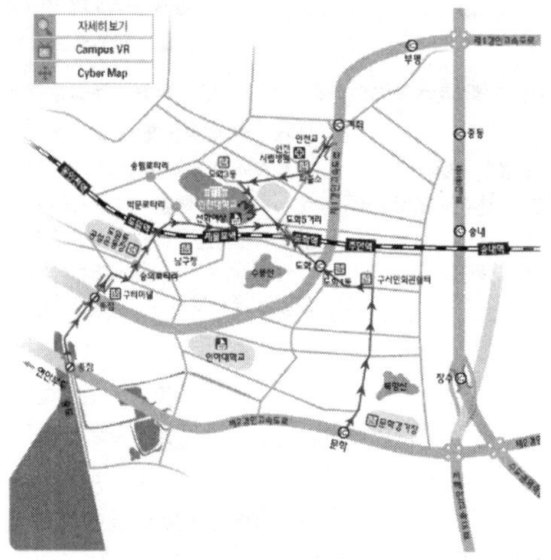

〈교통편 안내〉
〈경인선 전철 이용 (제물포역 : 도보 7분)〉
●제물포역 북쪽 출구에서 선화여상 정문안쪽으로 오시면 가장 편리합니다.
   1호선 제물포역 2번 출구[600m]
   1호선 도화역 3번 출구[1km]
〈승용차 이용: 고속도로 안내〉
●경인고속도로, 서해안, 제2경인, 서울 외곽순환고속도로를 이용하실 수 있음.
   경인고속도로 (가좌IC나 도화IC: 승용차 5분)
      가좌IC →인천교 →송림로타리방향 →인천대(2.4km)
      도화IC → 도화사거리 →도화5거리 →인천대(1.6km)
      인천종점 → 구 버스터미널 → 숭의 로터리 →인천대(4km)
   서해안, 제2경인, 서울 외곽순환고속도로(문학IC) 에서 승용차 10분 거리
      문학IC → 구 시민회관 → 주안사거리 → 도화5거리 → 인천대(5.5km)
      인천종점 → 구 버스터미널 → 숭의로터리 → 인천대(5.3km)
〈항공편 이용 : 김포공항 국내선 1번 승강장 (1시간 소요)〉
●연수구청행, 부평행 : 김포공항 → 갈산역 → 부평역(경인전철 이용) → 제물포역
〈시내버스 이용 (도보 5~7분)〉
●인천대 정문 앞, 제물포역, 선화여상 앞, 도화 3동 앞에서 하차
   인천대 정문
      시내버스 → 63번 제물포역 북부(선화여상 앞)
      시내버스 → 2, 5, 6-1, 10, 13, 14, 16, 46, 62번
      마을버스 → 510번
   제물포역 남부
      시내버스 → 4, 19, 20번 인천대 정문 옆 300m (도화 3동)
      시내버스 → 3, 12, 13, 70, 105번
♣ 인천대학교 주차장: 주차료 없음
♠ 연락처 : 인천대학교 국어국문학과 (032)770-8110, 8111 HP: 011-9997-2580

5. 회고와 전망 : 퇴임사

─ 인천대학교와 국어국문학과의 발전을 기대하며 ─

'진리와 정의가 살아 있고, 사랑과 평화 위에, 지성과 낭만이 넘쳐나는 도화동산'을 만들기 위해 노력하며 지내왔던, 대학 강단을 떠나게 되어 무한한 감격의 회한과 새롭게 펼쳐질 앞날의 전망에 대해 감회가 깊을 따름입니다.

지난 6월 말에는 동료들과 후학들에 의해 마련된 분에 넘치는 학술대회를 겸한 정년기념 논총봉정식이 있었습니다.

이 자리에서 축사를 해 주신 저의 은사님이신 단국 대학교 전 총장이셨던 윤홍로 교수님께서는 '새 출발의 계기가 되기를!'이라는 제목으로 정년은 새로운 시작임을 강력하게 시사 해 주시면서

"울타리를 뛰어 넘은 말처럼, 더 넓은 세상을 향해서 자유롭게 달릴 수 있게 되기를 바란다."

라고 격려 해 주셨습니다.

또한 축시를 써서 낭송 해 준 제자들도 한결같이 새로운 시작을 축하하는 뜻을 담아내고 있어, 역시 '가는 세월은 순환의 원리일 뿐' 앞으로 할일이 많다는 것을 가슴 가득히 느끼게 되었습니다.

　　* 봉정 받았던 논총 3권 :

1.『동아시아 고대학회 학술논문집』제15집
2. 학술총서(1)『경기해안 도서와 동아시아』
3. 학술총서(2)『동아시아의 공간 관』
　　* 행사장 입구에 비치되어 있음 : 1인 1권 가능

　그동안 인천대학교와 인연을 맺고 지내온 과거를 회고해 보면, 1981년 가을 일간 신문에 교수초빙 광고가 조그맣게 보도된 것을 본 것이 계기였다고 하겠습니다. 당시만 해도 교수를 공개 채용하는 경우는 거의 드물었던 시절이었기에 퍽 의아하게 생각했습니다.

　지방대학에 전임교수로 있으면서 국어국문학과 학과장을 맡고 있었고, 또한 전출입 교수의 경우 승인을 필요로 했던 시대라서, 현직 교수로서는 초빙공고를 보고서도 선뜻 지망을 하기가 어려웠던 시절이었습니다.

　그래도 모험을 한번 해 보기로 하고, 간단한 이력서 한통을 보낸 것이 계기가 되어 48:1이라는 초유의 높은 경쟁을 뚫고 국문과의 첫 번째 공채 출신 교수가 되었던 것입니다.

　나중에 안 일이지만 더욱 재미있는 이야기로는 제 이름도 독특 했지만 역시 또 한분의 독특한 이름을 가진 분이 계셔서 ‘쾌제’와 ‘출세’가 최종 경합을 하게 되어 주위에서는 모두들 ‘쾌제가 이기느냐?’, ‘출세가 이기느냐?’하면서 최종 결과가 나올 때까지 ‘쾌재’를 부를 것인지? ‘출세’가 과연 출세 할 것인지? 를 회자했다고 합니다.

　그러다 결과적으로 제가 결정이 되자 결국 ‘출세를 누르고 쾌재를 부르게 되었다’ 고 야단들을 쳤답니다. 제 이름은 쾌제(快濟)입니다만 쾌재(快哉)로 바꾸어 즐겁고 유쾌하다는 의미로 ‘쾌재’를 부른다는 뜻입니다.

인천대학교 인사에서 전무후무 한 48:1의 경쟁을 뚫고 인천대학 교수로 부임하게 되었습니다만, 특채와 공채의 한계를 벗어날 수 없어 모든 것이 조심스럽고 부담스러웠습니다. 학교의 분위기는 생각했던 것과는 너무나 거리가 멀었습니다. 그래서 오직 '내 일만 충실 하자'는 신념으로 열악한 연구실 이었지만 열심히 공부하고, 자료를 정리하다 보니, 학계에 커다란 공을 세운 『구활자본 고소설 전집』 33권을 인천대학교 민족문화 연구소 명의로 간행할 수 있어 큰 보람을 얻게 되었던 것입니다.

그런데 이것이 학교생활의 걸림돌이 될 줄이야?

전국적으로 인천대학교의 민족문화 연구소가 알려지고, 인문학 연구의 선편을 잡아 가기 시작하여, 많은 자료의 요청과 함께 연구프로젝트가 계속되고 있을 때, 연구소장을 역임했던 분들이 앞장을 서서 인천대학교 민족문화 연구소의 폐지를 주장하고 나왔던 것입니다. 저는 소장직을 한번도 맡았던 일이 없었지만 어이없는 주장이라 생각되어 연구소를 지키고 인문학 발전을 위한 연구를 계속 해 나가기 위해 연구소 폐지에 끝까지 반대하다 보니, 오직 혼자서만 독불장군 격의 위치가 되었고, 결국 연구소는 폐지되고 말았습니다.

그 결과 쌓았던 업적과 전통을 살려내지 못하고, 그 대신 새로 신설된 연구소는 아직까지도 이렇다 할 연구 업적을 내지 못하여 전국적으로 인정을 받지 못하고 있는 실정입니다.

학문은 학자의 의지와 지속적 지원 하에 발전 하는 법입니다. 연구소를 보직의 일환으로만 생각하고, 행정당국의 눈치를 보면서 보직에만 급급 하는 풍토에서는 학문은 물론, 학교 발전에도 크게 도움이 되기 어렵다는 교훈을 실감 해 보았습니다.

저의 학문적 기반은 미국 선교사들이 설립하고, 미국식 교육 시스템으로 소수 정예의 졸업생을 배출하던 조그만 대학에서부터 시작 됩니다. 당시, 한강 이북의 서울에는 천주교 계통의 선교사들이 설립한 대학이 있고, 한강 이남에는 장로교 계통의 선교사들이 설립한 대학이 있어, 같은 시기에 한국 대학교육에 새로운 바람을 불러일으키던 때였습니다. 그러므로 미국에 가지 않고, 미국식 교육을 받을 수 있었습니다.

저는 한국에 나와 교육사업에 헌신하던 탈 메이지 박사(초대 학장), 썸머 빌 선교사(미국 하버드대학 박사), 괴테 박사(물리학의 대가), 로빈슨 선교사(지역선교의 대가) 등으로부터 서양적인 교육방법과 정신을, 그리고 전공교육은 서울대학교, 고려대학교, 중앙대학교 등의 각 대학 출신 교수님들로부터 폭 넓고 편협하지 않은 학문적 전통과 인격적 수양을 쌓게 되어, 많은 동문들과 함께 대학 강단에 설 수 있었습니다.

학부를 마치고 전공을 선택할 때는 한국에서 고전문학 연구가 가장 앞섰고 왕성했던 고려대학교 대학원을 지망하여 석사과정에서부터 박사과정까지를 고려대학교와 인연을 맺고 고려대학교의 학풍을 몸에 지닌 채, 학문의 길로 들어서게 되었고, 오늘날까지 대학 강단을 지키면서 후학을 길러내는 힘의 원천이 되었습니다.

이것은 바로 나의 학문적 기반이며, 인격적 기초였습니다.

다만 이런 웅지를 품고 대학 강단에 섰지만, 제대로 펼쳐 보지 못하고, 거의 개점 휴업상태로 지내다 떠나게 되니, 심히 유감스러울 뿐입니다. 인천이 짠물이라지만 '네가 선 곳은 거룩한 땅이니 신을 벗어라.' 하는 하나님의 음성을 들었던 모세와 같이, 내가 서 있는 인천은 나에게 잊지 못할 소중한 곳이라는 것을 생각하고, 인천을 아끼고 사랑하는 마음으로 인천 문화를 발굴하고 정리하는 일에 남달리 관심을 갖고, 인천 향토문화사학회를 설립하고, 인천문화 발전에 앞장 서 오게 되었던 것은 매우 뜻있는 일이 되었습니다.

대학은 학문이 중심입니다. 그러므로 교수는 전공학문에 전념하면서 훌륭한 후학을 양성해 내야 합니다. 특히 인문학의 발전은 인문학 교수들의 사명감에 달려 있다고 봅니다.

한국의 국문학계에 구비문학 연구의 바람이 세차게 불고 있었을 때, 저의 조그만 생각으로는 이것은 '국문학의 일부는 될지언정 전체는 아닌데?'라고 생각하며, 제 전공인 고소설 문제를 강력하게 제기한 것이 고소설 학회로 열매를 맺어 국제학술대회를 수차례씩 치러냈으며, 역사 깊은 『국어국문학』 학회지보다도 먼저, 학회지 『고소설연구』가 학술진흥대단에 등재되었던 것은 제 자랑만을 하려는 것은 아니고, 우리 스스로가 자기 학문에 열심을 다하면 학문의 발전은 오게 된다는 증거라고 말 할 수 있겠습니다.

인문학 발전은 말로만 외치고, 유명인사의 강연 몇 차례 듣고 해서, 되는 것은 아닙니다. 좋은 논문, 훌륭한 저서, 새로운 자료의 발굴 정리가 없이는 이루어 질 수 없는 일입니다. 저서한권 없이 보직만 탐하는 인문학자들은 인천대학이 필요로 하는 분이 아닐 것입니다. 조용히 물러나 주어야 할 것입니다. 특히, 송도시대의 새로운 인천대학을 세계적 학문중심의 대학으로 만들려면 학문과 학교의 발전을 위해서 스스로 결단해야 할 때가 곧바로 올 것입니다.

저는 인천대학의 복잡한 내용을 모른 채, 대학에 부임해서 내용을 알고는 오랜 동안 웬만한 의견개진 기회에도 침묵을 지키며 신중을 기해 왔습니다. 보직 교수들의 무능은 학교를 복잡하게 만들어 '사공 많은 배가 산으로 오르듯' 한국 대학 사상 초유의 휴교조치 까지 맞게 되는 것을 보고, 설립자를 욕하기보다 보직에만 눈이 먼 욕심 많은 교수들이 원망스럽기까지 했습니다.

이 학원을 설립하고 대학을 세운 것은 기업으로 치면 큰 기업을 일으킨 것입니다. 그의 공은 인정하지 못할망정 그 밑에 아부하며 보직을 모두 해 먹고 나서, 돌아서서 어려움을 당할 때는 마음을 바꾸면서까지 나 몰라라 하고 적반하장격의 행동을 보이는 것을 보고, 정말 그럴 수 있나? 하는 생각이 들 때가 한 두 번이 아니었습니다.

아무리 학교 사정이 어렵고 어수선 했어도 제가 인천대학교 민족문화 연구소의 이름으로 33권에 달하는 자료집 『구활자본 고소설 전집』을 출간했다는 소식을 듣고, 설립자께서는 특별히 집으로 초청해서 아랫목으로 모시고, 사모님께서 손수 지으신 밥상으로 깍듯이 대접을 하시던 것이 지금도 새롭습니다. 역시 '설립자만큼 학교를 사랑하는 이가 없고나' 하고 느꼈습니다. 시립대학이 된 후, 과연 누가 학교 발전을 위해 전심전력으로 마음을 쓰고 있는지? 다 함께 반성 해 볼 일입니다.

학과의 발전은 오직 그 학과의 교수에 의해 이루어지는 것입니다. 인천대학교 국어국문학과의 발전은 인천대학교 국어국문학과의 교수들에 의해 이루어지게 됩니다. 교수는 교육의 주체이기 때문입니다. 저는 학과 발전을 위 해 일할 수 있는 학과장 직을 세 번 맡았습니다. 학과장은 순환 보직으로 2년을 임기로 하고 있습니다.

첫 번째, 보직을 맡았을 때는 교육의 질을 높이고, 학과의 위상을 높이기 위해, 대학원 석사과정을 설치해야만 했습니다. 또한 학과의 위상을 높이기 위해 교내 연극으로 '도요새의 꿈 '을 정식으로 무대에 올려 성공리에 공연을 마치게 했지만, 그 후 정식으로 국문과에서 연극무대를 마련한 일은 다시는 없었습니다. 그리고 학술답사를 정례화 했고, 학교의 지원체계를 확립하여 봄·가을로 서울 근교의 유명한 명승지와 유적지를 답사했습니다. 그러나 학과장 교체 후 지속되지 못하고 유명무실화되어 버리고 말았습니다.

　두 번째, 학과장직을 맡을 때까지, 학과발전이 답보상태에 있어, 대학원 석사과정만으로는 어렵다는 현실을 직시하고 박사과정을 설치해야만 했습니다. 당시의 박사과정 설치 기준은 까다로워 졸업생 수와 교수 정원이 문제였습니다. 석사과정 졸업생 수는 꽤 많이 나와 있었지만, 전임 교수는 늘어나지 못해서 박사과정 설치 기준인 전임교수가 최소 7명에 미달되어 규정상 단독으로 박사학위 설치 신청 자격이 되지 못했습니다. 그래서 당시 대학원장과 학과장직을 걸고 담판을 해가며, 최선의 방법을 찾아내어 입학정원 총원제를 도입, 그 중 1명을 국문과에 배정 받는 형식으로 국어국문학과 박사과정을 설치하게 되었던 것입니다. 물론 다음 학기에 교수를 충원해 주는 것은 학교 행정책임자인 총장의 몫으로 놓아 둔 채, 우선 박사과정이 설치되었던 것입니다. 국어국문과로서는 정말 다행한 일이었습니다. 연구하는 대학의 최소 충족 요건을 갖추게 되었던 것입니다.

　그러나 그 후 교수충원은 전혀 없이 교수 정원 미달의 불법적 운영은 계속 되었고, 현재는 전임교원 3명으로 국어국문학과를 운영하겠다고 하니, 정말 심각한 문제가 아닐 수 없습니다. 현재 국어국문학과에는 학부 4학년까지 학부 생들과 대학원 석사과정, 박사과정 및 교육대학원 학생들이 다수 수강 중에 있어 전공교수의 부족으로 제대로 논문 지도 및 심사가 이루어지기 어려운 형편에 놓여 있습니다.

　제가 시도 했던 또 다른 일로는 교육대학원을 비롯한 일반대학원 졸업생들의 수가 늘어감에 따라 학회의 필요성이 대두되어 '인천어문학회'를 창립하여 초대 회장 직을 맡아 학회지를 간행한 일입니다. 당시 외

부적으로는 '우리문학회' 회장을 맡아, 같은 시기에 전국 학회로 발 돋움 하기 위해 정기간행물로 등록을 함께 했고, 2년 후 계속하여 학술 진흥 재단에 등재 후보지 추천이 가능하도록 학회를 정비해서 후학을 키울 욕심으로 야심 찬 출발을 했던 것입니다.

그런데 현재, '우리문학회' 학회지 『우리문학』은 한국 학술 진흥재단에 등재후보지로 올랐으나 '인천어문학회'는 학회장을 넘긴 후, 활동이 중지되어, 논문집 『인천어문학』의 간행도 중단된 상태로, 학술 진흥재단에 등재후보지 추천 자격마저 상실한 입장입니다.

이와 같은 일련의 교육활동은 인천대학교의 인터넷을 통해 사방에 알려지게 되었고, 이를 보고 일본의 유명대학 전임교수를 비롯해서 중국의 한국학 관계 학자들이 인천대학 박사과정을 지망 해 왔지만, 학과장 교체 후, 이상한 일들이 벌어져 규정에도 없는 학점 무효화, 장학금 규정의 변경 등으로 일본, 중국의 교수들이 학교를 떠나게 되어 학과 발전은 다시 제 자리 걸음이었습니다. 그 후 다시 중국인 학생들이 입학하여 박사 3명, 석사 1명을 배출, 3명은 현재 교수직으로, 1명은 북경에서 사업가로 활동 중입니다.

또한 학부학생들을 위해 『인천문학』 창간호를 간행하게 하여, 인천문단을 새롭게 형성 해 보고자 했던 것입니다. 인천대학교 학생으로 인천대학교 국어국문학과에서 간행되는 『인천문학』에 추천이 되면 인천문단의 회원 자격을 주고, 계속해서 창작 활동에 전념할 수 있도록 하자는 취지에서 간행을 시작 했습니다만 그 후 한 때, 변질되어 써클 활동지로 간행되는 등 제 기능을 다하지 못하고 있습니다.

역사와 전통은 대학의 기둥이고 뿌리입니다. 한번 세워진 좋은 전통은 지속적으로 발전 되어야만 그 대학이나 학과가 튼튼하게 설 수 있을 것입니다. 학과장 교체시마다 좋은 전통을 만들기는커녕 시행해오던 일들도 모두 허물어 버림으로 지금까지 전임교수 한명을 내지 못한 부끄러운 대학의 학과로 남게 하고 떠나게 되니 정말 한심하다 못해 가슴이 저려옵니다.

　세 번째, 맡았던 학과장직은 정말 본의 아닌 일이었습니다. 학과장을 맡을 수 있는 교수가 없어, 떠밀려 맡았던 지난 해 가을부터 9개월여 기간이었습니다. 정년을 앞두고 정리해야 할 일들도 많은데 학과장의 일은 당치도 않는 일이었지만 전임교수가 5명뿐인 국어국문학과에서 2명씩이나 중앙 보직교수를 맡고, 1명은 교협회장, 1명은 신임교수로 자격미달이고 보니, 사양 할 수없는 입장에서 맡을 수밖에 없었습니다.

　그런데 한일 없이 물러나기는 했지만, 정말 어이없는 일들이 일어났습니다. 지난 06년도 2학기, 신임교수 초빙 문제였습니다. 몇 학기 채비어있는 현대시 교수초빙에 대한 공개 채용이었습니다. 심사가 시작되어 위원회를 모두 구성 하고 회의를 시작하려 하니 교수 중에 '전원이 합의하면 교수 초빙을 연기 할 수 있다'고 하면서 교수초빙 연기를 주장하고 나왔습니다. 아무리 생각해도 현대시 분야 학생들이 많아 지도교수를 정하지 못하고, 논문제목을 바꿔야 하는 실정에서 연기란 도저히 납득이 가지 않는 일이라서, '내가 반대하면 전원일치가 아니므로 이 심사는 유효하다'고 선언하고, 심사를 시작 했습니다. 그랬더니 교수 초빙에 가장 책임을 져야 할 현행 학장이 이유도 없이 불참하고, 따라서 신임교수인 전임강사가 불참하는 것이었습니다. 신임 교수에게는 사유서를 제출하도록 했지만 역시 응하지 않았습니다. 규정상 심사위원 2/3 참석으로 심사가 가능 한 것으로 되어 있어, 하자 없이 심사를 마쳤고, 불참했던 학장명의로 추천하여 보고를 마쳤습니다. 그러나 결과적으로는 신임교수 임용은 없었습니다.

그로 인해서 인천대학교 국어국문학과에는 교수부족의 불법적 운영이 계속되어 오고 있어, 다음 07년 1학기에도 교수 충원 계획을 올렸지만, 같은 과의 교수인 인문대학 학장의 직권으로 추천 신청을 묵살시킴으로 2명의 교수가 퇴임(07년 1학기 말)한 후에는 단 3명의 교수가 대 집단의 국어국문학과 학부 및 전교 교양국어 수업과 대학원 석, 박사 과정 및 교육대학원 수업을 담당하며 적어도 한 학기 동안(07년 2학기)은 운영되어야 하는 초유의 교수 부족 사태를 초래하고 말았습니다. 대학 당국에서도 이 문제의 내용을 소상히 알면서도 전혀 조치를 취하지 않고 넘어갔습니다.

남아계신 교수 세분 중 1명은 학장, 1명은 학과장, 1명은 점임 강사님으로 어떻게 교육하실지 정말 염려 됩니다.

저는 원래 고려 말 성균관 좨주로 주역을 처음으로 풀어 강해했고, 단형시조의 형식을 처음으로 창안해 낸, 역동 우탁(禹倬)의 후손으로 조선 후기 가선대부 호조참판 겸 동지의금부사 사원(思元)의 현손으로 태어나, 조부 때까지만 해도 부유한 시골 천석구니 향반으로 현재 과거 시험 답안지인 시권과 고조, 증조의 문집이 가장되어 있어, 한국학 중아연구원과 국사편찬 위원회에 마이크로필름으로 보존처리 되어 있습니다만, 국가와 사회의 급격한 변화를 피할 수 없어, 어려운 형편으로 살아오면서도 가문의 전통과 부모님의 엄격사신 교육을 통해, 비굴하지 않으며, 정정당당하게 살아가는 정신을 유산으로 받았다고 자부합니다.

그러므로 항상 공자님께서 가르치신 '수신제가치국평천하(修身齊家治國平天下)'를 기본으로 삼고 살아 왔습니다. 교육자가 가정을 제대로 다스리지 못하고 강단에 설 수 있겠습니까? 교육자는 수신이 근본이고, 선생(先生)은 먼저 난 사람이란 뜻으로 교육하기 전에 모범을 보임으로 지식을 행동으로 실천하는 자입니다. 그럼으로 교육은 기본을 바로 세우는 것입니다. 40여 년 간의 오직 한 길, 교육자의 길만 걸어오면서 '길이 아니면 가지 않는다'는 원칙주의에 충실 하고자 노력 해 온 것도, 성인들의 훌륭한 가르침을 알고 실천하려 했기 때문이었습니다.

이제 대학 강단을 공식적으로는 떠나는 시간이 되었습니다만 아직 건강이 나에게 주어져 있고, 정렬이 남아 있어, 나름대로 새로운 길을 개척 해 보려 합니다.

그동안 인천 대학에서 제게 베풀어 주셨던 여러가지 은혜는 잊을 수 없습니다. 한 때 연구 년을 맞아 최초로 중국 북경대학(北京大學)에 교환교수로 나가 있을 수 있었던 일이라든지, 최근에는 또 한번의 연구 년을 맞아 필리핀의 세브랜드 세브시티의 세브 국립사범대학(Cebu Normal University of Philippines)에 교환교수로 나가 있었던 일은 잊을 수가 없습니다.

뿐만 아니라 젊은 시절 40대에 학교의 중요 기관인 도서관장 직을 맡아 도서관 전산화 위원회를 만들어 전산화시기를 앞당기게 했고, 신축계획을 수립할 수 있게 했던 일이라든지, 지역사회 연구소장 직을 맡아서 인천지역 문화 연구에 앞장 설 수 있었던 일, 학교의 중요한 업무를 다루는 교수평의회 의장직을 수행 했던 일, 기독교수회 회장 직을 맡아 학원의 복음화를 위해 일 할 수 있었던 일, 그리고 마지막으로 인천대학교 국립화 추진위원장 직을 맡아 노력 했던 일, 인천학 연구원을 설립하고 명예원장 직을 맡았던 일 등은 새로운 일을 구상하는데 커다란 도움이 될 것으로 생각 됩니다.

이 후로는 '현실은 꿈으로 돌아가고, 남은 것은 보람으로 간직' 할 뿐, 나를 필요로 하는 곳이 어디라고 자신 있게 말할 수는 없을 것 같습니다.

제 인생에서 어려운 고비마다 지켜 주셨던 하나님의 부르심에 순종하는 마음으로, 높은 곳에서 인간의 몸을 입으시고 강림하셨던 예수님의 사랑을 본 받아, 항상 낮은 곳으로 임하는 자세로 봉사의 삶을 살아 보려 합니다.

지역사회가 나를 부르면 지역사회로 달려 갈 것이며, 나를 필요로 하는 대학이 있다면 그리로 달려 갈 것이며, 세계 어느 곳이라도 나를 필요로 부르는 곳이 있다면 언제 어디라도 달려 갈 것입니다.

특히 한국문학을 전공한 사람으로 한국문화의 우수성을 살려내어 세계화시키는 작업은 우리들의 과제이며, 우리 후손들의 새로운 터전을 만들어 낼 수 있는 길이라 생각되어, 이 일에 앞장 서 보고자 합니다.

우리가 창조해낸 문화 중 세계적으로 인정받는 최고의 문화는 '한글'이라 생각됩니다. 국문학 교수로 평생을 지내 온 것이 계기가 되어 '한글문화'의 세계화 사업에 일익이라도 담당 할 수 있을 것이라 생각되어 그동안 영어권 대학에서 한국어 강좌를 열고 '한글문화' 보급을 시험한 지 몇 년이 되었습니다. 교재 개발이나 시스템 구축 등, 이제 시작단계에 들어섰습니다. 많은 분들의 동참이 필요한 부분입니다.

외국에서의 한국문화에 대한 관심은 대단합니다. 한국을 '생동하는 꿈의 나라(Korea is Dream land)' 로 생각하고 한국으로 몰려오고 있습니다. 대단한 위력이 있음을 실감했습니다. 앞으로도 계속해서 여력이 있는 한, 이 일을 한 단계 끌어 올리는 데 앞장 서 보려 합니다.

선교와 교육, 이것이 남은 날의 사명이라 생각하면서 최선을 다해 삶을 마무리 할 때까지 열심히 노력하며 살아가려 합니다.

인천대학을 함께 지켜주셨던 존경하는 동료 교수님 여러분!
학교를 책임지고 이끌어 주시는 박호군 총장님과 보직 교수 여러분!

학교 발전을 위해서는 누가 어느 자리에 있느냐가 문제가 아닙니다. 무슨 일을 어떻게 했느냐가 중요합니다.

저는 한때, 학교의 책임자 분들께 정책 실명제를 제창 했던 일이 있습니다. 그동안 건축된 건물들도 모두 책임자의 이름을 붙여 후세에 남기자고 했습니다. 즉, 인문대는 박재규 총장시절 입주되었기에 재규관, 도서관은 김학준 총장 때 지어졌기에 학준관, 사회관은 장윤익 총장 때라서 윤익관, 학생회관은 김민하 총장 때라서 민하관, 자연대는 황규복 총장 때라서 규복관 등등

열악한 교육환경의 개선을 위해 앞장서서 노력하며, 자기의 길을 개척해 나가고 계신 졸업생 동문 여러분!
그리고 재학생 여러분!
평생, 또는 잠시 동안이나마 이곳에서 함께 일하시며 학교 발전에 초석이 되어주시는 교직원 여러분!
그리고 우리를 지켜 봐 주시던 인천시민 및 학부모님 여러분!

모두 모두에게 감사를 드립니다.

'국적은 바꿔도 교적은 바꿀 수 없다'고 하는 말처럼, 모쪼록 '이 학교의 발전은 곧 나의 발전'이라는 일념으로 모든 분들께서 협력하여 새

로운 송도시대에 대비하여 새롭게 출발하는 대학에 온 힘을 합쳐 주시기 바랍니다.

내내 건강하시고 하시는 모든 일들이 다 잘되시는 하나님의 크신 축복이 항상 함께 하시기를 기원합니다.

감사합니다.

－ 2007. 8. 30. －

정년을 맞은 인천대학교 국어국문학과

교수 우 쾌 제

일위(一葦) 우쾌제(禹快濟)의 걸어 온 길

　아호는 일위(一葦) 또는 돈인재(敦仁齋)요, 본관은 단양(丹陽)으로 1942 (壬午)년 7월 1일(음 5월 2일)에 충청남도 청양군 정산면 내초리 12번지에서 성균관(成均館) 좨주 역동(易東) 우탁(禹倬)의 22세손이며, 가선대부(嘉善大夫)호조참판(戶曹參判) 겸 동지의금부사(同知義禁府事) 사원(思元)의 5세손으로, 부 은일당(隱逸堂) 종성(鍾聲)과 모 감리교 권사 유옥순(俞玉順) 사이에서 장남으로 탄생했다.

　남원(南原) 양공(梁公) 성봉(聖奉)과 성결교 권사 고경례(高敬禮)의 여 양영희(梁榮熙)와 결혼하여 슬하에 미애(美愛), 미옥(美玉), 미영(美榮), 수미(秀美), 수한(秀翰)을 두었다.

　* 현주소

　자택 : 137-812 서울특별시 서초구 반포본동

　　　　　　　　반포아파트 49동 101호

　　　전화: (02) 591-7321

　사무실 : 400-180 인천광역시 중구 인현동 22-36 (4층)

　　　　인천 향토문화사학회

　　　　H.P : (011) 383-7321,

　　　　E-mail : wkj8111@hanmail.net

<학력>

1955. 2.22.   정산(定山) 초등학교 졸업

1958. 2.22.   정산(定山) 중학교 졸업

1961. 2.21.   공주(公州) 사범학교 졸업

1973. 8.31.   숭전(崇田) 대학교 문과대학 졸업 (문학사)

1976. 8.31.   고려(高麗) 대학교 대학원 석사과정 졸업 (문학석사)

1987. 2.25.   고려(高麗) 대학교 대학원 박사과정 졸업 (문학박사)

<경력>

1974. 3.~1977. 2.   대전(大田) 성모 여자고등학교 교사

1977. 3.~1978. 2.   대전 대성 고등학교 교사

1977. 3.~1979. 2.   숭전(崇田) 대학교 강사

1977. 3.~1978. 2.   대전 복음신학대 강사

1977. 9.~1979. 2.   배재(培材) 대학교 강사

1978. 3.~1980. 2.   대전 장로교 신학대학 강사

1979. 3.~1981. 2.   전주 대학교 국어국문학과 전임강사

1981. 3.~1982. 2.   전주 대학교 국어국문학과 조교수

1981. 3.~1982. 2.   전주 대학교 국어국문학과 학과장

1982. 3.~1985. 3.   인천 대학교 국어국문학과 조교수

1983. 9.~1984. 2.   서울 장로교 신학대학 강사

1985. 4.~1990. 3.   인천 대학교 국어국문학과 부교수

1985. 3.~1987. 2.   숭실(崇實) 대학교 강사

1986. 9.~1987. 2.   인천 대학교 교육 방송국 주간

1987. 3.~1989. 2. 인천 대학교 국어국문학과 학과장

1988. 2.~1994. 1. 한국 고소설 연구회 총무이사

1989. 3.~1991. 2. 인천 대학교 도서관장

1990. 4.~1994. 2. 인천 대학교 국어국문학과 교수

1991. 9.~1997. 7. 한국 돈황학회 감사

1992.10.~1996. 5. 미추 문화 연구회 부회장

1993. 9.~1994. 8. 중국 북경대학 교환교수

1994. 1.~1996. 1. 한국 고소설 연구회 부회장

1995. 1.~1998. 9. 인천 대학교 지역사회 연구소 소장

1996. 1.~1996. 3. 인천 대학교 교수승진 심사위원

1996. 1.~1996. 4. 인천 대학교 연구조성 위원회 위원

1996. 8.~1996. 8. 서울마주협회 제일차 선진경마 참관(일본)단 단장

1996. 8.~1996. 9. 인천 대학교 총장 추천위원회 위원

1996. 9.~1996. 9. 인천시 문화상 심사위원

1995.10.~1996.10. 석헌(石軒) 정규복(丁奎福) 박사 고희 기념논총
                   간행위원회 위원장

1997. 2.~1998. 8. 인천 대학교 교수 평의회 의장

1996. 1.~1999. 2. 한국 고소설학회 부회장 겸 총무

1996. 5.~1999. 2. 우리문학 연구회 부회장

1996. 5.~1999.10. 인천문화 연구회 회장

1996. 7.~1998. 6. 한남 대학교 총동문회 부회장

1997. 4.~1999. 3. 한국 고문서학회 이사

1998. 6.~2001.12. 코리아엔젤스 민속무용 예술단 고문

1999. 2.~2001. 1. 한국 고소설학회 상임 부회장

1998. 7.~2003.12. 서울 마주협회 운영위원

1999. 3.~1999. 8.　인하 대학교 대학원(박사과정) 강사

1999. 2.~2001. 2.　우리 문학회 회장

1999. 3.~2001. 2.　인천 대학교 국어국문학과 학과장

1999. 3.~2001. 2.　인천 대학교 대학원 국어국문학과 주임교수

1999. 3.~2001. 2.　인천 대학교 교육대학원 국어전공 주임교수

1999. 3.~2001. 2.　인천 대학교 교육대학원 운영위원

1999. 5.~2001. 5.　국어국문학회 이사

1999. 9.~2001. 8.　인천 대학교 교수승진 심사위원

1999.12.~2002. 8.　인천 어문학회 회장

2001. 1.~2003. 1.　한국 고소설학회 회장

2001. 5.~2001.12.　인천광역시 시사 편찬위원회 감수위원

2001. 5.~2002. 2.　인천 대학교 중등교육 연수원 부전공 운영위원

2001. 7. 제1차 동아세아 서사문학 국제학술대회(중국 연변 과기대)
　　　　　　　대회장

2001. 9.~2003. 8.　인천 대학교 교수 협의회 운영위원

2002. 3.~2003. 2.　인천 대학교 기독교수회 회장

2002. 7.~2004. 7.　인천 대학교 국립대 추진위원장

2002. 4.~2004. 3.　한국 고문서학회 이사

2002. 4.~2007. 8　인천학 연구원 명예 원장

2002. 7. 제2차 동아세아 서사문학 국제학술대회(일본 동지사대학)
　　　　　　　대회장

2003. 1.~2005.12.　서울 정동감리교회『정동샘』편집 위원장

2003.10.~2005. 3.　서울 마주협회 경마분과 위원장(이사)

1994. 3.~2008. 8　인천 대학교(시립) 국어국문학과 교수

2004. 7.~2006. 6.　국제 로타리 제3640지구 서울 Dark HorsRotary

Club 회장

2005. 7.~2006. 6. 국제 로타리 3640지구 재정 유지위원회 위원

2005.11.~2006. 3. 필리핀 세브 국립 사범대학(CNU) 교환교수

2006. 7.~2007. 6. 국제 로타리 3640지구 세계평화 위원회 위원장

2006. 9.~2007. 6   인천대학교 국어국문학과 학과장

1990.10.~(현재) 인천광역시 문화재 위원

1993.11.~(현재) 인천광역시 지명 위원

1992. 9.~(현재) 서울 문화사학회 이사

1995. 4.~(현재) 인천 땅이름 학회 공동대표

1997.11.~(현재) 민족 어문학회(고대) 이사

1999. 4.~(현재) 부평문화원 연구위원

2000.10.~(현재) 인천광역시 중구 지명위원

2001. 2.~(현재) 인천 화도진 도서관 자문위원

2001. 7.~(현재) 중국 연변 과학기술대학 겸임교수

2001.11.~(현재) 연수 문화원 자문위원

2002. 2.~(현재) 인천시 남구 의제21 총괄위원

2002.10.~(현재) 인천 향토문화 사학회 회장

2003. 3.~(현재) 국사편찬위원회 사료 조사 위원

2005. 1.~(현재) 한국 향토사연구 전국 협의회 감사

2005.10.~(현재) 서울 마주협회 운영위원

2005. 7.~(현재) 인천광역시 문화재위원회 제이분과(동산 문화재)위
                원장

2005. 9.~(현재) 정동 한글 문화학교 교육자문위원

2006. 4.~(현재) Cebu Normal University of Philippines 겸임교수

2007. 1.~(현재) 서울 문화포럼 이사

2007. 7.~(현재) 인천 남구의제21, 교육문화분과 위원회 위원장

<수상>

1. 푸른기장 상, 한국교육연합회 회장, 1964. 8.

2. 지훈(芝勳) 학술상, 고려대학교 민족문화연구소, 1988. 3.

3. 십개년 근속상, 인천대학교 총장, 1992. 3. 1.

4. 학술 연구상, 인천대학교 총장, 1996. 2.28.

5. 연공상, 인천광역시 교원단체연합회 회장, 1996. 5.15.

6. 교육공로상, 교육부장관, 2000. 5.15.

7. 공로상(근속 이십 주년 기념), 인천대학교 총장, 2002. 2.28.

8. 공로상, 한국 고소설학회. 2003. 5.10.

9. 공로상, 국제 로타리 3640지구 총재, 2004. 3.26.

10. 황조근정훈장(黃條勤政勳章). 대한민국정부, 2007. 8.

<연구 업적>

1. 著(編, 譯)書

(1) 韓國 文學論(共著), 日月書閣, 1981.

(2) 大學 漢文要解, 螢雪出版社, 1982.

(3) 韓國古小說研究(共著), 二友出版社, 1983.

(4) 舊活字本 古小說全集(全33卷), 仁川 大學校 民族文化研究
    所, 1983.

（5）韓國家庭小說研究, 高麗 大學校 民族文化研究所, 1988.

（6）韓國古小說의 照明(共著), 韓國古小說研究會, 亞細亞文化社, 1990.

（7）韓國古典小說論(共著), 새문사, 1990.

（8） 韓國古小說論(共著), 韓國古小說研究會, 亞細亞文化社, 1991.

（9） 春香傳의 綜合的考察(共著), 韓國古小說研究會, 亞細亞文化社, 1991.

(10) 興夫傳研究(共著), 集文堂, 1991.

(11) 古小說의 著作과 傳播(共著), 韓國古小說研究會, 亞細亞文化社,1994. 6.

(12) 韓國文學에 끼친 中國文學의 影響(共譯), 亞細亞文化社, 1994. 1.25.

(13) 先賢遺蹟巡禮誌(30), 丹陽禹氏 禹倬, 耘敬財團 郭病院, 廣進文化社, 1995.

(14) 永宗. 龍遊島의 民俗, 仁川 廣域市, 1995.12.10.

(15) 韓國古小說의 再照明(共著), 韓國古小說學會, 亞細亞文化社, 1996. 6.

(16) 鄕土文化誌(共著), 서울 文化史學會, 서울 特別市 衿川區, 1996.12.

(17) 韓國古典文學論叢(共著), 高麗 大學校, 安岩語文學會, 1998. 4.30.

(18) 仁川의 地名由來(共著), 仁川廣域市, 1998.12.

(19) 西浦文學의 새로운 探究(共著), 中央人文社, 2000.11.20.

(20) 古小說의 資料와 解析(共著), 韓國古小說學會, 亞細亞文化

社, 2001.10.

(21) 元生夢遊錄 作者問題의 是非와 疑惑(編著), 박이정 출판사, 2002. 1.10.

(22) 西浦文學의 再照明(共著),西浦 金萬重 南海記念事業會, 南海郡, 2002. 7.

(23) 古小說研究史(共著), 圖書出版 月印, 2002.11.30.

(24) 西浦 金萬重의 文學과 思想 ―그 文化史的 位相(共著), 中央人文社, 2005. 6.

(25) 古小說의 探究, 國學資料院, 2007. 3.

(26) 回顧와 展望, 圖書出版 새미, 2007. 9. 1

2. 논문

(1) 繼母型小說 研究, 高麗大學校 大學院 碩士學位論文, 1976.

(2) 謝氏南征記 研究, 崇田語文學, 創刊號, 1972.

(3) 擊蒙要訣을 통해 본 栗谷思想 研究, 淸風, 第2卷 8號, 1972.

(4) 辭說時調의 特徵 研究, 崇田(校誌), 崇田大 總學生會, 1974. 3.

(5) 東洋哲學과 心理學의 關係 ―孟子의 性善說과 C. G. Jung의 深層心理學을 中心으로―, 高大新聞, 第814號, 1978.

(6) 興夫傳 主人公에 관한 意識의 一考察, 우리文學研究, 第3輯, 1978.

(7) 舊韓末 雜誌小說 研究, 國語國文學, 第79, 80合併號, 國語國文學會, 1979.

(8) 惺搜詩話에 나타난 蛟山의 批評意識 考察, 高大 語文論集, 第21輯, 1980.

(9) 朝鮮後期小說에 나타난 經濟意識 考察 ―興夫傳과 許生傳을 中心으로 ―, 全州大論文集, 第10輯, 1981.

(10) 古代小說研究의 史的 考察, 우리文學研究, 第4輯, 1981.

(11) 薔花洪蓮傳考, 韓國文學論, 日月書閣, 1981.

(12) 家庭小說의 槪念再考, 韓國言語文學, 第22輯, 1983.

(13) 謝氏南征記의 構造的 特徵 考察, 仁川大 論文集, 第5輯, 1984.

(14) 列女傳의 著作動機 考察, 우리文學研究, 第5輯, 우리文學研究會, 1984.

(15) 舊活字本 古小說의 出版 및 研究現況 考察,古典小說 研究의 方向, 새문사, 1983.

(16) 朝鮮時代 家庭小說의 形成要因 研究 ―列女傳의 傳來와 受容을 中心으로―, 高麗大學校 大學院 博士學位論文, 1986.

(17) 列女傳의 韓國 傳來本 考, 韓南語文學, 第15輯, 韓南語文學會, 1987.

(18) 列女傳의 受容樣相 考察 ―謝氏南征記를 中心으로―, 石軒 丁奎福 敎授 還曆紀念論叢, 1987.

(19) 列女傳의 敎訓書的 受容考察, 李樹鳳 敎授 華甲紀念論文集, 1988.

(20) 韓, 日의 列女傳 傳來와 受容樣相 考察, 朝鮮學報(日本), 第130輯, 1988.

(21) 古小說 名稱, 總量및 研究 傾向의 統計的 考察, 仁川語文學, 第5輯, 仁川大 國語國文學科, 1989.

(22) 薔花紅蓮傳, 玩巖 金鎭世 敎授 回甲紀念 論文集, 集文堂, 1990.

(23) 易東 禹倬의 思想과 文學, 大東文化, 第25輯, 成均館大 大東文化硏究所, 1990.

(24) 古小說 硏究史 槪觀, 韓國古小說論, 韓國古小說硏究會, 亞細亞文化社, 1991.

(25) 春香傳 硏究史 槪觀, 春香傳의 綜合的 考察, 韓國古小說硏究會, 亞細亞文化社, 1991.

(26) 列女傳의 韓, 日傳來와 그 受容樣相 考察, 語文硏究, 第21輯, 語文硏究會, 1991.

(27) 列女傳의 傳來와 受容樣相 考察, 調和와 衝擊, 東方文學 比較硏究會, 硏究叢書 第2輯, 國學資料院, 1992.

(28) 貞節型 家庭小說 硏究, 仁川大 論文集, 第17輯, 1992. (韓國學術振興財團 自由公募 硏究費)

(29) 謝氏南征記, 古典小說硏究, 黃浿江敎授 定年退任紀念論叢, 一志社,1993.

(30) 家庭小說의 小說史的 位相, 省吾蘇在英敎授 還曆紀念論叢, 集文堂,1993.

(31) 謝氏南征記 硏究의 綜合的 考察, 仁川大 論文集, 第19輯, 1994.12.31.

(32) 家庭小說의 形成과 展開, 韓國敍事文學史의 硏究, 中央文化社, 1995. 5.

(33) 二妃傳說의 小說的 受容 考察, 古小說硏究, 第1輯, 韓國古小說學會, 1995.

(34) 南征記의 南征路를 통해 본 西浦의 中國認識 考察, 國語國文學 第115號, 國語國文學會, 1995.12.

(35) 古小說에 끼친 二妃傳說의 影響 考察, 仁川 大學校 論文集,

第20輯, 1995.

(36) 黃陵夢還記 研究, 語文學 第58輯, 韓國語文學會, 1996. 2. 25.

(37) 家庭小說에 나타난 夫婦의 役割과 家族意識 考察, 우리文學
研究, 第10輯, 1996.

(38) 西浦小說과 南海, 애산학보, 延世大學校, 1996.12.10.

(39) 西浦小說에 나타난 '南海'의 意味 考察, 仁川大學校 論文集,
第21輯, 1996.

(40) 家庭小說에 나타난 家族意識 考察, 古小說研究, 第2輯, 韓國
古小說學會, 1997. 1.

(41) 西浦小說에 나타난 中國認識 考察, 省谷論叢, 第28輯, 省谷
文化財團(單獨研究費), 1997. 7.20.

(42) 地域發展과 地方文化, 地域社會研究, 第2輯, 仁川大學校 地
域社會 研究所, 1997.

(43) 甕津郡의 地名由來, 地域社會研究, 第2輯, 仁川大學校 地域
社會 研究所, 1997.12.

(44) 黃陵夢幻記와 二妃傳說과의 關係 考察, 李麟求 敎授 停年
退任 論文集, 1998. 2.

(45) 元生夢遊錄 研究 ―異本의 傳來過程과 元昊 著作說의 檢討
―, 古小說研究, 第5輯, 韓國古小說學會, 1998. 6.30.

(46) 二妃傳說과 古小說과의 關係 考察, 李相澤 敎授 還曆紀念
論文集, 1998. 9.

(47) 禹倬論, 韓國時調作家論, 國學資料院, 元容文 華甲紀念論文
集, 1998.

(48) 漢江一帶의 樓亭과 文學, 우리文學研究, 第11輯, 우리 文學
會, 1998.12.

(49) 漢江一帶의 樓亭文化 考察, 서울文化研究, 第2輯, 서울 文化
史學會, 1999.

(50) 謝氏南征記를 통해 본 知識人의 苦惱와 文學的 對應樣相,
우리文學研究, 第12輯, 우리 文學會, 1999.12.

(51) 朝鮮學會 古書珍書刊行의 意圖 考察 ―「南征記」의 目的性
主張과의 關係를 中心으로―, 民族文化研究論叢, 第4輯, 仁
川大學校 民族文化 研究所, 1999.12.

(52) 列女傳的導入與對韓國的影響(中國語論文), 仁川語文學, 第
16輯, 仁川語文學會, 2000.12. 5.

(53) 觀瀾 元昊先生과 元生夢遊錄, 우리文學研究, 第13輯, 우리文
學會, 2000.12.30.

(54) 傳統文化の理解と韓・日兩國關係 ―朝鮮研究會の 古書珍
書刊行을 中心に― (日本語論文) 朝鮮學報, 第178輯, 朝鮮
學會(日本), 2001(平成13年). 1.26.

(55) 元生夢遊錄 作者의 疑惑과 是非의 現場, 古典散文의 系譜的
研究, 國學資料院, 2001. 4.

(56) 古小說 研究를 통한 國際交流 方案 考察, 東亞細亞 敍事文學
研究, 第1輯, 中國延邊科學技術大學 韓國學研究所, 2001. 7.

(57) 謝氏南征記에 나타난 作家意識 考察, 우리文學研究, 第14輯,
우리文學會, 2001.12.30.

(58) 謝氏南征記의 目的性 問題와 植民史觀的 視覺, 古小說研究,
第12輯, 古小說學會, 2002.12.

(59) 通過對東亞敍事文學的研究進行的國際交流方案考察 (中國語
論文), 仁川語文研究, 第16·17合集, 仁川語文學會, 2002.
6.31.

(60) 永宗. 龍遊 民俗調査 報告書, 仁川語文研究, 第16·17合集,
仁川語文學會, 2002. 6.

(61) 『列女傳』과 東亞細亞的 女性文化 考察, 東亞細亞 敍事文學
研究, 第2輯, 韓國 古小說學會, 2002. 7.13.

(62) 文化財를 통해 본 仁川文化의 特徵 考察, 仁川學研究, 第1
輯, 仁川學研究院, 2002.

(63) 『列女傳』的 傳統과 女性의 性文化, 東亞細亞 敍事文學研究,
第3輯, 韓國 古小說學會, 2003. 7. 6.

(64) A study on the effect of the Korean traditional culture upon the
emigration society. —A focus on the woman's sexual culture in
『Yel Yeo Jeon(列女傳)』—, Comparative Korean Studies, Vol.11.
No.1. June. 2003.

(65) 『列女傳』的 傳統과 女性文化, 우리 文學研究 第16輯, 우리
文學會, 2003.12.29.

(66) 移民社會와 烈女傳的 傳統文化, 人文學研究, 第6輯, 仁川大
學校 人文學研究所, 2003.12.31.

(67) 烈女傳的 烈行의 現代的 葛藤 考察, 東아시아古代學, 第10
輯, 東아시아 古代學會, 2004.12.

(68) 朝鮮後期 傳 研究 —新資料 <우주영전>을 중심으로—, 人
文學 研究, 第7輯, 仁川大學校 人文學 研究所, 2004.12.

(69) 韓伯倫 墓誌의 出土와 그 意味 考察, 仁川學 研究, 第4輯,
仁川學 研究院, 2005. 2.

(70) 忠壯公 元豪의 生涯와 功績 —忠節精神을 中心으로— 耘谷
學會研究論叢, 第1輯, 耘谷學會, 2005. 3.

(71) 關于 "烈女傳" 中女性的烈行及 其意義的 研究, 朝鮮— 韓

國文化的歷史與傳統, 朝鮮學— 韓國學 叢書 Ⅴ, 中國延邊
大學韓國學研究所, 黑龍江朝鮮民族出版社, 2005. 5.
(72) 東아시아의 烈女 이데올로기 實現 樣相 考察, 東아시아古代
學, 第14輯, 東아시아古代 學會, 2006.12.

<참여 학회>

1. 우리문학회: 회장 역임

2. 인천어문학회: 회장 역임

3. 국어국문학회: 이사 역임

4. 한국 고소설학회: 회장 역임

5. 인천 땅이름학회: 공동대표(회장)

6. 인천 향토문화사학회: 회장

7. 서울 문화사학회: 이사

8. 서울 문화 포럼: 이사

9. 한국 고문서학회: 이사 역임

10. 민족어문학회(고대): 이사

11. 중·한 문화관계 연구회: 고문

12. 고전 문학회: 회원

13. 한국 어문학회: 회원

14. 한국 언어문학회: 회원

15. 국어교육 연구회: 회원

16. 동방문학 비교 연구회: 회원

17. 한국 민속학회: 회원

18. 조선학회(일본): 회원

19. 비교문학급비교문화학회(중국): 회원 등

<기타>

1. 발표 및 기고

1) (1)특강 및 발표(1994년 이후)

（1） 南征記의 南征路를 통해 본 西浦의 中國認識 考察, 韓國 古
　　　 小說研究會, 第28次 學術大會, 韓國精神文化研究院, 1995.
　　　 1.23.

（2） 韓國家庭小說에 나타난 家族意識 考察, 東方文學 比較 研究
　　　 會 第63次 學術發表 大會, 全北 完州 藥水가든, 1995. 2.13.

（3） 西浦의 中國認識 考察, 國語國文學 全國大會, 高麗 大學校,
　　　 1995. 5.27.

（4） 鄧小平以後 中國政治와 東北亞 政勢展望 ―現地에서 본 中
　　　 國人의 文化傳統과 社會生活―, 仁川 大學校大學院 學術쎄
　　　 미나 主題發表, 仁川 大學校 大學院館 1412號, 1995. 5.30.

（5） 黃陵夢還記 研究, 韓國語文學會, 第29會 學術大會, 慶北 大
　　　 學校, 1995.10.28.

（6） 古小說에 끼친 二妃傳說의 影響 考察, 우리文學 研究會, 第
　　　 51次 學術大會, 檀國 大學校, 1995.11. 4.

（7） 二妃傳說의 小說的 受容 考察, 韓國 古小說學會 第31次 學
　　　 術大會, 韓南大學校, 1995.11.21.

（8） 西浦小說에 나타난 '南海'의 意味 考察, 韓國 古小說學會 第
　　　 34次(96夏季學術大會)研究發表會, 濟州道 濟州大學校 敎授

會館, 1996. 7.10.

（9） 韓國 傳統文化와 高麗人 ―招請 特講― 에까떼리나 大學, 러시아 모스크바, 1998. 6.27.

(10) 西浦小說에 나타난 中國 認識 考察, 韓國 古小說學會 第36次('97 冬季 學術大會)研究發表大會, 建國 大學校 忠州캠퍼스 圖書館 會議室, 1997. 2. 4.

(11) 漢江一帶 樓亭 文化 考察, 서울文化史學會 全國學術大會, 서울 世宗文化會館, 1998.10.17.

(12) 謝氏南征記의 目的性 問題, 韓國 古小說學會 第44次('99冬季學術大會) 研究發表 大會, 西江 大學校 茶山館, 1999. 2.10.

(13) 漢江一帶 樓亭과 文學, 우리문학회 第59次 研究發表大會, 中央 大學校, 1999. 2.11.

(14)「謝氏南征記」에 나타난 知識人의 苦惱와 文學的 對應樣相, 第553돌 한글날紀念學術大會, 大田廣域市廳 大講堂, 1999.10. 9.

(15)「列女傳」 傳來及韓國的受容樣相, 儒家學說對 中韓兩國文化的影響, 學術研討會, 中韓文化基金會, 韓中敎育基金會主催 國際學術會議, 中華民國, 臺北 環亞飯店 2000. 7.21.

(16) 觀瀾 元昊先生과 元生夢遊錄, 觀瀾 元昊先生 學術쎄미나, 原州文化院, 2000.10. 5.

(17) 傳統文化의 理解와 韓日兩國關係 ―朝鮮研究會의 古書珍書 刊行을 中心으로―, 朝鮮學會 第51周年 記念學術大會 招請, 日本 天理大學, 2000.10. 8.

(18) 國家發展과 女性의 役割, 明成皇后 誕生149周年 記念學術쎄미나, 麗州 明成皇后 記念館, 2000.11.17.

(19) 仁川文化의 特徵 ―永宗. 龍遊의 民俗文化를 中心으로―, 仁川語文學會, 第3次 學術大會, 仁川 大學校 大學院 319號室, 2000.12. 7.

(20) 仁川文化의 正體性 ―招請 特講― 仁化會, 인천 올림프스 호텔, 2001. 4.24.

(21) 仁川地域 民俗文化의 特徵 ―永宗. 龍遊 地域의 民俗調査를 中心으로― 民俗學會 第153次 學術發表大會, 高麗 大學校 師範大學 視聽覺室, 2001. 5.26.

(22) 古小說 研究를 통한 國際交流 方案 考察, 2001年度 夏季國際學術大會, 古小說學會 東亞細亞 古代學會 共同主催, 中國 延邊 科學技術大學 韓國學研究所, 2001. 7. 8.

(23) 『謝氏南征記』에 나타난 作家意識 考察, 第2回 西浦 金萬重 記念學術大會, 中央人文研究院, 大田市廳 會議室, 2001.10. 6.

(24) 『南征記』의 南征路 考察, 第3回 西浦金萬重 記念學術大會, 慶南 南海郡, 南海 스포츠파크호텔, 2002. 7. 7.

(25) 『列女傳』과 東亞細亞的 女性文化, 第2次 東亞細亞 敍事文學 國際學術大會, 日本 京都 同志社大學, 2002. 7.14.

(26) 『列女傳』과 女性文化의 兩面性, 仁川語文學會 第5次 學術發表大會, 仁川大學校 鶴山 圖書館 1層 쎄미나실, 2002. 8.24.

(27) 文化財를 통해 본 仁川文化, 仁川學 研究院, 市民大學 講義室, 2002. 9.13.

(28) A study on the effect of the Korean traditional culture upon the emigration society. ―A focus on the woman's sexual culture in 『Yel Yeo Jeon(列女傳)』― 國際比較韓國學會, 서울 大學校

語學院, 2003. 5.23.

(29)『列女傳』的 傳統과 女性의 性文化, 第3次 東亞細亞 敍事文
學 國際學術大會, 日本 九州大學, 2003. 7. 5~10.

(30) 忠壯公 元豪의 生涯와 功績, 第3會 耘谷學會 學術大會, 原
州文化院, 2003.10.10.

(31) 家庭小說 研究에 前提되는 몇 가지 問題 (基調 發表), 第60
次 全國學術發表大會, 우리文學會, 강남 쎈타빌딩 18층 쟈키
클럽 더비홀, 2003.11.29.

(32) 烈女傳에 나타나는 女性의 烈行과 그 意味 考察, 中國 延邊
大學 開校 55週年記念 韓國學 國際學術大會, 延邊大學 國
際會議室, 2004. 8.24.

(33) 유구로 간 홍길동의 정체, 동아시아 고대학회 학술대회, 일본
오끼나와 대학, 2006. 8.21.

2) 기고(1994년 이후)

(1) 북경의 기독교회 현황과 선교 전략,『정동샘』제129호, 서울 정
동감리교회, 1994. 8.10.

(2) 풍성여적당(豊盛與適當) ─韓·中 食文化之 我見─, 北京日
報, 1994.11.16.

(3) 어찌 그분의 뜻을 알랴,『정동샘』제134호, 서울 정동감리교회,
1995. 4.10.

(4) 기와지붕위에 위성안테나, 인천대 신문, 도화칼럼, 1995. 5. 8.

(5) "X" 비자와 "Z" 비자. 공주교대 동창회 회보, 1995. 5.

(6) 개회사, 인천광역시 땅이름 연구회 창립기념 학술발표회, 자유총

연맹 인천지부대강당, 1995. 5.25.

(7) 대륙의 심장 북경, 수도탐방, 중국편, 서울문화, 제2집, 1995. 8.20.

(8) 개회사, 지방화 시대의 인천발전방안, 인천대학교 지역사회연구소, 인천종합예술회관, 1995.11.10.

(9) 백령도 심청각 건립현장을 돌아보고, 인천시 옹진군, 1996. 8.20.

(10) 선진경마 참관기 ─일본 경마를 돌아보고─, 『달리는 말』, 서울 마주협회, 1996.10.

(11) 공주(公州)의 미래를 생각한다. ─전통과 창조의 문화도시─『반향(班鄕) 공주문화』, 제170호, 1996. 9.

(12) 간행사, 인천지역의 발전방안, 『지역사회연구』 제1집, 인천 대학교 지역사회연구소, 1996.12.31.

(13) 간행사, 『인천땅이름연구』, 창간호, 인천 땅이름 연구회, 1997. 1.15.

(14) 문화유적 답사기 ─신라 경순왕릉을 다녀와서─, 『서울문화』 제3집, 1997. 4.30.

(15) 서평 ─조선조 문학의 탐구(소재영 저, 아세아문화사)─ 출판저널 제218호, 1997. 7.20.

(16) 서구문화 답사기 ─아스콧 경마장을 다녀와서─, 『달리는 말』, 서울마주협회, 1997. 9.10.

(17) 정동교회와 기독교 문화, 『정동샘』 제149호, 서울 정동감리교회, 1997.10.

(18) 인천국제공항 명칭의 의의, 『인천땅이름연구』, 제2집, 인천 땅이름 학회, 1998. 2.

(19) 참 포도나무의 비유,『정동샘』제153호, 서울 정동감리교회,
1998. 6.

(20) 돈과 사랑과 행복 ―우리문학 속의 돈 이야기―『한국인』제
192호, 사회발전 연구소, 1998. 7.

(21) 추억을 먹고 사는 마음이 넉넉한 러시아인들(러시아 문화 탐방
기),『달리는 말』제32호, 서울 마주협회, 1998. 8.

(22) 떨기나무에 불이 붙은 거룩한 땅,『정동샘』제158호, 서울 정동
감리교회, 1999. 3. 4.

(23) 100년 후의 모습을 그려보며,『정동샘』제164호, 서울 정동감
리교회, 2000. 3. 4.

(24) 인공지능 로봇의 성공 비밀, 인천대신문 제358호, 2000.12.11.

(25) 베세토문화 위에 선교의 깃발을 세우자,『정동샘』제169호, 서
울 정동감리교회, 2000.12.17.

(26) 백제우물과 백자우물,『미추문화』제2집, 권두언, 미추문화연구
회, 2000.12.

(27) 미완성의 시작노트,『인천문학』창간호, 권두언, 인천대학교 국
문과, 2001. 2.

(28) 대학 캠퍼스 이전 문제는 없는가? 인천대학신문 제361호, 3면,
여론광장, 2000. 3.26.

(29) 쌍명재(雙明齋) 이인로(李仁老)선생 문학비 비문집필, 인천시 연
수동 원인재(源仁齋) 문학비 건립, 2001. 4. 5.

(30) 나비눈과 파리눈,『정동샘』제172호, 서울 정동감리교회, 2001.
6.10.

(31) 서울사람의 규방생활,『서울사람 어떻게 살았을까?』, 서울 문화
사학회, 2002.

(32) 동북아의 중심 인천의 문화적 현주소,『인천문화』제87호, 2002. 4. 1.

(33) 문헌자료보다 더 소중한 것들,『미추문화』제3집, 권두언, 인천 향토문화사학회, 2002.11.30.

(34) 계림의 아름다운 경치와 홍콩의 선진경마를 돌아보고,『달리는 말』제83호, 2003. 1.

(35) 어머니의 기도와 역사하는 힘,『정동샘』제182호, 서울 정동감 리교회, 2003. 2.

(36) 원조(元祖) 야생마를 찾아 떠났던 몽골 여행,『달리는 말』제90 호, 2003. 8.

(37) 합심하여 선을 이루자,『정동샘』제186호, 서울 정동감리교회, 2003.12.

(38) 역사문화기행, 우리나라 비평문학의 첫 길을 연 고려시대 시화 의 비조 이인로(李仁老), 중부일보, 2004. 1.15. 20면.

(39) 차기 총장에 거는 기대, 도화칼럼, 인천대신문 제420호, 2004. 4.12.

(40) 서평 홍길동전의 비밀, 비밀의 문을 통과해 홍가와라를 만나다. 출판저널, 제342호 2004. 5.

(41) 삼남(충청도, 전라도, 경상도)선교의 중심지 공주를 가다,『정동 샘』제190호, 서울 정동감리교회, 2004. 6.

2. 연구비 수득

（1） 文敎部 硏究費, 1,000,000원(單獨 硏究), 「古代小說 硏究의
　　史的 考察」, 1981. 3~1982. 2.

（2） 芝勳國學振興 硏究費, 1,800,000원, 高大民族文化硏究所,
　　「家庭小說硏究」, 1987. 3~1988. 2.

（3） 學術振興財團 硏究費, 2,500,000원 (自由公募, 單獨), 「貞節
　　型家庭小說硏究」, 1992. 3~1993. 2.

（4） 學術振興財團 硏究費, 5,000,000원(自由公募, 單獨), 「家庭小
　　說에 나타난 家族意識考察」, 1995. 9~1996. 8.

（5） 永宗·龍遊 民俗調査 硏究費, 5,000,000원(單獨 硏究), 仁川
　　廣域市, 1995. 8~1995.12.

（6） 仁川廣域市 地名調査 硏究費, 50,000,000원(禹快濟 外 5名)
　　仁川廣域市, 1995.12~1996.12.

（7） 서울 衿川區 文化誌 執筆 硏究費, 98,000,000원(禹快濟 外22
　　名) 서울 文化史學會, 1995.12~1966.12.

（8） 省谷文化財團 學術 硏究費 10,000,000원(自由公募, 單獨硏
　　究), 「西浦小說에 나타난 中國認識 考察」, 1996. 3~1997.
　　2.28.

（9） 校內 硏究費, 4,000,000원(單獨 硏究), "『謝氏南征記』의 目的
　　性 問題와 植民史觀的 視覺" 仁川 大學校, 2001. 3~ 2002. 2.

（10） 校內 硏究費, 5,000,000원(單獨 硏究), "『列女傳』的 傳統과
　　女性化" 仁川大學校, 2003. 3~2004. 2.

（11） 人文學 特別 硏究費, 2,000,000원(單獨硏究) "移民社會와 烈
　　女傳的 傳統文化" 仁川 大學校, 2003. 6~12.

(12) 校內 硏究費, 1,000,000원(單獨硏究), 烈女傳的 烈行의 現代
     的 葛藤樣相 硏究, 仁川 大學校, 2004. 5~2005. 2.

(13) 人文學 特別 硏究費, 2,000,000원(單獨 硏究), 朝鮮 後期 傳
     硏究 ―新 資料 『우주연전』을 中心으로―, 仁川 大學校,
     2004. 5~2005. 2.

(14) 仁川學 硏究費, 2,000,000원(單獨 硏究), 仁川廣域市 指定文
     化財 韓伯倫 墓域出土誌石 硏究, 仁川學 硏究院, 2004.
     5~2004.12.

(15) 史料 調査 硏究費, 12,000,000(禹快濟 外2名) KLO의 役割과
     仁川 上陸作戰(口述 映像 資料), 2005. 1~12.

(16) 校內 硏究費, 5,000,000원(單獨 硏究) 東아시아의 烈女이데올
     로기 實現 樣相考察, 仁川 大學校, 2006. 5~2007. 4.

3. 국외 연수 및 답사 여행

(1) 최고 경영자 쎄미나 참가, 미국 하와이 대학, 1983. 7.24~31.

(2) 미국 및 일본 현지답사(미국의 하와이, 와싱톤, 필라델피아, 뉴
    욕, 버팔로, 나이아가라 폭포, 요새밑, 샌프란시스코, 라스베가스,
    그랜드캐년, 일본의 동경, 경도), 1983. 7.31~8.17.

(3) 대만 현지답사(대북, 대중, 고웅, 화련), 1984. 1. 10~24.

(4) 조선학회 론문 발표(일본 천리대학) 및 일본 현지답사(대판, 천
    리, 벳부, 나가사끼), 1988. 9.28~10. 5.

(5) 돈황 및 중국 현지답사(香港, 廣州, 西安, 蘭州, 敦煌, 北京,
    連吉, 吐門, 白頭山, 上海), 1990. 8. 7~26.

(6) 국제 비교문학대회 참가 및 중국 현지 답사(香港, 廣州, 長沙,

長家溪, 深陽, 吉林, 連吉, 白頭山, 北京, 內蒙古, 蘇州, 杭
州, 上海), 1993. 7. 8~25.

(7) 중국 남방문화 현지 답사(成都, 重慶, 長江三峽, 長沙, 岳陽,
君山, 武漢, 南京, 黃山, 抗州, 上海), 1993.11.16~12. 5.

(8) 중국 성덕 (聖德 : 熱河)지방 문화유적 답사, 1994. 3.18~29.

(9) 중국 북방 문화유적 답사(長春, 延邊, 吐門, 長白山, 瀋陽),
1994. 5. 18~26.

(10) 동남아 현지 踏査(香港, 泰國, 싱가폴, 말레시아), 1995.12.16~22.

(11) 일본 선진 경마문화 시찰(東京, 北海島), 1996. 8.23~27.

(12) 서구(영국 런던, 불란서 파리)문화유적 답사 및 선진경마 시찰
(영국의 뉴마켓 자키크럽, 아스콧 경마장, 불란서의 쌍띠 조교
장), 1997. 7.23~31.

(13) 모스코바 에까떼리나 대학 초청, 문화 특강(한국 전통문화와 고
려인) 및 러시아(모스크바, 성뻬떼스부르끄), 문화 탐방, 1998.
6.20~7. 5.

(14) 제일회 한·중문화관계 비교연구회 학술회의 참가(북경 대학)
및 중국 중부 현지 답사(北京, 泰山, 曲阜, 濟南), 1999. 8.
2~7.

(15) 안중군(安重根) 의사 의거 80주년 기념 학술대회 참석 및 중국
북방(哈爾濱) 현지답사, 하얼빈공과대학, 1999. 8.12~17.

(16) 호주 시드니 선진경마 시찰 및 문화 탐방, 2000. 1.25~2. 1.

(17) 중·한 교류기금 및 한·중 교육기금 초청, 학술대회 참가, 중
화민국 문화 탐방(대북, 대중, 대남, 고웅), 2000. 7.20~26.

(18) 중국 조선족 민속 조사(北京, 延吉, 白頭山, 長春), 2000. 8.12~17.

(19) 조선학회 초청, 학술대회 참가, 일본 문화유적 답사(天理, 奈良,

京都), 2000.10. 6~11.

(20) 제일차 동아세아 서사문학 국제 학술대회 주관 및 중국 내 고
구려 문화유적답사(中國 延邊 葷春, 吐門, 白頭山, 執安, 瀋
陽, 北京), 2001. 7. 8~15.

(21) 공자 유적지 현장 답사(中國 靑島, 曲阜, 泰山, 濟南, 北京),
2001.12.29~2002. 1. 2.

(22) 제이차 동아세아 서사문학 국제 학술대회 협의 및 오타니(大谷
森繁) 박사 고희기념논총 봉정식(공로패 수여)참석(일본 천리대,
대판, 경도, 나라, 천리), 2002. 3.28~4. 1.

(23) 화갑기념 유럽 5개국 문화 탐방(영국의 런던. 불란서의 파리. 스
위스의 제네바, 몽블랑. 이태리의 밀라노, 프란체, 로마. 네델란
드의 암스테르담), 2002. 6. 6~13.

(24) 제이차 동아세아 서사문학 국제 학술대회 주관 및 일본 내 문
화유적 답사(일본의 대판, 경도, 나라), 2002. 7.13~18.

(25) 선진경마 시찰(뉴질랜드 : 오크랜드, 로토루아, 해밀톤), 2002.11.14~19.

(26) 선진경마 시찰 및 문화유적 답사(홍콩, 계림), 2002.12.25~29.

(27) 문화유적 답사(그리스의 아테네—수니온곶 : 포세이돈 신전, 아
크로폴리스 : 파르테논 신전, 터키의 히오스섬, 체스메, 이즈밀
—폴리캅 교회, 에베소, 파묵갈레, 버가모—아스클레피온, 트로
이성, 마르마라 해협, 이스탄불—성소피아 사원, 톱카피 궁전,
블루모스크, 보스포러스 해협, 우즈베키스탄의 타슈켄트), 2003.
1. 7~14.

(28) 중국문화 답사(서안의 비림 박물관, 반파유적지, 병마용, 화청지,
진시황릉, 북경의 천단공원, 자금성, 이화원, 만리장성, 북경대),
2003. 1.21~25.

(29) 제삼차 동아세아 서사문학 국제 학술대회 참가 및 일본 문화유
     적 답사(규슈, 후쿠오카, 아리타—이삼평 도조 유적, 사세보, 나
     가사키—원폭 박물관, 운젠, 시마바라, 구마모토, 아소—아소팜
     랜드, 칼데라 화산, 벳부), 2003. 7. 5~10.

(30) 몽골 문화 답사(울란바트르, 테를지, 후스텐노르—원조 야생마
     방목장), 2003. 7.17~21.

(31) 필리핀 민속 조사(cebu lande의 cebu city, Oslou, Torado),
     2003.12.25~2004. 1. 7.

(32) 동유럽 문화탐방—독일(프랑크프루트, 베르린, 뮌헨, 하이델베르
     크)—체코(프라하, 부르노)—폴란드(크라카우)—슬로바키아(반스
     카)—헝가리(부다페스트)—오스트리아(비엔나, 짤쯔브룩, 퓌센)—
     2004. 6.28~7. 8.

(33) 중국 연변대학 개교 55주년 기념 한국학 국제학술대회 참가,
     (중국 연변, 북경), 2004. 8.23~28.

(34) 캠보디아 문화유적 답사(포이펫—톤레 호수, 씨엠립—앙코르
     유적지(앙코르 왓사원, 앙코르돔, 바이온사원 등), 타파야—농축
     빌리지, 방콕—왓포사원), 2004.12.13~18.

(35) 필리핀 민속조사(세브랜드 세브시티), 2005. 6.25~7.14.

(36) 필리핀 세브랜드 세브시티 : 세브 국립사범대학 한국학 강좌개
     설 협의차, 2005. 9.10~15.

(37) 필리핀 세브랜드(Cebu Lande) 세브 국립사범대학(Cebu Normal
     University) 교환교수, 2005.11~2006. 3.

(38) 동아시아 국제학술회의 참가(일본 오끼나와 대학), 2006. 8.21~27.

(39) 베트남 현지답사(하노이, 닌빈, 하롱베이), 2006. 12.26~12.29.

(40) 중국 북경 문화 답사 (인천대학교 국문과 수학여행단 인솔차),

2007. 5.19~22.

(41) 중국 상해, 소주. 항주, 문화 답사 2997. 6.15~18.

2007. 9. 1.

우 쾌 제

아호는 일위(一葦) 또는 돈인재(敦仁齋)요, 본관은 단양(丹陽)으로 1942(壬午)년 7월 1일
(음 5월 2일)에 충청남도 청양군 정산면 내초리 12번지에서 성균관(成均館) 좨주(祭酒)
역동(易東) 우탁(禹倬)의 22세손이며, 가선대부(嘉善大夫)호조참판(戶曹參判) 겸 동지의
금부사(同知義禁府事) 사원(思元)의 5세손으로, 부 은일당(隱逸堂) 종성(鍾聲)과 모 감리
교 권사 유옥순(俞玉順) 사이에서 장남으로 탄생했다.
남원(南原) 양(梁)공 성봉(聖奉)과 성결교 권사 고경례(高敬禮)의 여 양영희(梁榮熙)와 결
혼하여 슬하에 미애(美愛), 미옥(美玉), 미영(美榮), 수미(秀美), 수한(秀翰)을 두었다.
전주대·인천대 교수. 북경대학 교환교수, 연변 과기대 겸임교수, 필리핀 세브국립사범대
학 교환교수를 역임했다.

자　택 : 137-812 서울특별시 서초구 반포본동
　　　　　　　　　　반포아파트 49동 101호
　　　전화 : (02) 591-7321
사무실 : 400-180 인천광역시 중구 인현동 22-36 (4층)
　　　인천 향토문화사학회
　　　H.P : (011) 383-7321
　　　E-mail : wkj8111@hanmail.net

단상의 메아리

지은이 우쾌제

인쇄일 초판1쇄 2007년 8월 25일 **발행일** 초판1쇄 2007년 9월 1일
발행처 새미 **등록일** 2005.3.15 제17-423호

편　집 박지혜, 이초희, 김나경 **영　업** 정구형
총　무 한선희, 손화영, 박지연 **물　류** 박홍주, 김종효

서울시 강동구 암사동 463-25 2층
Tel　441-1762, 442-4623,4,6　Fax　442-4625
www.kookhak.co.kr / kookhak2001@hanmail.net

ISBN 978-89-5628-279-4
가 격 18,000원

저자와의 협의하에 인지는 생략합니다.